大型气田群开发特征与规律

贾爱林　郭建林　季丽丹　等著

石油工业出版社

内容提要

本书以分析中国石油天然气股份有限公司（以下简称中国石油）所属的鄂尔多斯盆地大型低丰度气田群和塔里木盆地库车地区深层高压气田群为实例，在两个气田群内部主要类型气藏全生命周期开发规律认识的基础上，建立气田群的关键开发指标和开发模式，提出两个大型气田群整体长期稳产的技术对策。

本书可供从事气田开发的科研人员及高等院校相关专业师生参考使用。

图书在版编目（CIP）数据

大型气田群开发特征与规律 / 贾爱林等著 .—北京：石油工业出版社，2022.6

ISBN 978-7-5183-5410-8

Ⅰ. ①大… Ⅱ. ①贾… Ⅲ. ①气田开发 - 研究 Ⅳ. ① TE37

中国版本图书馆 CIP 数据核字（2022）第 093231 号

出版发行：石油工业出版社
（北京安定门外安华里 2 区 1 号　100011）
网　址：www.petropub.com
编辑部：（010）64523708
图书营销中心：（010）64523633
经　　销：全国新华书店
印　　刷：北京中石油彩色印刷有限责任公司

2022 年 6 月第 1 版　2022 年 6 月第 1 次印刷
787×1092 毫米　开本：1/16　印张：11.5
字数：260 千字

定价：130.00 元
（如出现印装质量问题，我社图书营销中心负责调换）

前　言

2000年以来，我国天然气工业快速发展，天然气产量跨越式增长，投入开发的天然气藏类型也越来越丰富多样。经过20余年的持续快速增长，形成了鄂尔多斯盆地、塔里木盆地、四川盆地和海南地区四大天然气生产基地，其中形成了长庆、西南和塔里木三大气区，其天然气产量占中国石油天然气股份有限公司（以下简称中国石油）总产量的比例高达86%，且三大气区均呈现出多个气藏共同开发的特点，构成区域性的大型气田群。

多年来，为促进不同类型气藏有效开发，国家及各大油公司等加大对新发现类型气藏开发技术的攻关力度，对气田的开发规律和开发技术政策方面形成了统一的认识，不同类型气藏开发技术逐渐成熟，开发模式基本成型。然而纵观近年来我国天然气开发整体格局，天然气产量规模跨上新台阶，天然气业务更加注重持续稳定发展，由个别大型气田高效开发转变为不同产量规模气藏组合开发，陆上形成了鄂尔多斯、四川、塔里木三大天然气生产基地。三大天然气生产基地区域内发育有数量众多、开发层系不一、地质条件各异的系列气田，且各个气田投入开发的时间不同，在区域内组合形成大型气田群共同开发的局面。这些大型气田群的开发需要兼顾系列气田整体储量规模与动用程度，做好不同层次的储量接替与匹配，优化气田群整体稳产规模与采气速度及配套长期稳产技术对策。同时根据天然气市场动态，合理调整大型气田群开发规模，优化不同气田开发指标，促进整体开发规模的科学性、开发效率的优化与供需结构的平衡。

贾爱林与郭建林总体设计了本书的结构、内容与章节，贾爱林组织了“十一五”以来国家与中国石油专项天然气开发的项目攻关，郭建林、季丽丹持续承担了气田开发规律的相关研究内容。

本书以中国石油所属的鄂尔多斯盆地大型低丰度气田群和塔里木盆地库车地区深层高压气田群为实例，在两个大型气田群内部主要类型气藏全生命周期开发规律认识的基础上，建立气田群的关键开发指标和开发模式，提出两个大型气田群整体长期稳产的技术对策。

本书第一章在充分调研国内外区域性气田开发规律的基础上，提出气田群的概念，分析气田群类型、特征、分布模式、气田群开发关键评价指标。第二章建立气田群开发模式，并提出了大型气田群稳产模式。第三章重点论述了天然气开发的基础内容，包括气藏分类评价、开发阶段划分、气藏前期评价、开发方案编制及气藏开发关键指标等。第四章和第五章分别论述了这两个典型大型气田群开发特征与规律，包括气田群地质开发特征、气田群开发模式及开发规模分析、气田群长期稳产技术对策等内容。第六章基于我国“双碳”目标，预测了我国天然气供需形势。第一章由郭建林、闫海军、侯鸣秋编写；第二章由郭建林、季丽丹、冯乃超编写；第三章由季丽丹、魏铁军、蔺子墨编写；第四章由贾爱林、郭智、刘若涵编写；第五章由郭建林、唐海发编写；第六章由贾爱林、程刚、陈玮岩编写；贾爱林、郭建林、季丽丹完成了文稿的多次修订和修改。

本书主要依托“十三五”国家科技重大专项研究成果，中国石油勘探开发研究院、长庆油田分公司、塔里木油田分公司等项目参与单位的相关研究人员对本书的编写做了大量的工作，在此一并表示感谢。

鉴于笔者的写作水平有限，书中难免存在不妥之处，敬请读者批评指正。

目 录

第一章　气田群概念与评价指标

第一节　气田群概念

一、气田群定义

气田群是多个气田的组合，而且这些形成并组合为一个气田群的气田，一般具有以下特征：

（1）一般而言，气田数量在三个及以上的气田组合即可称为气田群；

（2）气田地质与开发特征相似，或物性差异小，开发技术政策可相互借鉴；

（3）同一气田群原则上属于同一盆地内部且气田间距离在 100km 以内；

（4）气田间有部分设施共享，且基本具备了相应调整与统一管理的条件。

一般一个气田群由单一的生产商生产管理与经营，不同生产商也可形成超级气田群，但这种情况目前在国内外都不多见。

根据上述概念，在一个盆地内部，可形成一个气田群，也可以形成多个气田群，单个气田群的规模可以从几十亿立方米到数百亿立方米不等，在国外还有规模达上千亿立方米的气田群。一个气田群不一定要包含区域范围内的所有气田，特别是一个小型、超小型的气田，由于共产量比例低，不一定划入所辖范围内的气田群，但气田群范围内的主力气田，原则上都要按照气田的类型与特征，划入相应的气田群中。

截至 2021 年底，全国发现大小天然气气田超过 400 个，探明天然气地质储量超过 $19\times10^{12}m^3$，其中中国石油发现气田 295 个，累计探明天然气地质储量 $13.6\times10^{12}m^3$（表 1-1）。这些气田主要分布在鄂尔多斯、四川、塔里木、准噶尔和松辽等盆地。

表 1-1　中国石油天然气累计探明地质储量表（截至 2021 年底）

石油公司	气层气地质储量（10^8m^3）	气层气技术可采储量（10^8m^3）
大庆油田公司	5957.86	955.00
吉林油田公司	1491.16	461.32
辽河油田公司	728.53	445.47
华北油田公司	374.33	122.98
大港油田公司	775.96	197.55
冀东油田公司	0	0
新疆油田公司	1737.28	830.22
塔里木油田公司	21843.53	8005.62
吐哈油田公司	548.18	231.97

续表

石油公司	气层气地质储量（10^8m^3）	气层气技术可采储量（10^8m^3）
青海油田公司	3740.99	1908.49
长庆油田公司	40088.13	16533.59
西南油田公司	33497.92	12459.83
南方油田公司	95.51	34.17
浙江油田公司	1984.67	46.27
煤层气公司	4027.04	435.49
中国石油（总计）	119724.22	42818.46

各盆地中，一个或多个、或大或小的气田共同开发，在盆地范围内构成多个大型气田群，对我国天然气实现稳定供应的意义重大。这些气田群内部的气田在区域背景、地质特征和开发特征上往往有相似之处，在管道设施上更有共通之处。气田的勘探开发部署不仅要立足于各气田自身特点和管道设施建设，还要对由邻近地理位置的天然气田所组成的气田群进行整体部署。

二、气田群划分

根据气田特征与分布，将中国石油的主要气田划分为六大气田群，分别是塔里木油气田的库车气田群与塔中气田群、青海油气田的涩北气田群、长庆油气田的鄂尔多斯气田群及西南油气田的川东—川北气田群和川中—川西气田群。这些气田不仅构成了中国石油天然气的主要储量与产量，同时也是我国天然气产量的绝对主力。截至2018年底，鄂尔多斯气田群累计探明天然气地质储量位居第一为$31309\times10^8m^3$，川中—西气田群次之为$15189\times10^8m^3$；库车气田群为$13465\times10^8m^3$，川东—北气田群为$9162\times10^8m^3$，塔中气田群为$6398\times10^8m^3$，涩北气田群为$2879\times10^8m^3$。

第二节　气田群类型

气田群一般分布于一定区域范围内，具有特定的构造特征、储层特征与气源叠合关系，根据其内部气田类型组合情况、气层年代、构造位置等关系，按照气田群的成因类型与组合，可划分为单一类型气田群和多元类型气田群两种类型。这一划分与开发上按照气田规模结构的划分体系是不同的。

一、单一类型气田群

气田群内部各气田分布于同一构造带，具有同一套储层组合、气源（气田）储层特征，一般属于同一气藏类型，如库车气田群（图1-1，表1-2）和涩北气田群（表1-3），均属于单一类型气田群。

库车气田群是分布在塔里木盆地克拉苏构造带的十余个气田的组合，这些气田群在同一构造带上，构造特征与成藏过程相似或一致，构造形态与气藏类型相近，均是超深层、超高压的裂缝性构造气藏，基质物性较差，但裂缝系统的存在，有效地改善了储层的渗透条件，单井初始产量和累计产量均较高，但不同构造部位的井间差异较大。

涩北气田群位于柴达木盆地东部的三湖地区，由涩北 1 号、涩北 2 号和台南三个气田组成，三个气田在层系上完全一致，并且均是较规则的构造气藏。在成因类型上，属于世界范围内少见的第四系生物气成因。储层类型特殊且一致，均为尚未完成成岩作用的多层疏松砂岩，完全符合单一类型气田群。

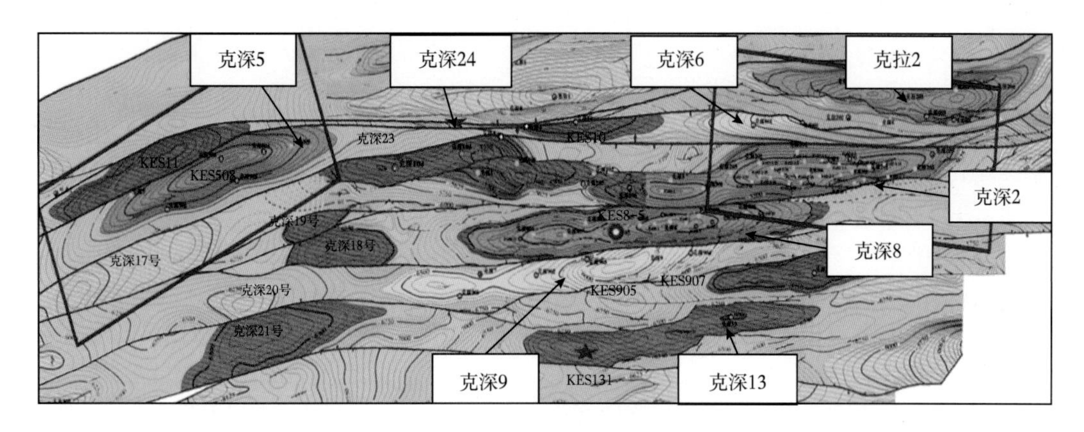

图 1-1　克拉苏气田群白垩系顶面构造图

表 1-2　库车超深超高压气田群内部气田基本地质特征表（据魏国齐，2013）

气田名称	储层时代	面积（km^2）	储量（10^8m^3）	储层岩性	孔隙度（%）	渗透率（mD）	厚度（m）	圈闭类型	压力系数	烃源岩
克拉 2	$E_{3-2}km$	48	309	砂岩	9.4~13.6 /12.0	4~18 /12.5	5.6~104.8 /58.8	背斜	1.90~ 2.17	三叠系—侏罗系煤系及暗色泥岩
迪那 2	$E_{2-3}s$、$E_{1-2}km$	125	587	砂岩	7.5~10.6 /9.5	0.2~1.41 /1.08	8.3~35.6 /17.7	背斜构造	2.04~ 2.15	
大北	K	45	309	砂岩	5.7~7.9 /7.0	0.06~0. 29 /0.12	22.7~83.7 /59.7	断块构造	1.51~ 1. 62	

注：/ 后数据为平均值。

表 1-3　涩北气田群内部气田基本地质特征表

气田名称	储层时代	面积（km^2）	储量（10^8m^3）	储层岩性	孔隙度（%）	渗透率（mD）	厚度（m）	圈闭类型	压力系数	烃源岩
台南	$Q_{1-2}q$	36	952	粉砂岩	26~34 /29.2	9~392 /94.1	1.4~36 /5.9	构造	1.14	第四系生物气源岩
涩北一号	$O_{1-2}q$	47	991	粉砂岩	28~36 /31.4	9~52. 3 /30.5	0.7~32.7 /5.4	构造	1.19	
涩北二号	$Q_{1-2}q$	45	926	粉砂岩	26~37 /31.4	30~283 /112.6	0.4~52.1 /5.6	构造	1.22	

注：/ 后数据为平均值。

二、多元类型气田群

我国陆上气田群类型成多元化特征，在垂向上有多套沉积储层和多期油气充注，形成多套天然气储层叠合开发的局势，如鄂尔多斯气田群、塔中气田群、川中—川西气田群、川东—川北气田群。

中国石油的鄂尔多斯气田群是中国最大的气田群，也是世界上最具特色的气田群之一。总体生产规模目前已接近 $500\times10^8m^3$，并且有进一步上产的基础与条件，目前已开发的气田分为两套层系、三种类型，即下古生界碳酸盐岩层系和上古生界碎屑岩层系（表 1-4）。三种储层类型分别为下古生界缝洞性储层和上古生界低渗透储层与致密储层，将来还有可能加入碎屑岩风化壳储层与页岩气储层等类型，进一步丰富气田群的构成与组合类型。目前的储气层段包括：上古生界砂岩地层自下而上划分为石炭系本溪组、太原组，二叠系山西组、下石盒子组、上石盒子组和石千峰组等，下古生界主要为奥陶系马家沟组，属海相碳酸盐岩沉积。

表 1-4　鄂尔多斯气田群内部气田基本地质特征表

气田名称	储层时代	面积（km^2）	储量（10^8m^3）	储层岩性	孔隙度（%）	渗透率（mD）	厚度（m）	圈闭类型	压力系数	烃源岩
苏里格	P_1x_8、P_1s_{1-2}	7970	11008	砂岩	7~11/8.6	0.52~1.0/0.97	4.9~11.5/6.6	岩性	0.85~0.97	
乌审旗	P_1x_8、P_1s_1	872	1012	砂岩	7.2~10.0/8.5	0.97~5.8/1.99	6.5~11.0/8.0	岩性	0.90~0.98	
大牛地	C_2、P_1	1546	3927	砂岩	6.0~10.6/8.1	0.41~0.95/0.65	5.3~14.8/8.4	岩性	0.80~0.97	
榆林	P_1s_2	1716	1808	砂岩	6~6.6/6.2	1.8~8.2/5.1	6.5~10.8/8.1	岩性	0.96~1.02	石炭系—二叠系煤系
子洲	P_1x_8、P_1s_2	1189	1152	砂岩	5.8~8.5/7.2	0.74~1.27/0.92	6.6~9.0/7.6	岩性	0.97~1.00	
米脂	P_1x_6、P_1x_7	478	358	砂岩	6.4~8.0/7.4	0.55~0.88/0.82	4.6~6.5/5.5	岩性	1.05~1.10	
神木	P_1s_1、P_1s_2、P_1t	828	935	砂岩	7.5~7.8/7.6	0.64~2.48/1.16	5.8~8.8/7.1	岩性	0.77~0.82	
靖边	O_2m、P_1x_8	6694	4700	白云岩	4.5~7.4/5.76	0.6~5.5/3.6	3.1~8.1/5.4	岩性	0.82~1.01	以石炭系—二叠系煤系为主

注：/ 后数据为平均值。

苏里格气田、庆阳气田和神木气田是致密气藏的典型代表，榆林气田和子洲气田属于低渗透气藏，靖边气田为碳酸盐岩气藏。不同类型气藏的成因与控制因素各不相同，是典型的多元类型气田群。

塔中气田群位于塔里木盆地塔中构造带，是由地理位置相近的一批中小型气田组成（表 1-5）。其烃源岩均为下寒武统和奥陶系的Ⅰ型干酪根，但不同气田的储层段与储层类型存在一定的差异，既有由沉积控制的生物礁储层，又有受溶蚀淋滤作用改造的缝洞性储层。

在流体性质上，不同气田或同一气田的不同部位也存在一定的差异，如塔中气田既有干气田又有凝析气田，甚至个别部位为带油环的气顶气。塔中气田群属于复杂类型的多元气田群。

表 1–5　塔中气田群内部气田基本地质特征表

气田名称	储层时代	面积（km^2）	储量（10^8m^3）	储层岩性	孔隙度（%）	渗透率（mD）	厚度（m）	圈闭类型	压力系数	烃源岩
英买 7	$E_{3-2}km$	45	309	砂岩	16.6~18.7/17.9	160~1049.7/423.4	8.4~20.8/13.0	背斜构造、断层构造	1.04~1.14	
塔河	O_1、T、K	125	365	石灰岩、白云岩	0.2~24.6/15.7	3.8~809/362.8	3.1~91.3/14.0	地层—岩性、构造	1.02~1.09	中—下寒武统、中—上奥陶统腐泥型
塔中1号	O	742	3535	白云岩	0.1~5/2.96	0.11~4.5/1.79	11.6~62.3/42.3	岩性	1.22~1.27	
和田河	C、O	143	617	砂岩、白云岩	2.08~4.85/3.2	2.9~25.5/14.2	11.5~47.8/27.6	古潜山、背斜	0.90~1.17	以中—下寒武统腐泥型为主
柯克亚	N_1x、$E_{1-2}q$	19	349	砂岩	1.9~14.3/10	0.24~67.6/36.7	3.6~36.4/20.2	背斜构造、构造—地层	1.04~1.31	以石炭系—二叠系腐泥型为主

注：/ 后数据为平均值。

第三节　气田群组合模式

根据同一气田群内部各气田的储量和产量的绝对数量与比例等参数，气田群内部各气田又可划分为主力气田和卫星气田。主力气田储量需满足以下三个条件：（1）气田探明地质储量大于 $1000\times10^8m^3$；（2）单个气田占气田群储量百分比大于 10%；（3）主力气田储量之和占比大于 60%。产量需满足以下三个条件：（1）气田年产量大于 $30\times10^8m^3$；（2）单个气田占气田群产量百分比大于 10%；（3）主力气田产量之和占比大于 60%。

在主力气田与非主力气田中，各气田在气田群中储产量的相对比例是非常重要的指标，如鄂尔多斯气田群中，由于其整体储产量规模巨大与苏里格气田的超大型规模，靖边气田和榆林气田两个年产量在 $50\times10^8m^3$ 以上的气田仍未划入主力气田，而在涩北气田群中，三个十亿立方米级的气田均为主力气田。所以气田群中的主力气田与通常所讲的主要气田既有联系又有区别。根据这一原则，对中国石油的六大气田群进行划分，表 1–6 和表 1–7 是对库车气田群和鄂尔多斯气田群的划分结果。

表 1–6　库车气田群各气田储产量情况表（截至 2018 年）

气田	探明地质储量（10^8m^3）	储量占气田群比例（%）	产量占气田群比例（%）	规模属性
克拉 2	2840.29	25.49	32.01	主力气田
迪那 2	1752.18	15.73	27.35	主力气田
吐孜洛克	221.27	1.99	3.77	

续表

气田	探明地质储量（10^8m^3）	储量占气田群比例（%）	产量占气田群比例（%）	规模属性
大北	1949	17.49	7.89	
克深 2	1542.93	13.85	10.22	主力气田
克深 8	1584.55	14.22	10.49	主力气田
克深 5	703.31	6.31	4.65	
克深 9	548.49	4.92	3.63	

表 1-7　鄂尔多斯气田群各气田储产量情况表（截至 2021 年）

气田	探明（基本探明）地质储量（10^8m^3）	储量占气田群比例（%）	产量占气田群比例（%）	规模属性
靖边	9000	21.79	13.46	
榆林	1800	4.36	11.84	
苏里格	21700	52.54	58.66	主力气田
乌审旗	1000	2.42	1.97	
米脂	2600	6.3	0.62	
子洲	1500	3.63	3.18	
神木	3500	8.47	8.96	
胜利井	18	0.04		
刘家庄	2	0		
直罗	10	0.02		

库车气田群内部有四大主力气田，分别是克拉 2 气田、迪那 2 气田、克深 2 气田和克深 8 气田，储量占比分别为 25.49%、15.73%、13.85% 和 14.22%，产量占比分别为 32.01%、27.35%、10.22% 和 10.49%。而鄂尔多斯气田群则呈现截然不同的特点，其主力气田只有苏里格气田，储量和产量占比均超过 50%（表 1-7）。

库车气田群和鄂尔多斯气田群具有明显不同内部气田组合形式，气田群的开发与运行及内部各气田的规模、速度、稳产与开发技术政策也存在较大的不同，按照气田群内部各气田的储产量关系与比例，可将气田群开发模式分为三种：

（1）优势主力气田模式：一般具有一个超大型气田，其储量占比超过 60%，如鄂尔多斯气田群的苏里格气田和塔中气田群的塔中 I 号气田，产量比例也是绝对的主力，另加若干卫星气田。

（2）均衡主力气田模式：主力气田为多个储量相近的特大型或大型气田，其中可细分为两类：一类如库车气田群和川东—川北气田群，气田群同时具有若干大型气田或中小型气田作为卫星气田；另一类如涩北气田，没有其他卫星气田。

（3）小气田集散模式：气田群内部并未发现大型气田，主要是中型气田和小型气田分散于相邻区域内，如川西气田群。

一、优势主力气田模式——鄂尔多斯气田群

鄂尔多斯气田群是典型的优势主力气田模式，是我国目前天然气储产量最高的气田群，气田群范围内包括近十个气田，按照一般的气田分类原则与标准，苏里格气田为超大型气田，靖边气田、榆林气田、子洲—米脂气田与神木气田为特大型气田，其他气田为中小型气田，但按照本书气田群内部的主力气田与卫星气田的划分，各气田的储量如图1-2所示，苏里格气田的探明地质储量在该气田群中占绝对优势，为$20700\times10^8m^3$，是鄂尔多斯气田群的主力气田，气田群内的其他特大型气田和大型气田等均为卫星气田。靖边气田探明地质储量为$9000\times10^8m^3$；榆林气田探明地质储量为$1800\times10^8m^3$；子洲—米脂气田探明地质储量为$4100\times10^8m^3$；神木气田探明地质储量为$3500\times10^8m^3$；但以上这些气田均不是主力气田，它们对整个气田群的储量贡献与苏里格气田不能相提并论。

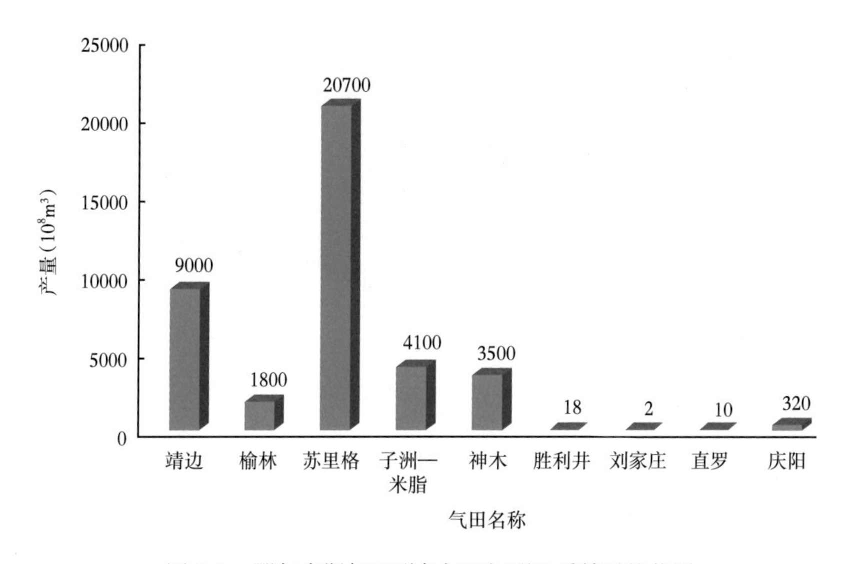

图1-2　鄂尔多斯气田群各气田探明地质储量柱状图

二、均衡主力气田模式——库车气田群

库车气田群是典型的均衡主力气田模式（图1-3、图1-4），气田群范围内包含八个主力气田，各气田规模虽有所差异，但储量均在三千亿立方米以内，产量均在十亿立方米到几十亿立方米，由此构成了均衡主力气田模式，气田群内八大主力气田的主要储量指标与比例如下：克拉2气田探明地质储量为$2840.29\times10^8m^3$，占比达到25%；迪那2气田探明地质储量为$1752.18\times10^8m^3$，占比16%；大北气田探明地质储量为$1949\times10^8m^3$，占比17%；克深2气田探明地质储量为$1542.93\times10^8m^3$，占比14%；克深8气田探明地质储量为$1584.55\times10^8m^3$，占比14%；克深5气田探明地质储量为$703.31\times10^8m^3$，占比6%；克深9气田探明地质储量为$548.49\times10^8m^3$，占比5%；孜洛克气田探明地质储量为$221.27\times10^8m^3$，占比2%。气田群内其他大型气田和中型气田等均为卫星气田。

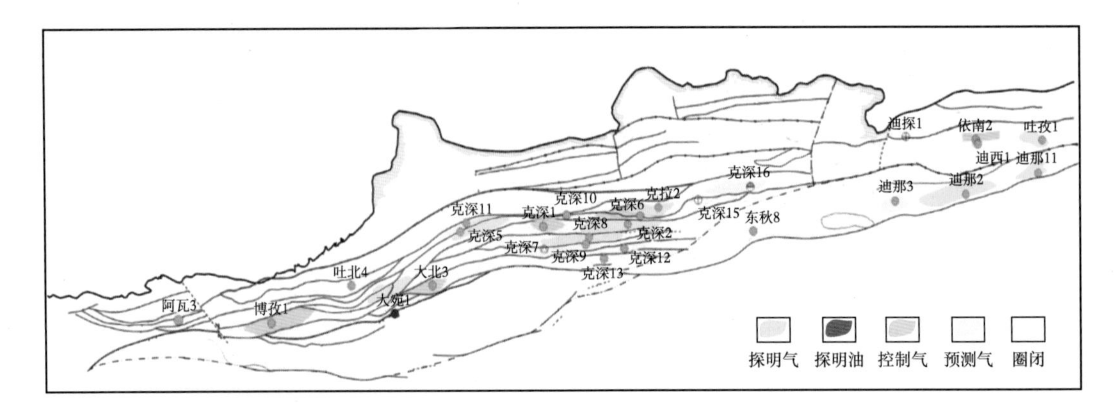

图 1-3　库车地区各气田平面公布图（截至 2018 年）

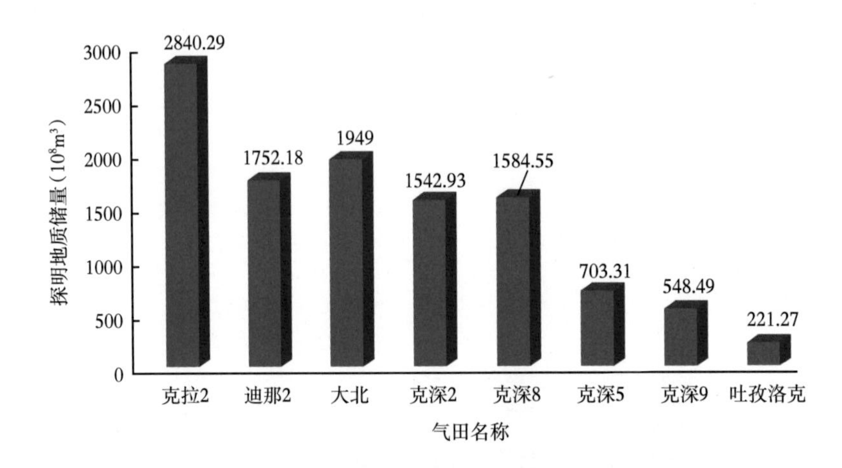

图 1-4　库车气田群各气田探明地质储量柱状图

三、小气田集散模式——川西气田群

截至 2018 年，当时川西气田群没有大型气田，均由中坝等中型气田、小型气田组成，集中分布在川西区域（图 1-5）。川西气田群中探明地质储量最大的为安岳气田，占 43.07%，其余气田如合川气田、广安气田、大天池气田、磨溪气田、罗家寨气田和龙岗气田，各自储量占比均小于 10%（表 1-8）。小气田集散模式形成的气田群，一般气田群的整体规模也不会太大，规模均为几十亿立方米。

一个地区的一个气田群也不是一成不变的，随着勘探开发的不断深入，新气田的投产及老气田的调整与递减，气田群模式也将发生改变，如鄂尔多斯盆地的气田群，2005 年前是以靖边气田与榆林气田为主力气田的均衡气田模式，2005—2015 年虽然仍为均衡气田模式，但主力气田增加了苏里格气田与子洲气田，2015 年以后随着苏里格气田的单个气田规模的不断扩大，气田群模式由均衡气田模式转变为主力气田模式，虽然靖边气田和榆林气田等气田规模没有大的变化，但均退出了主力气田的地位。再如川西小气田集散模式，随着安岳气田的发现与开发，将进入一大多小的主力气田模式。川东气矿及重庆气矿等老区随着各个气田产量的不断下降，也由过去的均衡主力气田模式转变为小气田集散模式。因此气田群模式也是动态变化的。

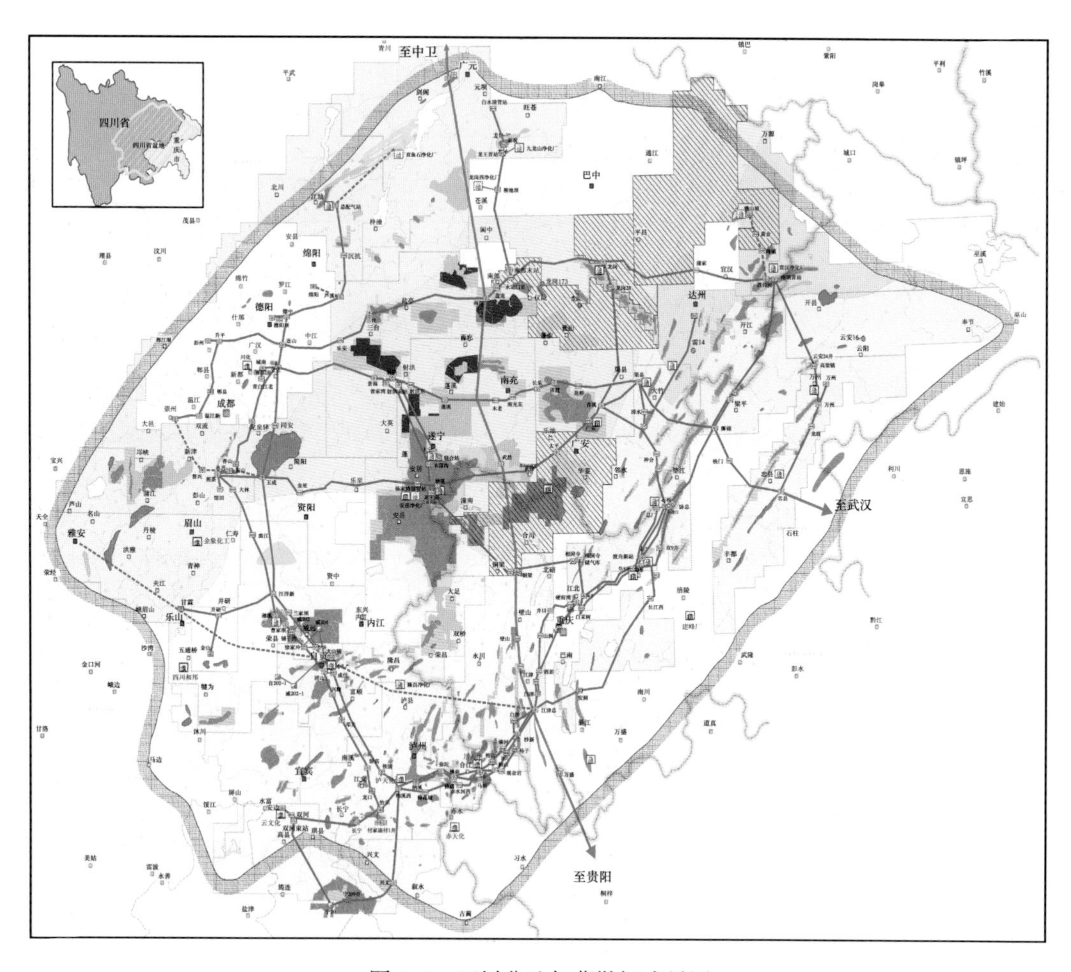

图 1-5　四川盆地气藏勘探成果图

表 1-8　四川盆地各气田主要区块探明地质储量表（截至 2018 年）

气田群	气田	区块	探明地质储量（10^8m^3）	占比（%）
川东北气田群	川中	安岳	10569.7	43.07
	川中	合川	2299.35	9.37
	川中	广安	1355.58	5.52
	川东	大天池	1103.61	4.50
	川东	罗家寨	847.61	3.45
	川中	龙岗	742.43	3.03
	川中	磨溪	702.31	2.86
	川南	威远	419.63	1.71
	川东	卧龙河	413.38	1.68
	川东	渡口河	374.13	1.52
	川东	铁山坡	373.97	1.52

续表

气田群	气田	区块	探明地质储量（10^8m^3）	占比（%）
川中西气田群	川中	八角场	351.07	1.43
		邛西	346.48	1.41
	川东	大池干井	302.54	1.23

第四节　气田群评价指标

在一个盆地或者一个构造带上虽然客观上可能有多个气田埋藏于地下，但按照一般的勘探开发规律来讲，既不可能同时被发现，又不会同时去开发，因此气田群的形成都是在一定的时间与空间内，随着单个气田的不断发现与开发，逐渐形成了气田群，所以在勘探开发早期并不能按照气田群去规划开发，但当形成气田群以后则要逐渐考虑与规划气田群的关键开发指标与体系，本书筛选了四个指标用于评价气田群开发效果，分别为整体开发模式、整体稳产时间、内部气田采收率和地面配套共享及利用率。

一、大型气田群开发原则

大型气田群是构成一个盆地、油公司乃至一个国家的主力生产单元，对一个地区或国家天然气长期稳定供应至关重要。就我国目前的气田群结构与产量比例来讲，除了前述的中国石油的六大气田群外，还有中国石化的塔里木气田群，四川碳酸盐岩气田群、页岩气气田群，以及中国石油新增的页岩气气田群与中国海油的南海气田群，这些气田群的产量占全国总产量的 80% 左右，是我国天然气业务发展的“稳定器”。为了保障天然气的长期稳定供应，适度规模和长期稳产是大型气田群开发需要遵循的基本原则。

二、大型气田群评价指标筛选

气田群的参数指标体系，不同的专家和学者的认识各有不同，本书主要从科学分类与油田生产相结合的方向入手，采用了四个指标体系：整体开发规模、内部气田采收率、整体稳产时间、地面配套共享及利用率。

（1）整体开发规模：由于气田群是系列气田的集合，因此气田群生产规模的确定，不是简单的内部各气田规模的叠加，而是立足于探明储量，使用大部分控制储量，规划部分预测储量的基础上确定的规模，具有一定的规划性质与预测前景。气田群整体开发规模是否合适，需要根据气田群储量规模、物性、含水饱和度等地质因素综合考虑，还应适当考虑社会需求。

（2）内部气田采收率：气田群内部气田的采收率是衡量气田开发水平的重要指标，也是衡量气田群开发模式设计优劣的重要指标，有非常明确的定义，即气田废弃时的累计产气量占总储量的百分比，这个参数也是变化的，科学的开发技术与策略可以提高采收率。

（3）整体稳产时间：需要根据气田群储量稳产规模、稳产时间和稳产期末采出程度等参数相互关系，确定最合适的整体稳产时间。气田群的稳产有别于气田的稳产，在气田群较长的生产历程中，随着新气田的加入与老气田的退出，都是经历几个阶段与规模的稳产，因此是一个不同阶段的稳产时间。

（4）地面配套共享及利用率：主要是指地面配套设施共享程度、利用率，促进地面净化厂、处理厂和管道等配套设施的规模、位置和建造进程的合理性。近年在非常规气田的开发中，地面设施的橇装化与重复利用，也应属于这一指标体系。

三、整体开发规模

气田群的开发规模是气田群最重要的指标体系之一，其影响因素也非常多，但总体上划分为气藏成因与供需关系因素。在不同的国家或地区，这两大因素的关键性是不一致的，对于区域性供过于求的国家和地区，如俄罗斯、中东、北非等，市场规模限制着生产规模，气田群的生产规模往往取决于市场需求；但对于供小于求或进口型的地区与国家来讲，气田群的生产能力是决定规模的主要因素。当然季节性的用气变化与不同气源的调整偶尔也会小幅影响生产规模。因此，气田群规模应该结合供给端和需求端等多方面的结果综合考虑（图 1-6）。在供给端应优先分析已发现气田稳产规模区间，整合气田群整体稳产规模区间；在需求端应根据社会需求区间，结合气田群自身特点，使两个区间叠和，综合确定气田群稳产规模。

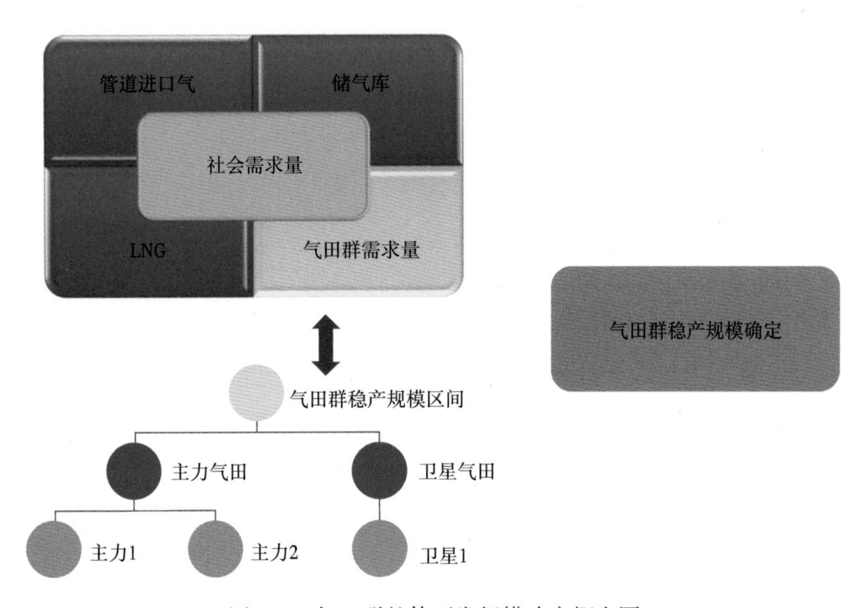

图 1-6　气田群整体开发规模确定概念图

气田群整体开发规模一般可进行一定幅度的调整，但是本质上是有受控于气藏特征与市场的需求，气田群的整体稳产规模，除受到已探明储量规模、储层物性和非均质性、储层含水饱和度和水体推进速度等因素控制影响外，还将受到新发现储量的规模、发现时间、开发时间及储量品质的影响。

气田储量是决定产量规模的基础，一般情况下，储量与产量规模是一致的，中国石油 15 个气田群的地质储量与年产量规模具有良好的相关性［图 1-7、图 1-8，式（1-1）］，因此气田储量是决定气田群产量规模的关键因素。

$$Q = Gq_D \tag{1-1}$$

式中 Q——天然气年产量；

G——天然气地质储量；

q_D——采气速度。

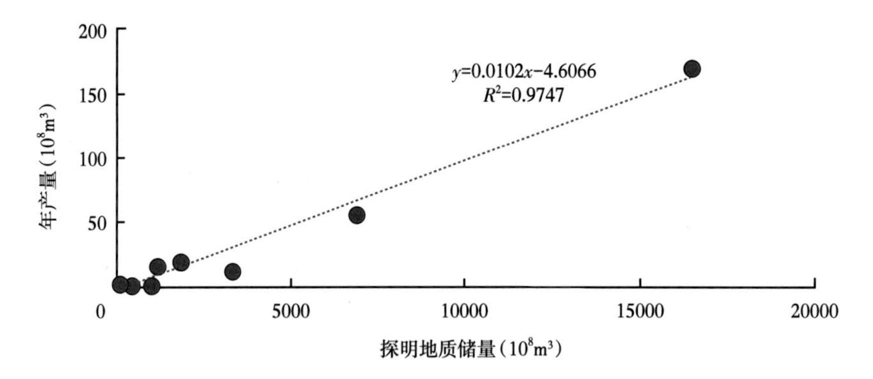

图 1-7　鄂尔多斯盆地各气田储量、年产量相关图

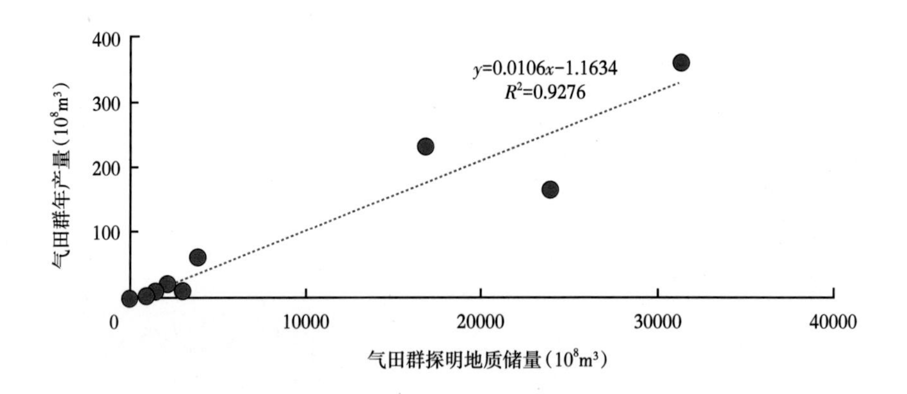

图 1-8　气田群探明地质储量、年产量相关图

相同储量条件下，储层物性条件好的气田产量较高，储层物性好体现在含气面积大、有效厚度大、原始含气饱和度高、有效孔隙度高等［表 1-9，式（1-2）］。由此可见储层物性条件是决定气田产量规模的重要因素。

$$Q = Gq_D = \frac{0.01AhS_{gi}q_D}{B_{gi}} \cdot \phi \tag{1-2}$$

式中 A——含气面积；

h——有效厚度；

S_{gi}——原始含气饱和度；

B_{gi}——原始天然气体积系数；

ϕ——有效孔隙度。

表 1-9　部分气田产量及物性统计表（截至 2018 年）

盆地	气田	探明地质储量（10^8m^3）	年产量（10^8m^3）	孔隙度（%）
四川	罗家寨	836.00	16.90	7.0
四川	龙岗	720.00	4.51	6.5
四川	磨溪	702.00	3.38	4.8
塔里木	大北	1093.19	14.04	5.0
塔里木	迪那 2	1752.18	41.05	7.0
塔里木	塔中 I 号	3534.79	10.12	1.2

储层类型也是确定产量规模的重要因素之一，特别是近年全球非常规气藏的投入开发，在一定稳产条件下，相同的储量规模可达成稳定产能的规模变化也较大，国内外最优质的 $3000\times10^8m^3$ 储量可达 $100\times10^8m^3$ 规模，稳产 15 年以上，致密气达成相同的规模与达到相近的稳产时间需要 $10000\times10^8m^3$ 的规模储量，页岩气需要（12000~15000）$\times10^8m^3$，煤层气则更多。

地层压力与埋深是另一个重要因素，与油田开发相比，油田开发过程中体现在含油饱和度不断降低或上升，而气藏开发主要靠气体弹性能量，体现在压力的变化上。由于气体的可压缩性，在其他参数相同的情况下，气藏的埋深与压力系数对单位体积的储气量有着巨大的影响，因此适度的较深的埋深与较高的压力系数，是形成优质大气田的主要参数之一。

储层原始含水饱和度是决定气田产量规模的另一个重要因素，相同储量条件下，原始含水饱和度低的气田产量较高，对于具有边（底）水的气田，水体推进速度和控水效果是决定气田产量规模的重要因素。

四、气田采收率

对于同一气田而言，如果储层的各类敏感性不强，并且气田开发过程中不会引起水锥水窜，水淹与水分隔等负面影响，在一定的规模条件下，不同的生产规模，采收率的变化不大（图 1-9、图 1-10）。理论上来讲，气藏的标定采收率均较高（原始地层压力太小的气藏除外），如果气井动用了所有的储量，理论采收率即为（原始地层压力－废弃地层压力）/原始地层压力的百分数。因此气藏标定采收率的范围主要在 75%~95% 之间。但在实际的开采过程中，由于井对储量的控制程度不同与气藏开发过程中的水浸与生产制度变化的影响，不同类型气藏的实际采收率变化较大，大型优质常规气藏采收率为 75%~90%，致密气采收率在 30%~40% 的基础上，正在追求 50% 以上的采收率，页岩气与煤层气可将 40% 和 20% 作为采收率的目标。随着近年气藏类型的不断丰富，逐渐发现储量丰度也是影响采收率的一个重要参数，这一影响较为复杂，在此不再赘述。

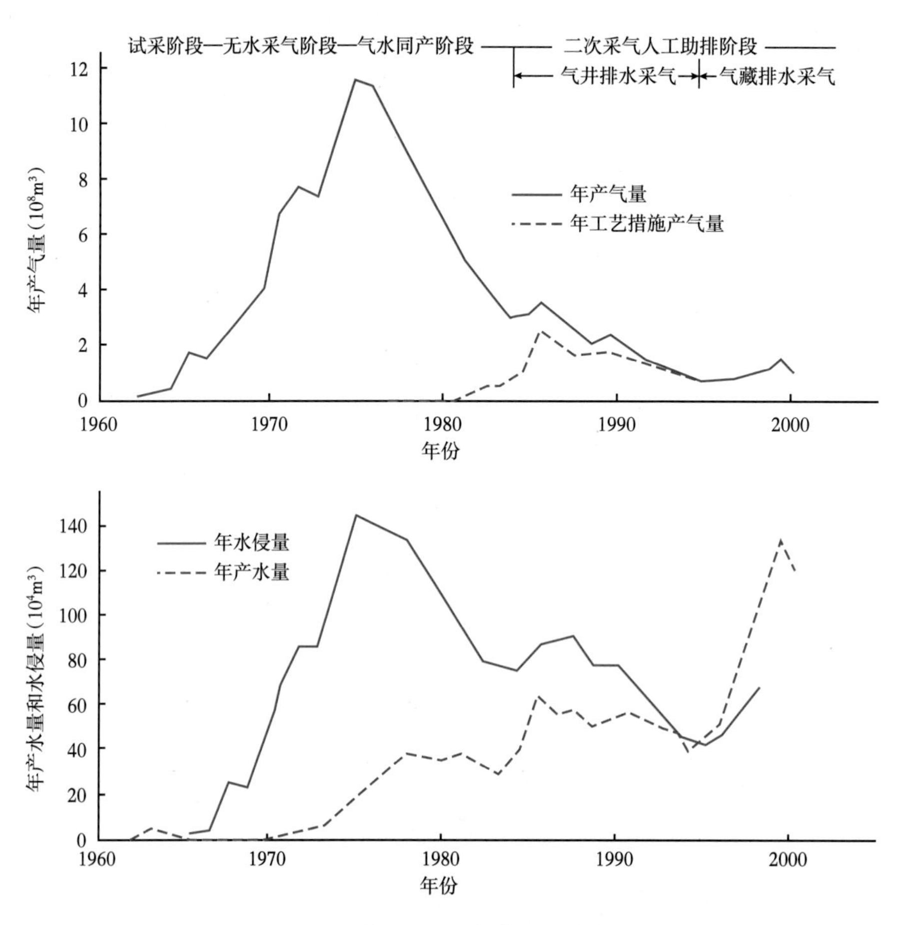

图 1-9　威远震旦系气藏运行曲线图

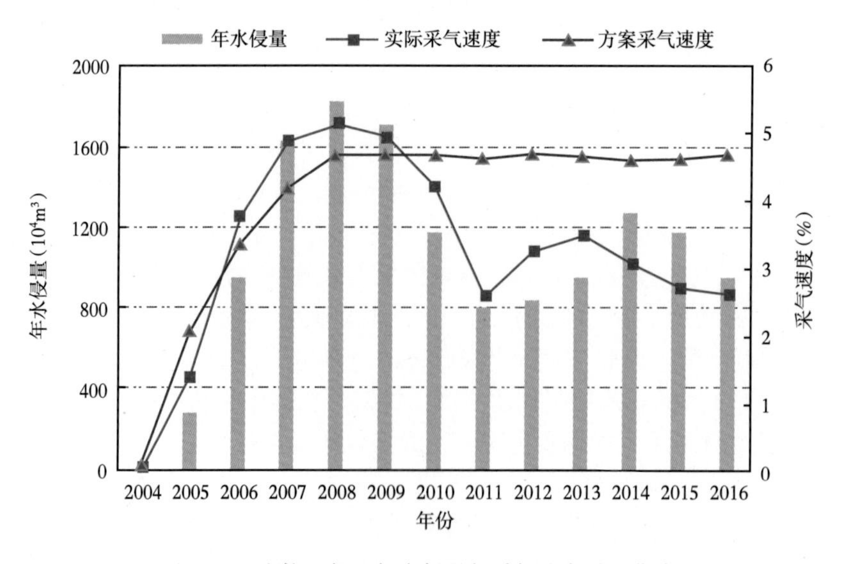

图 1-10　克拉 2 气田年水侵量与采气速度对比曲线

五、整体稳产时间

气田群稳产时间严格受控于以下因素：气田群开发周期内可供开发的储量（含探明储量与新增探明储量）、气田群加权其内部各气田的平均采收率与气田稳产期间内的生产规模。气藏的稳产规模与稳产时间和采出程度的相关图，可以看出气田群整体稳产时间与二者的关系。从相国寺石炭系气藏采气速度与开发指标的关系可以看出，在稳产阶段随着采气速度增长，采收率相对平稳，采出程度大致成线性下降态势，稳产年限和最终开采年限成指数下降趋势（图 1-11）。从卧龙河嘉五 $_1$ 气藏采气速度与开发指标的关系可以看出，气藏产量趋于稳定，为 $40\times10^4m^3/d$，稳产末期采出程度随采出速度和稳产年限随采出速度下降（图 1-12）。气田群的整体稳产时间既取决于内部各气田的生产特征与规模，又在一定程度上受宏观经济政策与社会环境影响。

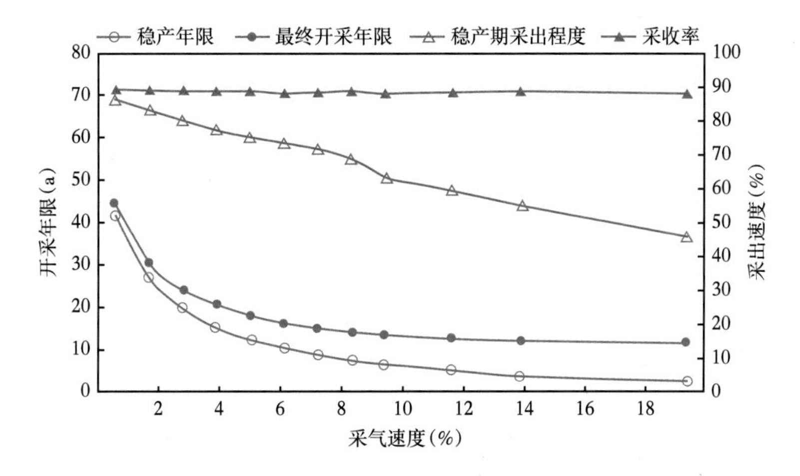

图 1-11　相国寺石炭系气藏采气速度与开发指标关系图

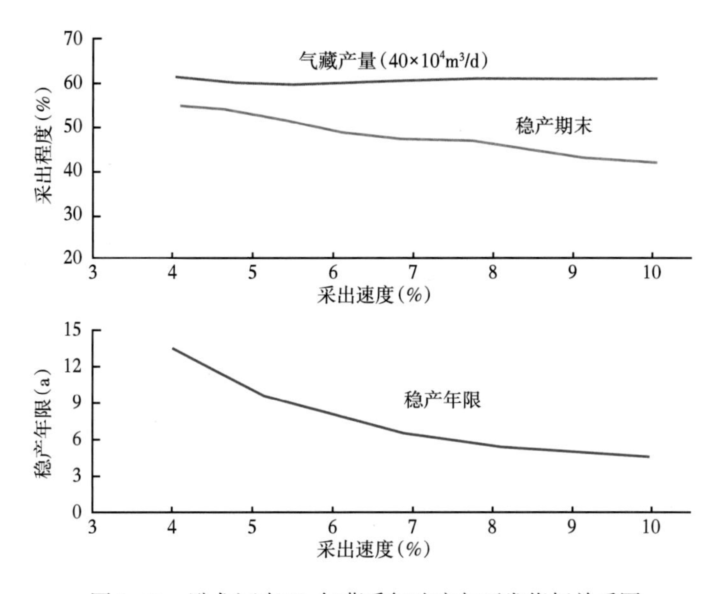

图 1-12　卧龙河嘉五 $_1$ 气藏采气速度与开发指标关系图

六、地面配套共享程度及利用率

主要是指地面配套设施共享程度、利用率，促进地面净化厂、处理厂、管道等配套设施的规模、位置、建造进程等合理性，做到全局考虑，逐步部署，协同开发。

一个气田群内部各主力气田或优势主力气田群内部的主力气田与主要气田间的产量要可实现相互调节，甚至达到互连互通或形成环形地面系统，达到各气田间的相互调配与调节。

天然气处理厂和管道在一定条件下可互通互用，节约成本，降本增效。例如塔中地区利用原试采管道使塔二联、塔三联连通，取得了很好的效果（图 1-13、图 1-14）。正常生产期间，关停塔二联脱硫、脱水脱烃、乙二醇循环再生和硫磺回收装置，天然气增压进入塔三联处理。装置检修期间，塔二联和塔三联互为备用，提高单井生产时率。

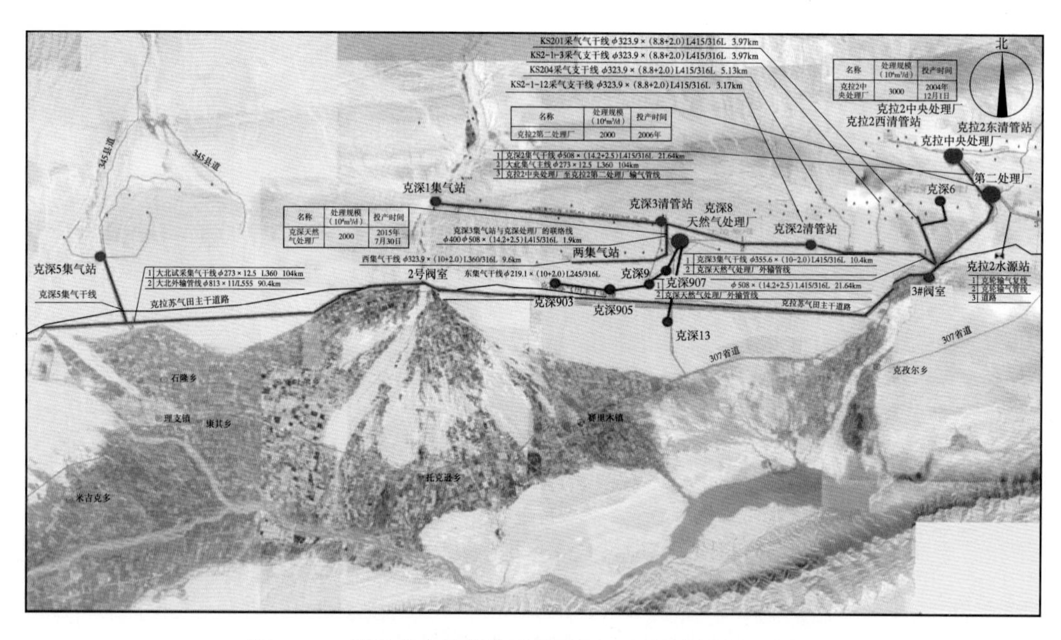

图 1-13　塔里木克拉苏构造带地面工程整体规划示意图

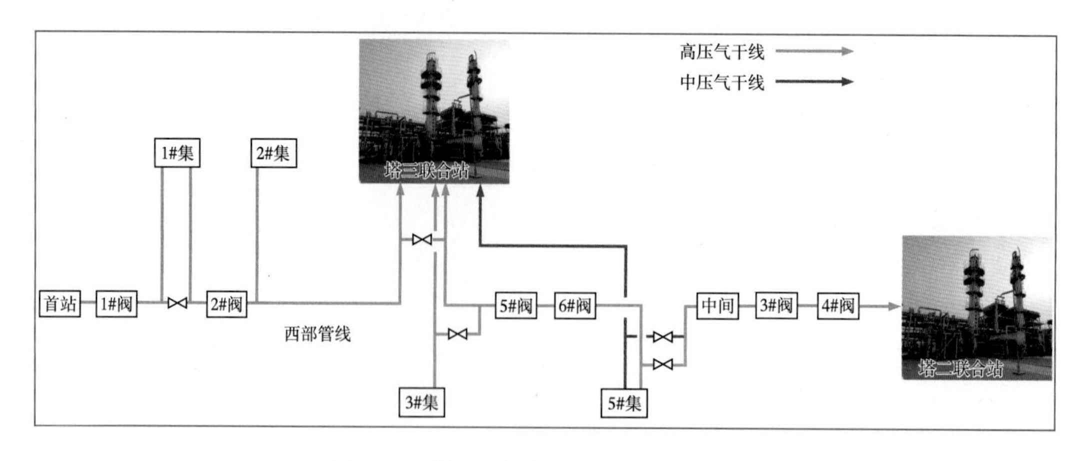

图 1-14　塔二联、塔三联连通工作示意图

近年来随着气田类型的不断丰富与开发模式的变化，气田的生产特征与地面设施的匹配也变为一个较为重要的参考因素，特别是随着致密气、页岩气的投入开发，由于单井稳产时间短，气田的稳产主要依靠区块接替与井间接替两种模式，因此，地面设施的小型化、橇装化与可重复利用，也是评价开发水平的高低与地面方案科学性的重要指标。

克拉处理厂装置保压备用，统筹规划库车山前集输系统布局，实现了优化设施利用率（表 1-10）。优化方案中，在中央处理厂留有足够处理余量情况下，将第二处理厂四套装置保压备用，最终可节约缓蚀剂用量 20t。

表 1-10 克拉第二处理厂装置停运前后能耗对比

运行状态 / 能耗	电［(kW·h)/d］	燃料气（m^3/d）	生产用水（m^3/d）	三甘醇损耗量（t/d）
800×10^4m^3 处理量运行	10200	7400	25	0.03
停产	1100	330	0	0
日节约能耗	9100	7070	25	0.03

第五节 国外气田群开发解剖

一、开发地质特征

以荷兰北部的格罗宁根（Groningen）气田群为例，该气田群发现于 1959 年，曾为欧洲最大的天然气田，主要发育二叠系风成前积沙丘相的砂岩储层（图 1-15）。储层主

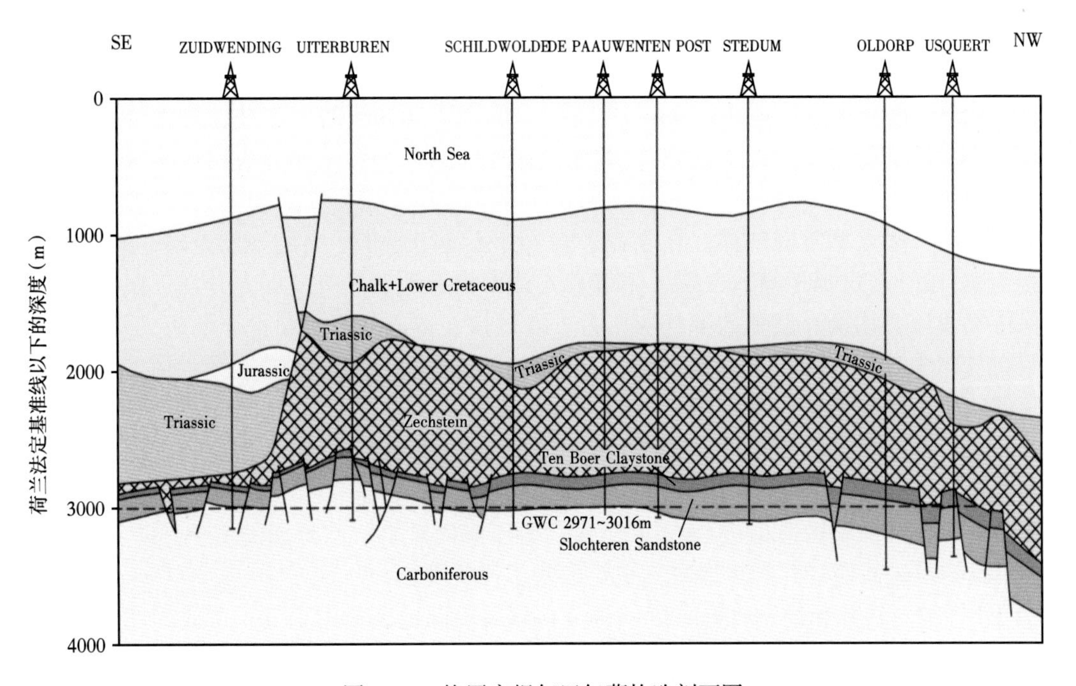

图 1-15 格罗宁根气田气藏构造剖面图

要分为两段，斯特洛奇特伦段以河流砾岩、砂岩和风成砂岩为主，顿布厄段以粉砂质细砂质黏土岩为主。储层总厚度 158m，深度 2700m，含气面积 800km^2，气藏可采储量达 2.8×10^{12}m^3，气藏温度 107℃，原始气层压力 35.28MPa，孔隙度 15%~20%，渗透率 0.1~3000mD，为典型的常规优质气藏。

该气田 1963 年由壳牌和埃克森美孚合资（NAM）共同开发，最高日产气量 3.5×10^8m^3，截至 2009 年日产气量 9300×10^4m^3，年产气 350×10^8m^3，累计产气 1.77×10^{12}m^3，60% 的原始可采储量已经被采出。气田有边（底）水，气水界面为 −2970m，气层压力 35.5MPa，井深 2700m，为弹性水驱。甲烷在天然气组分中占 81.3%，乙烷以上重烃含量为 2.84%，氮气占 14.32%，二氧化碳为 0.87%，属干气气藏。

荷兰政府自从石油危机之后采取保护格罗宁根气田的政策，首先发现和开采尽量多的小气田，因此，格罗宁根气田长期担任调峰气田的作用，小气田产量占每年产量的 30%，格罗宁根气田占 70%；由于采取支持小气田政策，巨型气田与周围小气田达到了协调开发的良好效果。

二、开发策略

格罗宁根气田于 1963 年进行开发，可采储量 28000×10^8m^3，累计产气量达 17700×10^8m^3，气田拥有 29 个生产井组、300 口产气井，稳产期生产能力约为 3.3×10^8 m^3/d，建有两个地下储气库，夏季储存周边小气田产出的气注入储气库，冬季调峰，补偿格罗宁根气田产量的不足。格罗宁根气田主要面临三个方面的问题：（1）气井受到最高产能限制，需要改善细化动态模型；（2）确保气田采收率最大化；（3）确保长期可靠正常运行。该气田智能化对策是实施全自动生产管理系统，多点实时监控，全气田产—储—输动态自动化，全自动启动与关停，无人值守。

由于气田群位于人口稠密地区，为了少占耕地、安全和环境保护，气田采用平台式布井方式，每个平台布 8~10 口井，气田开发设计为 25 个井组，实际建成 28 个井组，井组间距 2.4km，每个井组占地 80000m^2，包括 8~10 口深 3050m 的生产井，分为两排，每排 4~5 口，地面井距 70m，钻开厚 125m 的储气砂层。这一平台式布井思路后期在全球得到了推广和应用。

对于这一超大型常规气藏，作业者采取了分区动用逐步平衡的开发策略，开发初期，为避免边（底）水过早地窜入气层，采取首先开采构造顶部的气，即先开发气田南部。为了保持气藏压力均衡，避免南部气层压力下降过快，造成气田过早上压缩机，从 1970 年开始在气田中部和北部投产新的井组，并提高开采速度。气田产量增大约 50% 时，北部和南部的压力逐渐趋于一致，1983 年以前气田在最大压差不超过 2MPa 条件下进行配产。随着外围多个小气田的开发与政策对小气田开发政策的鼓励，之后采取主力气田与周边小气田协同开发的策略。

格罗宁根气田是构造型边（底）水气藏，为了随时观察气水界面的变化，防止边（底）水的不均匀推进而使气井产量递减，主要采取了三条措施：

（1）打定向斜井和控制打开程度，避免在储层局部地区集中采气，造成局部压力下降幅度较大，过早形成水锥。采用平台式地面部署方式，用钻定向井的方法布置地下井位，尽量加大地下井距，避免井间干扰程度。把射孔下限限定在距气水界面 50m，预防底水推进。

（2）建立观察点，在气田北部布置了一批钻穿气水界面的含水层观察井，监测气水界面的上升与水侵变化。同时采用斯伦贝谢脉冲中子测井仪器实测气水界面移动的位置。

（3）开展水锥试验，在位于含水层最低位置的井组，钻了一批水锥试验井，这些井全部钻穿气水界面，并在允许条件下以最高速度进行生产，及早认识水锥的强度、特征与规律。

具有底水的格罗宁根气田，通过开发早期专门钻穿气水界面而用于开采的试验井，了解了气藏的水体能量。在证实了气藏为弹性气驱之后，就增大了开发井气层打开程度，采用 8~10 口井的丛式井组加大开采，开发顺利，采收率达 90%。

格罗宁根气田在开采过程中每天产出砂量为 $5m^3$ 左右，基本稳定而且出砂量少。投产初期，为了防止出砂，单井日产气量控制在 $75\times10^4m^3$，后来发现气井出砂量少而稳定，单井日产气量逐渐增加到 $250\times10^4m^3$。

格罗宁根气田从开发评价、开发部署、开发试验等各个方面，都引领了那个时代的天然气藏开发技术水平。

第二章　气田群建产与稳产模式

第一节　气田群建产模式

气田群的建产模式是指气田群内部各气田开发顺序的组合模式，客观来讲，一个气田群内部各气田的建设一般是按照各气田发现的先后顺序而进行的，往往是先有各气田的建设，后有气田群的建设模式或上产模式，特别是在中国这种长期消费大于生产、能源对外依存度较高的国家中，过去20年天然气开发遵循的基本原则是“发现一类，攻关一类，成熟配套一类”。但在长期生产大于消费的地区与国家中，也存在顺序发现、集中建产的情况，如俄罗斯的科维克金气田群，在20世纪80年代，首先发现了科维克金大气田，但直到30年后，随着周围系列气田的发现，预计其资源规模足以满足远东管道的建设才同时开发这一批气田。因此，结合国内外现有气田群的实际开发情况，并加以概念化和模式化，本书将气田群建产模式概念化为以下四种模式：同时建产模式、主力气田优先建产模式、卫星气田优先建产模式和复合建产模式。

一、同时建产模式

同时建产模式是指一个气田群内的若干气田，尤其是其范围内的主要气田，在特定条件下，同时开始开发与建产的开发模式。当然这里的同时建产不是严格意义上的完全同时，而是相对于气田群的生产历程与时长而言，这些气田的建设是在时间上大致接近的几年里进行。同时建产模式一般形成于三种基本情况，一是前述的顺序发现、集中建产的模式，这一类型在市场与经济技术满足的条件下，完全可以实现真正的“同时”建产；第二类是在比较短的时间内，在一个盆地或者大型构造单元上，发现了系列气田，并同时对这些气田开始建设，也可以形成同时建产模式，中国青海涩北三大气田就是这一建产模式（图2-1）；第三类情况是在一个盆地或者大型构造单元上，虽然主要气田发现的时间有一定时长，但早期

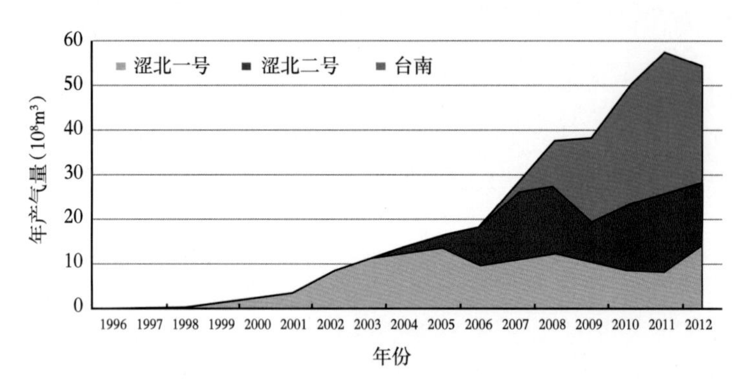

图2-1　青海涩北气田建产图

发现的气田受技术与气藏复杂性的影响，经历了较长的评价时间，而实际建产时间大致接近的情况也是同时建产模式，如鄂尔多斯气田群，虽然从1989年靖边气田的发现到榆林气田、苏里格气田、子洲—米脂气田等的发现，其发现时间相差15年，但包括靖边气田、榆林气田、苏里格气田、子洲气田等主力气田的建产时间都大致相同，这也是一种同时建产模式。当然建产模式不是一成不变的，随着新发现气田的不断加入与老气田的开发调整，建产模式也会有新的变化，如鄂尔多斯气田群，早期是同时建产模式，2010—2015年后又转换为另一种建产模式。

二、主力气田优先建产模式

主力气田优先建产模式是指在一个气田群范围内，主力气田早于其他气田进行建产，在主力气田建产完成或建产的过程中，气田群内的其他气田陆续开始建产，最终完成气田群的整体建产。这一建产模式的形成一般有两种情况，一是最先发现的气田即为该气田群的最大且最优质的气田，在一定开发评价基础上，首先进行建产，后续发现的气田顺序进行建产；第二种是系列气田在较短的时间内先后被发现，但受不同气田的气藏条件、当时具备的开发技术，甚至下游市场需求的制约，优先选择最大的优质气田进行建产的开发模式，其他气田在适宜的经济技术条件下陆续投入生产。

库车气田群为主力气田优先模式的典型代表（图2-2）。库车气田群探明地质储量$1.21\times10^{12}m^3$，2019年产量为$236.5\times10^8m^3$，占塔里木油气田年产气量的82.8%，克拉气田、迪那气田、克深气田三个特大型气田为主力气田，产量占比超过85%，其他大型气田、中型气田等均为卫星气田，克拉2气田最先发现，最早开发并逐步达到方案设计指标，迪那气田、克深—大北气田依次发现并投产，通过主力气田优先开发、其他气田接力投产的模式，实现气田群的整体稳产。

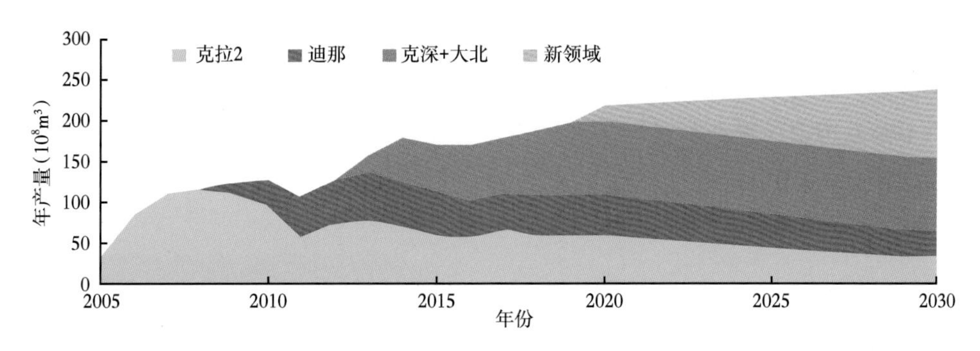

图2-2　主力气田优先模式的典型代表——库车气田群

三、卫星气田优先建产模式

所谓卫星气田优先建产模式，是指在一个气田群，先对卫星小气田进行建产，在卫星气田建成后，再对主力气田进行建产的开发模式。卫星气田优先建产模式又可分为主动型卫星气田优先建产模式和被动型卫星气田优先建产模式两种类型。当主力气田地质开发特征明确，且具有重要战略意义时，优先开发周边卫星气田，主力气田作为战略储备，采取保护性开发政策，担任调峰气田作用，或作为国家的后备资源延后开发的模式为主动型卫星气田优先建产模式。在一个大型构造或盆地范围内，由于地质条件的复杂性与认识水平的局限性，在相当长的时间内所发现与建产的气田均为中小型气田，有的时间跨度可达30~50年，最大的优质气田的发现严重滞后，但一经发现便快速建产并成为气田群的主力气田，这一模式为被动型卫星气田优先建产模式。格罗宁根气田群的开发中后期属于主动型，前文已经论述过，我国的川中地区属于后一种类型，在系列小气田开发几十年后，发现并开发了巨型龙王庙气田。

在格罗宁根气田开发中后期，英国和荷兰分别将北海气田和格罗宁根气田作为本国的调峰储备基地，并积极推行“小区块政策”鼓励周边小气田生产，同时通过加大国外资源进口等措施，减少本国大型气田的开采，延长开发寿命。

四、复合建产模式

前述三种建产模式均为比较单一的并经一定的概念化与模型化的建产模式，在实际的建产过程，由于各种条件的限制与影响，往往不是单一的建产模式，而是几种建产模式的叠加或部分叠加，形成复合建产模式。一个气田群是否形成复合建产模式，主要受两个方面条件影响：一是气田群的范围与规模，如鄂尔多斯气田群，由于气田基本地质与开发特征的相似性，将盆地内的大部分气田均划入一个气田群，形成了一个超级气田群，同时鄂尔多斯气田群又是我国天然气储量最大、产量最高的气田，气田群内气田众多、开发时间跨度大，部分气田进入开发中后期情况下，仍有新气田不断被发现，因此气田群开发早期虽然是同时建产模式，但在气田群的整个开发历程中，是较复杂与典型的复合建产模式；二是气田群的范围与规模虽然不大，但地质成藏条件与成藏组合复杂，造成气田群范围内各气田的建产历程复杂，气田群产量经历上升—平稳—下降—再上升—再平稳的多段建产模式。

如图2-3所示，鄂尔多斯气田群开发早期为典型的同时建产模式，靖边气田、榆林气田、苏里格气田、子洲气田等主力气田的建产时间都大致相同，而在部分气田进入开发中后期后，仍有新气田不断被发现，其中，神木气田和长北气田2期具备上产$40\times10^8m^3$产量规模，陇东气田及其他新领域具备上产（30~35）$\times10^8m^3$的生产潜力。纵观鄂尔多斯气田群的整个开发历程，属于典型的复合建产模式。

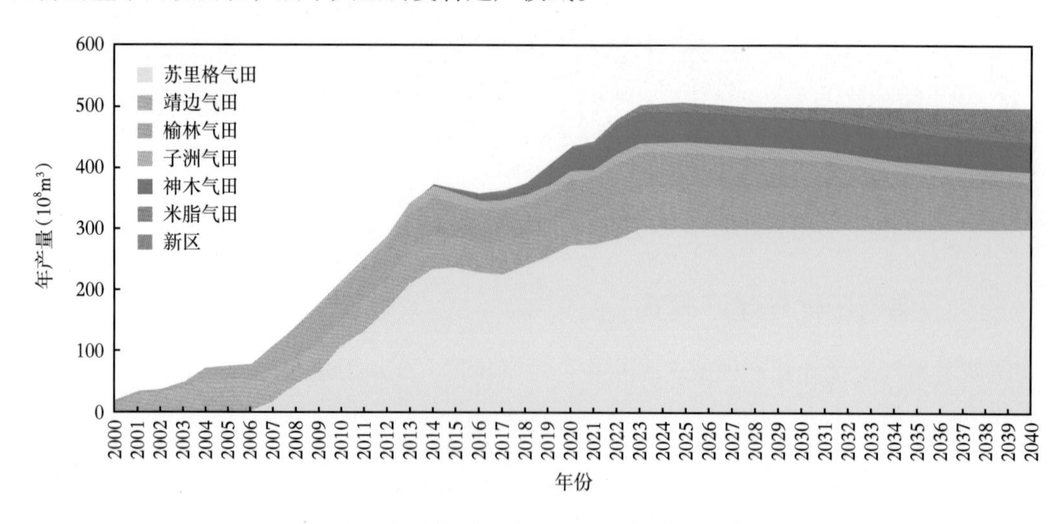

图2-3　鄂尔多斯气田群历年产量构成图

第二节　气田群稳产模式

气田群稳产模式是由气田群内所含气田的数量、气田的特点和各气田发现与开发的先后顺序等因素决定的，可以形成多种稳产模式，本书将各种模式概念化，概括出两种端点类型，即气田群内部各气田分别保持稳产的模式与新气田接替老气田的稳产模式。

一、气田分别保持稳产的模式

气田群内各气田多半是相继建产，气藏特征与类型相近，各气田不仅共同上规模，同时各气田基本保持本气田的生产规模，各气田在气田群稳产期间基本不进行生产能力的调整的稳产模式。

青海气田群是该稳产模式的典型代表（图 2-4），气田群范围内的涩北一号气田、涩北二号气田和台南气田三个气田同时发现、同时建设。当气田群与气田均达到设备规模后，三个气田较长时间均维持稳产，达到气田群的整体稳产。

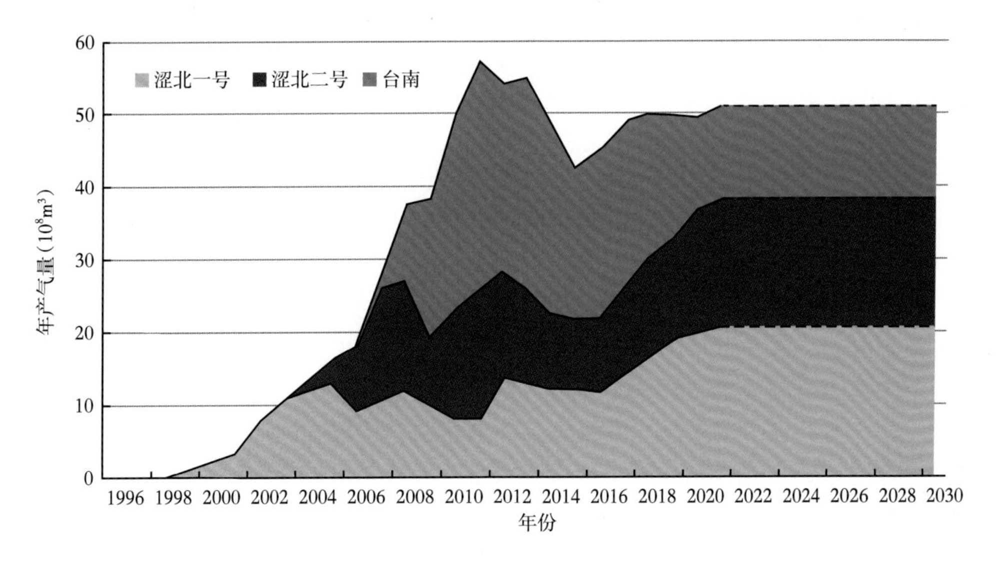

图 2-4　青海气田群稳产规模运行图

二、新气田接替老气田的模式

新气田接替老气田的模式是气田群稳产最为常见的模式，特别是在大型—超大型气田群中，随着时间的延续与开发的进行，早期开发的气田持续进入稳产后期或递减期，而仍有新发现的气田不断开发与上产全部或部分弥补早期开发气田的递减保持气田群的稳产。

库车气田群为该稳产模式的典型代表（图 2-5），克拉气田、迪那气田、克深气田等主力气田规模建产后，通过接替气田（新区）弥补递减，实现气田群整体稳产。

上述两种稳产模式是气田群稳产模式的两个端点模式，由这两个端点模式进行不同的组合，可以演化出系列组合模式。

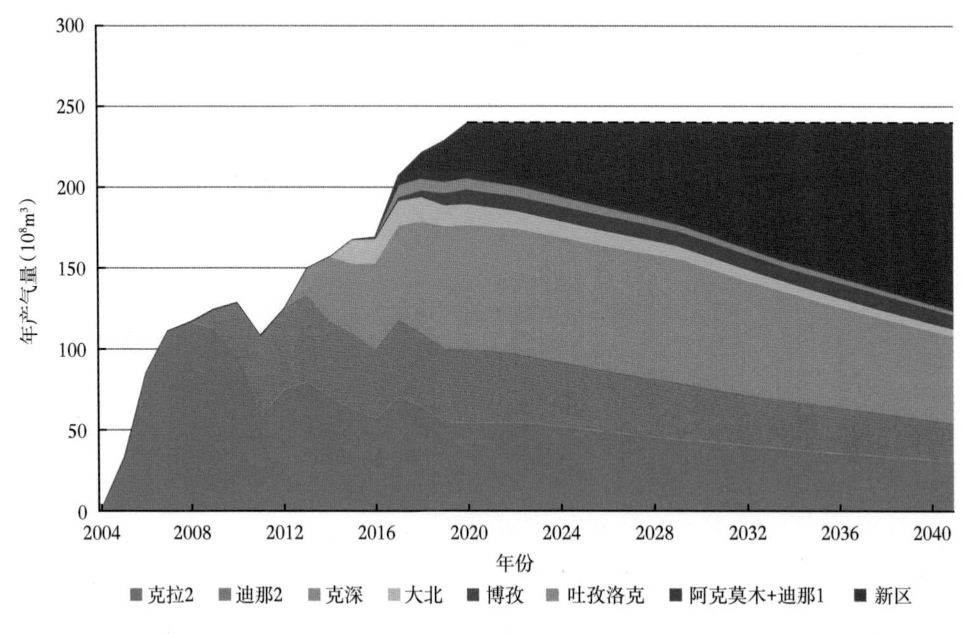

图 2-5　库车气田群稳产规模运行图

第三节　天然气调峰模式

天然气的终端利用存在不均衡性，主要影响因素包括季节性气温变化、生活方式差异、企业生产安排、停工维护检修及突发事故工况等。为了解决不同类型用户负荷变化而带来的季节、月份、日、小时用气不均衡与上游气田生产平稳性要求之间的矛盾，确保天然气供应安全，建立完善的天然气调峰储备体系是各国应对天然气需求波动、增强能源安全供应的重要手段，也是天然气市场维持健康发展的必要前提。保证供气的可靠性和连续性的气量称为调峰气量。

天然气调峰模式主要受控于该国资源禀赋、能源结构、市场特点三个因素。美国天然气调峰储备体系为三层架构（图 2-6）。联邦能源监管委员会、地方州政府负责政策发布、价格监管、经济和环境评价等，指导天然气供应、储运、销售企业，共同作用下形成了天然气调峰储备方式，包括气田调峰、储气库群、LNG 储罐、调峰气田、调峰电厂、国际现货与期货市场。

我国天然气峰谷矛盾突出，目前主要依靠气田调峰和 LNG 储备两种方式作为调峰手段。亟需建立完善的天然气调峰模式，解决上游资源供应与下游用气波动之间的矛盾。

一、气田调峰

气田调峰是天然气调峰中最直接有效的手段与方法，在世界各产气国中均被广泛利用，特别是在气田生产能力大于市场消费能力的情况下，气田调峰是主要的调峰模式，如俄罗斯对国内外的天然气供应。即使是在中国，虽然目前建成了多渠道的调峰气源，气田调峰仍是主要的调整类型之一，由于气井的产量与生产压差紧密相关，夏季对部分高产井进行关井或保护性生产，冬季放大压差提高产量，满足冬季用气需求，图 2-7 为中国石油产量曲线，可见个别时期冬季气田调峰可达 $3000\times10^4m^3$ 以上。

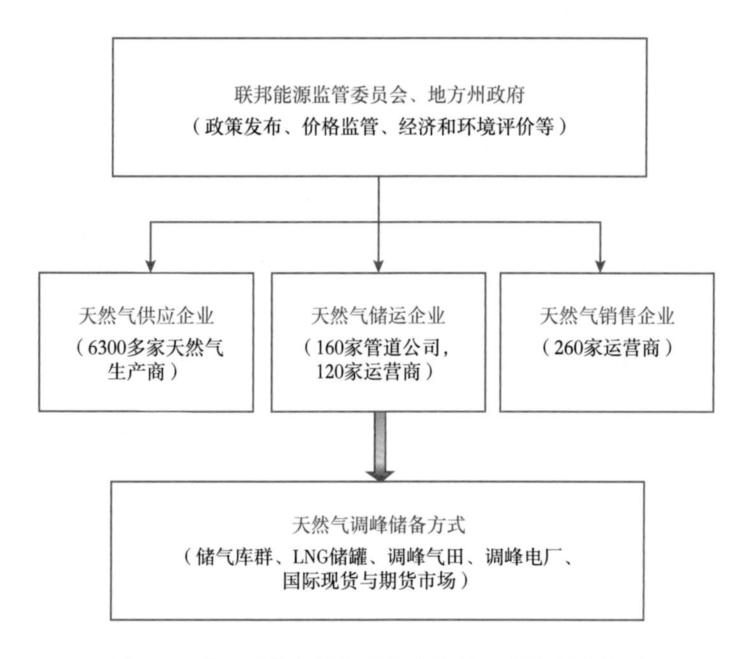

图 2-6　美国天然气调峰储备体系的运营管理示意图

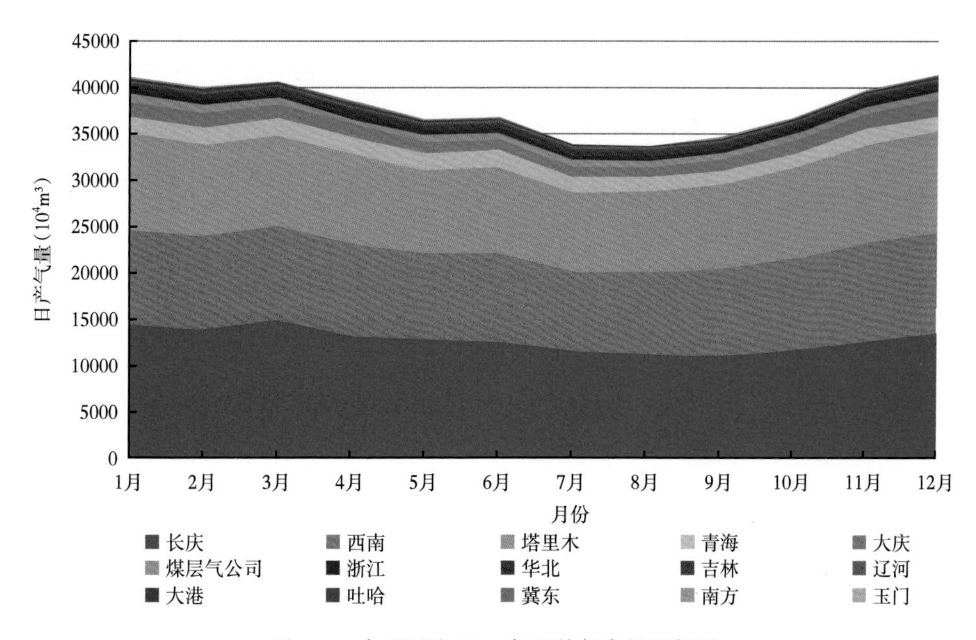

图 2-7　中国石油 2021 年天然气产量运行图

二、地下储气库

地下储气库是天然气调峰保障的主要手段之一，可调节天然气生产，优化管网运行，存储量大、安全性高。2015年，地下储气库占世界天然气储气设施容量的90%以上，相当于当年天然气消费量的15%（表2-1），以美国为例，全美共有各类型地下储气库413座，全年工作气量$1357\times10^8m^3$，占天然气消费量的17.4%，得益于其完备的地下调峰储气库设施，天然气富余产能得以吸纳，基本保证了上游气田全年稳定生产，无须参与下游市场调峰。

我国地下储气库建设相对滞后，截至2018年5月，建成地下储气库调峰能力约为$75\times10^8m^3$，不足年消费量的4%。我国的地下储气库类型主要有盐穴储气库、废弃油气藏储气库等。

表2-1　2015年欧美主要国家地下储气库工作气量及占消费量比例（据沈鑫，2017）

国家	地下储气库工作气量（10^8m^3）	全年消费量（10^8m^3）	工作气量占消费量比例（%）
美国	1357.0	7780	17.4
乌克兰	319.5	287.9	111
德国	247.8	746.3	33.2
意大利	175.0	614.5	28.5
法国	120.7	390.5	30.9
奥地利	82.5	83.5	98.8
英国	51.6	682.6	7.6
土耳其	41.6	435.9	9.5
西班牙	41.0	275.9	14.9
捷克	35.2	72	48.9
波兰	29.0	167.4	17.3
白俄罗斯	12.4	172. 1	7.2

三、LNG储备

LNG储备调峰具有气源灵活、资源多元、调节方便的优点，但由于投资巨大、建设周期较长，过去一直是作为辅助的调峰手段。最近几年，随着LNG液化装置与接收站建设技术的成熟与建设成本的大幅度下降，以及LNG液化船成本下降与技术的成熟、完善，LNG快速成为全球天然气贸易的主要构成之一，并仍呈快速上升的势头，并且带动天然气业务由洲际业务向全球业务转变。我国LNG总量及所占比例也快速上升，为保障平稳供气做出了贡献。

四、高压管道

高压管道实质上是一种高压管式储气罐，因其直径较小，能承受较高的压力，利用气体的可压缩性进行储气。

高压管道储气调峰有以下两种方式：一是在城市周边人口密度较小的地段建设能耐高压的环网，当用气低谷时将富余天然气储存其中，当用气高峰时再供出调峰，其优点是可向城市进行多点调峰，迅速缓解供气不足导致的调峰“压力”；二是建立专门的管束储气门站，将用气低谷时富余的天然气储存到若干组直径很大（DN400~DN1500）、长度几十米到数百米的管束中，调峰时供出（图 2-8）。从技术角度看，与高压储气球罐相比，管道可以承受更高的储气压力。由于这一调峰方式在单位容量成本与安全性上均不占据优势，目前呈现逐渐萎缩的态势。

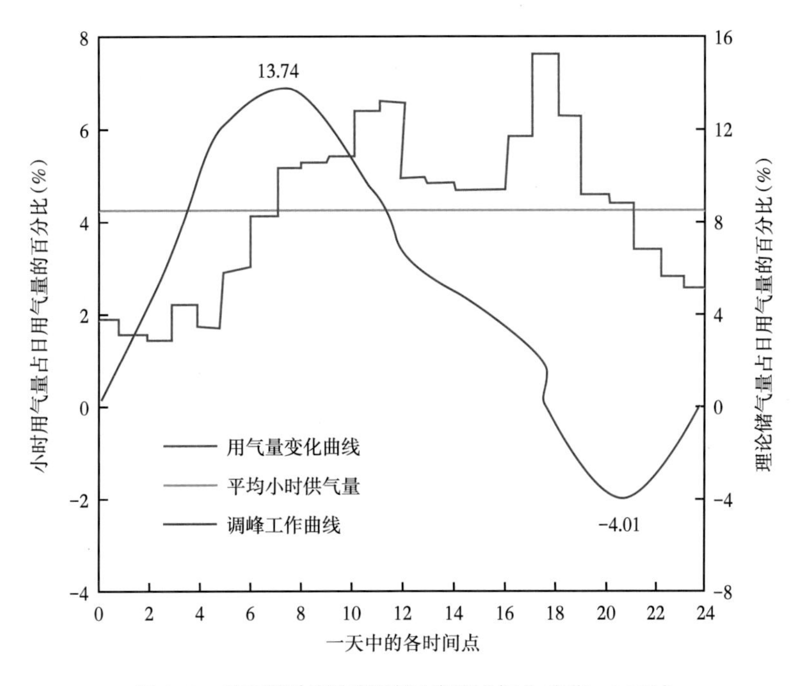

图 2-8　高压管束储气调峰示意图（据牛艺骁，2015）

五、地面高压储气球罐

地面高压储气球罐调峰流程（图 2-9），当用气量处于峰谷时，富余的天然气压入球罐内储存起来；用气高峰时再释放供给到城市燃气管网中以实现调峰作业。高压球罐调峰的方法在国内外已有很长时间的应用，无论从建造还是运行角度，都有了一套成熟、规范的方法可供参考。但从技术层面看，其只是将天然气加压后以气态储存，单位容积比很小，每个 10000m^3 的高压储罐的最大有效储气容积约 70000m^3，且由于储罐压力最低只能降低到城市燃气管网压力，储存的天然气无法全部被释放，有效体积利用率低，若要满足大规模的调峰用气，必须建造数目众多的球罐。此外，由于该类储罐只能建造在地上，且距离用户的距离不能太远，但存在着爆炸等安全隐患，目前也在逐渐拆除中。

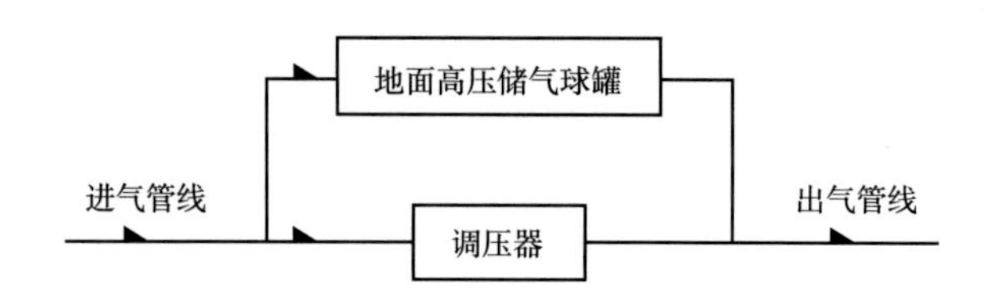

图 2-9　地面高压储气球罐调峰示意图（据崔晓志，2017）

六、不同调峰方式的适应条件

表 2-2 对比了不同天然气调峰方法的优势、劣势及适用场景，可以看出，调峰的主要手段为气田调峰、地下储气库、LNG 储备等，高压管道、高压储气球罐可满足局部调峰的需求。

表 2-2　天然气供应调峰方法的应用对比

调峰方法	应用优势	应用劣势	应用场合	储气状态
调峰气田	储存量大 运营成本低	对气藏均质性有要求	季节性不均衡	依气藏而定
地下储气库	占地面积小 使用安全性高 储存量大	建设周期长 地质结构要求苛刻	季节性不均衡	高压、气态、中高温
LNG	单位容积储存量大	占地面积大 投资额大 流程复杂	沿海有港口位置、天然气资源相对匮乏的城市	低温、常压、液态
高压储气管束	制造简单	压力调节范围小 储存量小	城市片区昼夜与日用气情况不均衡	常温、气态、高压
储气球罐	制造简单	储存量小 占地面积大 安全性欠佳	城市片区昼夜与日用气情况不均衡	常温、气态、中高压

借鉴欧洲大型气田群开发原则，为保障能源安全，在国际形势相对宽松情况下，应加大天然气进口力度，在用气波谷期关闭或减少优质大型气田产量，保护国内天然气供应能力；此外，应优先开发周边接替气田，保留主力气田生产能力和生产寿命，保证能源安全。

第三章　不同类型天然气藏开发规律

气田群的基本构成是其所辖范围内的气藏，气藏是基本的开发单元（非常规气藏除外），因此掌握气藏的开发规律，对于从整体上认识和部署气田群开发有着重要意义。同一气田群内部各个气藏在地质特征与开发特征上具有一定的相似性，因此加强对气藏开发规律的认识，直接或间接地影响对气田群开发决策的制订与开发规律的认识。

随着我国天然气开发的进程，多种类型的天然气藏（如低渗透砂岩气藏、异常高压气藏、碳酸盐岩致密气等）相继投入开发，这些气藏具有不同的地质特征及开发动态特征，开发过程及效果存在较大差别。选取国内外不同类型气藏的典型气藏进行开发过程分析，研究不同指标在开发过程中的意义及对气田开发的影响，建立气藏开发关键指标体系，在典型气田全生命周期分析和机理模型模拟基础上，优化不同类型气藏开发关键指标体系是气田开发的核心内容。

第一节　气藏的基本构成单元与特征

气井是构成气藏生产要素的最小单元，单井及井周围的变化蕴含着油气田生产的基本规律，单井产量叠加形成区块或气田的产量。

通过对国内外气田群中不同气井的全生命周期生产曲线分析，发现在不改变工作制度或采取气井增（减）产措施的情况下，不同气藏内部的气井生产规律差异巨大，对于常规优质气藏而言，在开发方案井实施完成后，气井与气藏均有一定的稳产期，如我国塔里木的克拉 2 气田与长庆油田的靖边气田，分别在 16 口与 169 口方案开发井的生产情况下，气井与气藏均维持了十余年的稳产时间。但对于诸如致密气、页岩气这样的气田，单井投产后即开始递减，基本不存在稳产期或稳产期较短，气田的稳产需要通过不断地补充新井来实现。图 3-1 为榆林气田早期投产的一口直井的生产曲线，在配产 $2\times10^4m^3/d$ 的基础上，维持了 11 年的稳产时间。

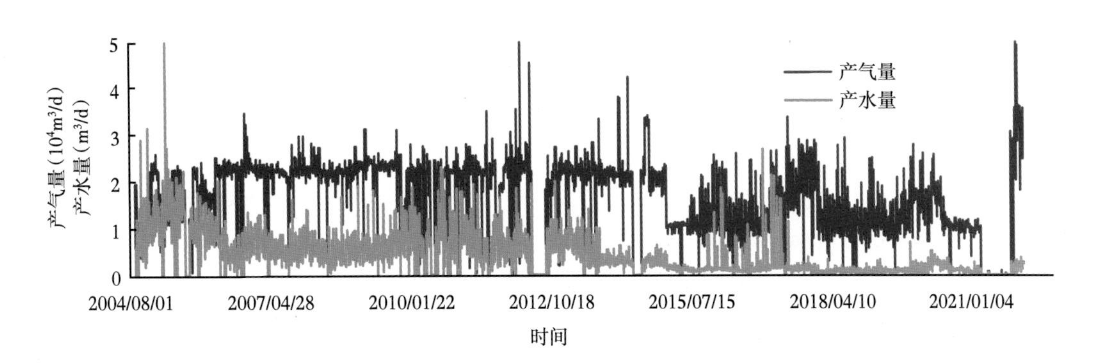

图 3-1　榆 47-7 气井生产曲线图

四川盆地中部广安须家河组气田则是典型的致密气田，广安 002-25 气井（图 3-2）在投产的最初三年里，产量由初期的 $25\times10^4m^3/d$ 比较匀速地递减至不到 $3\times10^4m^3/d$，单调递减特征显著，基本不存在稳产期。可见，该井开发配产是比较高的，气井无稳产期。

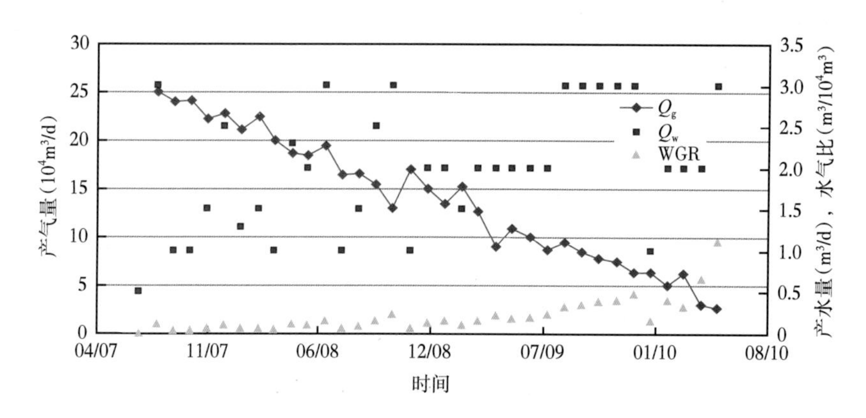

图 3-2　广安 002-25 气井生产曲线图

由多个气井的产量构成区块或气田的产量。对于构造简单、气藏内部不同部位物性差异比较小、并没有被大型断层或岩性尖灭分隔的气藏，单井的上一个生产单元即为气藏或气田，如我国的克拉 2 气田、克深 8 气田、涩北三大气田及榆林南气田。

对于常规气藏内部由明显的断层或岩性分隔的气藏，如塔中 1 号气藏、龙王庙组气藏与吉林营城组火山岩气藏，以及致密气、页岩气、煤层气等非常规气藏，在单井与气藏之间，多了一个区块的概念，即同一区块内所有单井的产量与变化规律形成区块的产量与变化规律，气藏内不同区块的产量与变化规律形成气田的产量与变化规律。

第二节　气藏开发关键指标体系

一、产量、压力相关性分析

气田开发过程中，有一系列的动静态指标，静态指标如地质储量、流体性质、地质温度、地层压力、孔隙度、渗透率等，动态指标如采气速度、产量、产水量、水气比、递减率、稳产年限、开采年限、输气压力、井数、井网井型等，同时还有联系动静态的指标如采出程度、剩余储量、储采比、弹性能量指数等，这些参数构成了气藏开发的系列指标体系，在不同的教材中均有关于这些参数的详细的介绍。这些开发指标随时间变化的曲线特征各不相同，通过分析重点动静态指标的相互关系，筛选反映气田开发特征的关键参数。

与油田开发主要体现的是含油饱和度随开发历程的变化不同，气井与气藏的开发过程主要反映的是气藏内部或井控范围内的压力变化。因此，产量与压力之间有非常重要的关系，但由于气藏类型与特征的不同及所采取的开发技术政策的差异，产量与压力之间主要表现为两种典型类型。

1. 产量与地层压力下降呈线性相关

一般情况下，定容气藏产量与地层压力下降（压降）呈线性相关，即累计产气量决定了地层压力下降程度（图 3-3）。

建立一个机理模型，设计打 9 口井，每年三口井分三年打完，不考虑压裂，600m 井距，渗透率 0.3mD，储量 $3\times10^8m^3$，单井日产气 $8\times10^3m^3$。

通过理论模型和实例分析，验证了气藏最大年压降和最大采气速度具有同时性。

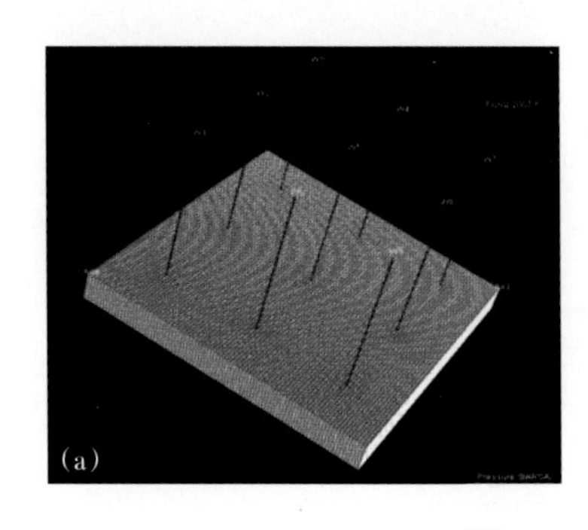

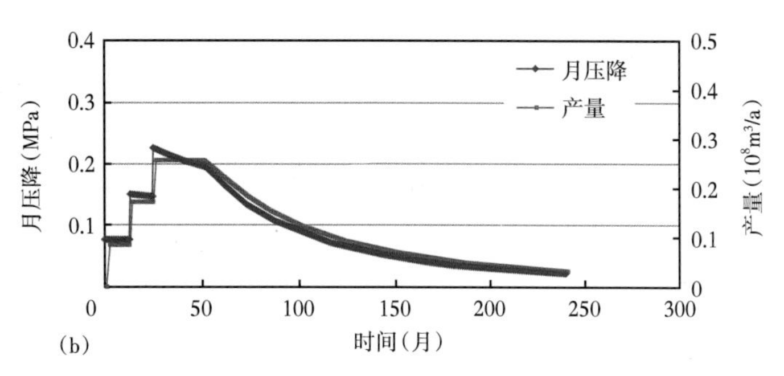

图 3-3 机理模型（a）及压降—产量相关图（b）

2. 产量与地层压力下降呈非线性关系

有些气田后期地层压力较小，随着产量的变化，地层压力下降十分缓慢（图 3-4）。如卧龙河气田开发后期，采气速度由 3.5% 快速下降至不足 0.5%，地层压力一直维持在 3MPa 左右，压降很小。

致密气等非常规类型的气藏，由于压力传导范围在相当的时间内不断增加，表现为不同开发阶段单位压降产量不断增加，也是产量与压力下降呈非线性关系的一种类型。

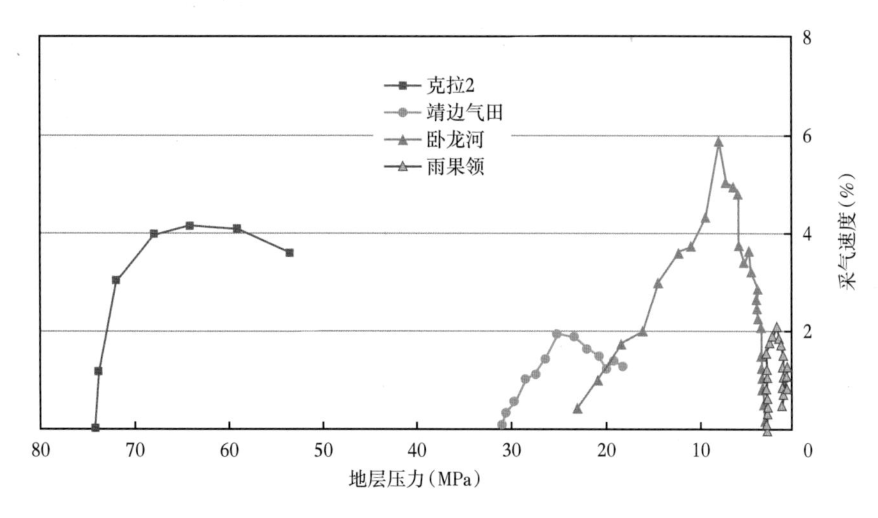

图 3-4 地层压力与累计产气量

将地层压力与累计产气量分别作为纵坐标、横坐标制作交会图，对定容气藏而言，地层压力与累计产气量的相关曲线呈直线，定容气藏是一种理想状态的气藏，绝对的定容气藏在实际的气藏类型中几乎不存在，但一些构造性优质气藏如水体不太活跃，可以按照定容气藏进行设计与开发。

靖边气田的地层压力—累计产气量曲线是两段式曲线，前期斜率稍大，接近定容气藏（图 3-5）；克拉 2 气藏曲线呈典型的“凸”字形，为异常高压气藏（图 3-6）；卧龙河嘉五一气藏为具有低渗透气源补给的弱水驱气藏（图 3-7），后面两类气藏均不是定容气藏，其产量与地层压力下降相关性具有不同的特点。

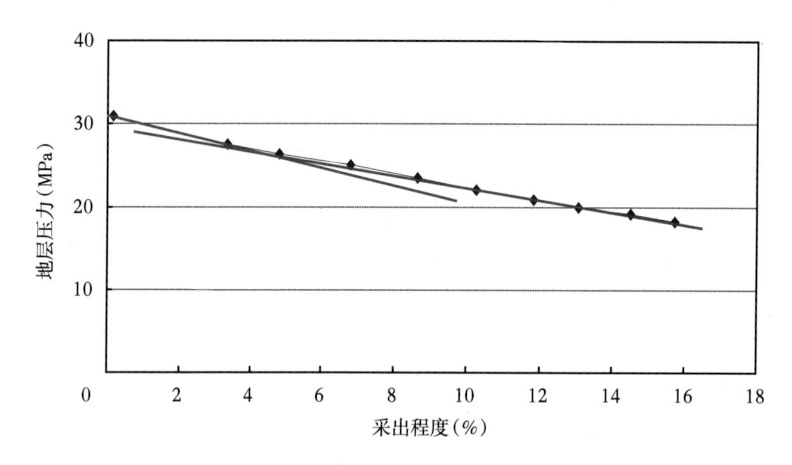

图 3-5　靖边气田地层压力—采出程度相关图

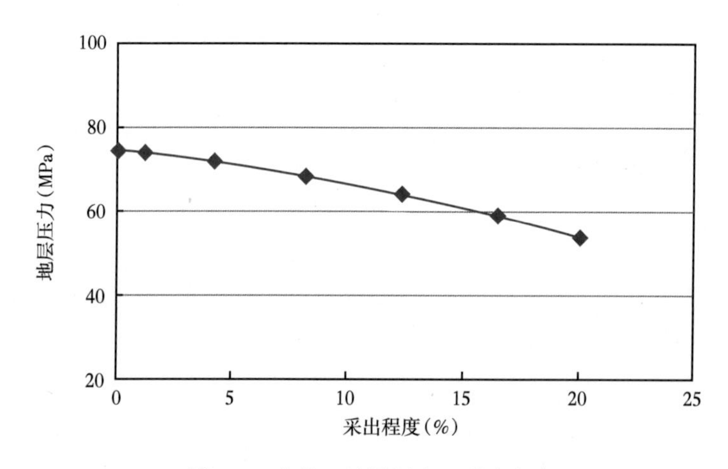

图 3-6　克拉 2 地层压力—采出程度

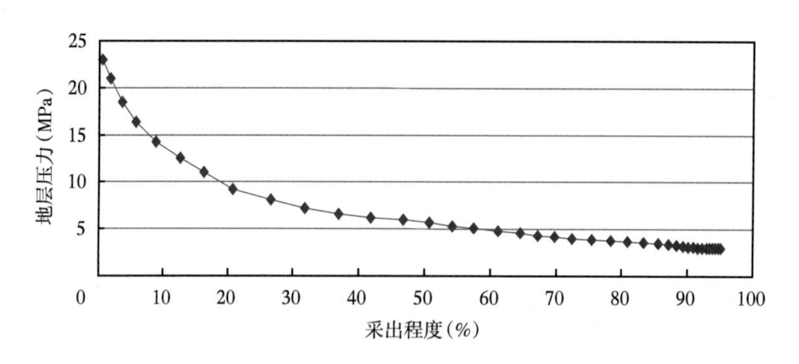

图 3-7　卧龙河嘉五一气藏地层压力—采出程度

二、弹性能量指数

弹性能量指数是指单位压降下的累计采气量，为气藏累计产气量与地层压降的比值，该数值的变化可反映气田开发过程中气藏弹性能量的变化，直接反映气藏的规律及储层的连续性与连通性。

根据气藏弹性能量指数的定义，可得：

$$\mathrm{EEI}=\frac{G_{\mathrm{p}}}{\psi(\Delta p)}=\frac{G_{\mathrm{p}}}{\psi(p_{\mathrm{i}})-\psi(p)} \tag{3-1}$$

其中　$\psi(p_{\mathrm{i}})=p_{\mathrm{i}}/Z_{\mathrm{i}}$，$\psi(p)=p/Z$

式中　EEI——气藏的弹性能量指数，$10^8\ \mathrm{m^3/MPa}$；

G_{p}——气藏在地面标准条件（0.101 MPa，20°C）下的累计产气量，$10^8\mathrm{m}^3$；

$\psi(\Delta p)$——气藏的拟压降，MPa；

$\psi(p_{\mathrm{i}})$——原始地层条件下的气藏拟压力，MPa；

p_{i}——原始气藏压力，MPa；

Z_{i}——原始地层条件下的气体偏差因子；

$\psi(p)$——目前地层压力下的气藏拟压力，MPa；

p——目前气藏压力，MPa；

Z——目前地层条件下的气体偏差因子。

定容气藏是一种理想化的气藏，其容积在天然气开采过程中不发生变化。此时有：

$$\psi(p)=\psi(p_{\mathrm{i}})\left(1-\frac{G_{\mathrm{p}}}{G}\right) \tag{3-2}$$

式中　G——气藏在地面标准条件下的原始地质储量，$10^8\ \mathrm{m}^3$。

将式（3-2）代入式（3-1），得：

$$\mathrm{EEI}=\frac{G}{\psi(p_{\mathrm{i}})}=\frac{\Omega}{B_{\mathrm{gi}}\psi(p_{\mathrm{i}})} \tag{3-3}$$

式中　Ω——气藏的地下连通孔隙体积，$10^8\mathrm{m}^3$；

B_{gi}——原始地层条件下的气体体积系数，$\mathrm{m^3/m^3}$。

气藏弹性能量指数为生产指示曲线斜率的倒数，从理论上讲，它主要与气田动用储量的规模有关，与采气速度等开发技术措施关系不大。由式（3-3）可以看出：对于特定的气藏，原始地层压力一定的情况下，弹性能量指数的大小主要取决于气藏的地下连通孔隙体积（气藏含气体积），因此，在气藏开采过程中，随着泄流半径的扩大，在气藏内部低渗透区或微细孔缝不断补给天然气的影响下，弹性能量指数不断增大。对多裂缝型储层，多裂缝的存在会使更多的地下孔隙体积在开采过程中不断被沟通，从而使更多的储量被动用，弹性能量指数随着开发过程不断上升。

一般来说，气藏废弃时气藏的压降为定值，因此，累计采出的天然气越多，表明气藏的弹性能量越大。其中，累计采出的天然气包括了水驱等能量采出的天然气。

弹性能量指数是气田的固有性质（图 3-8）。对于定容气藏，弹性能量指数等于气藏地质储量除于原始地层压力；不同气田弹性能量指数差别较大，主要与气田储量规模有关。

单位压降采气量可代替弹性能量指数（图 3-9）。经过机理模型实例计算，对于正常压力气藏，天然气压缩因子的影响较小可忽略不计，且生产中更易于获取，故实际操作中可用地层压力代替气藏拟压力，即用单位压降采气量代替弹性能量指数。

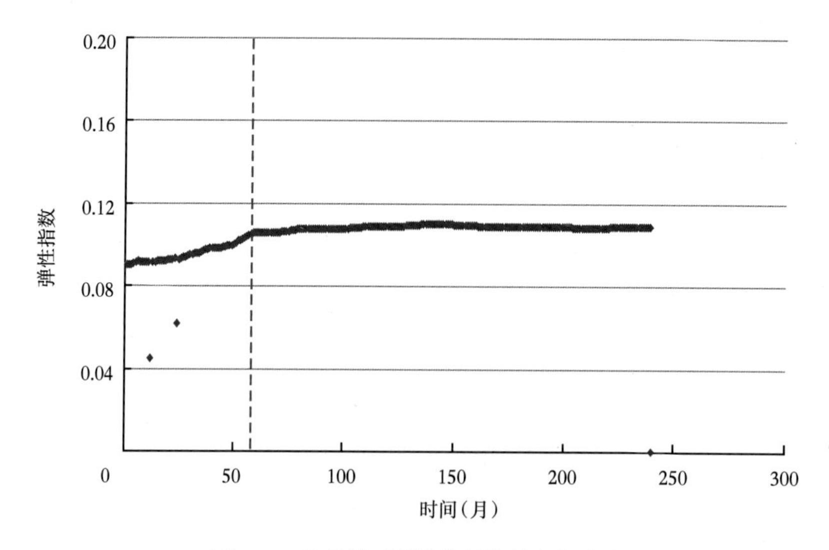

图 3-8　机理模型弹性能量指数变化曲线

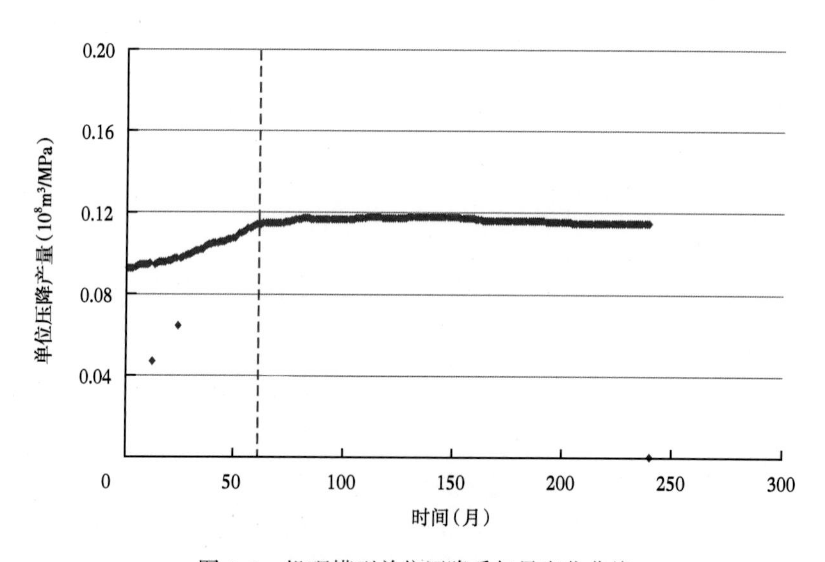

图 3-9　机理模型单位压降采气量变化曲线

另外，不同采气速度条件下同一气藏的最大弹性能量指数几乎为常值，不同采气速度下，气藏达到的弹性能量指数差别很小。发现的规律是，采气速度越大，最大弹性能量指数越大；采气速度越大，达到最大弹性能量指数时间越短（表 3-1）。但当采气速度造成气藏水体的锥进或沿裂缝系统的侵入，将分隔气藏，形成部分水封的死气区，造成单位压降采气量的急速变小。

表 3-1 机理模型采用不同采气速度的数值模拟结果

最大采气速度（%）	最大弹性能量指数（$10^8m^3/MPa$）	全部动用所需时间（a）
4.3	0.108619	11.0
5.4	0.108888	9.5
6.5	0.108997	8.0
7.6	0.109055	7.5
8.6	0.109088	6.5

弹性能量指数可以实现对不同类型气藏开发阶段的统一划分。气田弹性曲线具有明显的阶段性，且比生产指示曲线更敏感。弹性能量指数可以体现不同类型气藏弹性能量的特征与规律（图 3-10）。下面将就三种类型气藏的弹性能量指数曲线阶段变化规律分别进行论述。

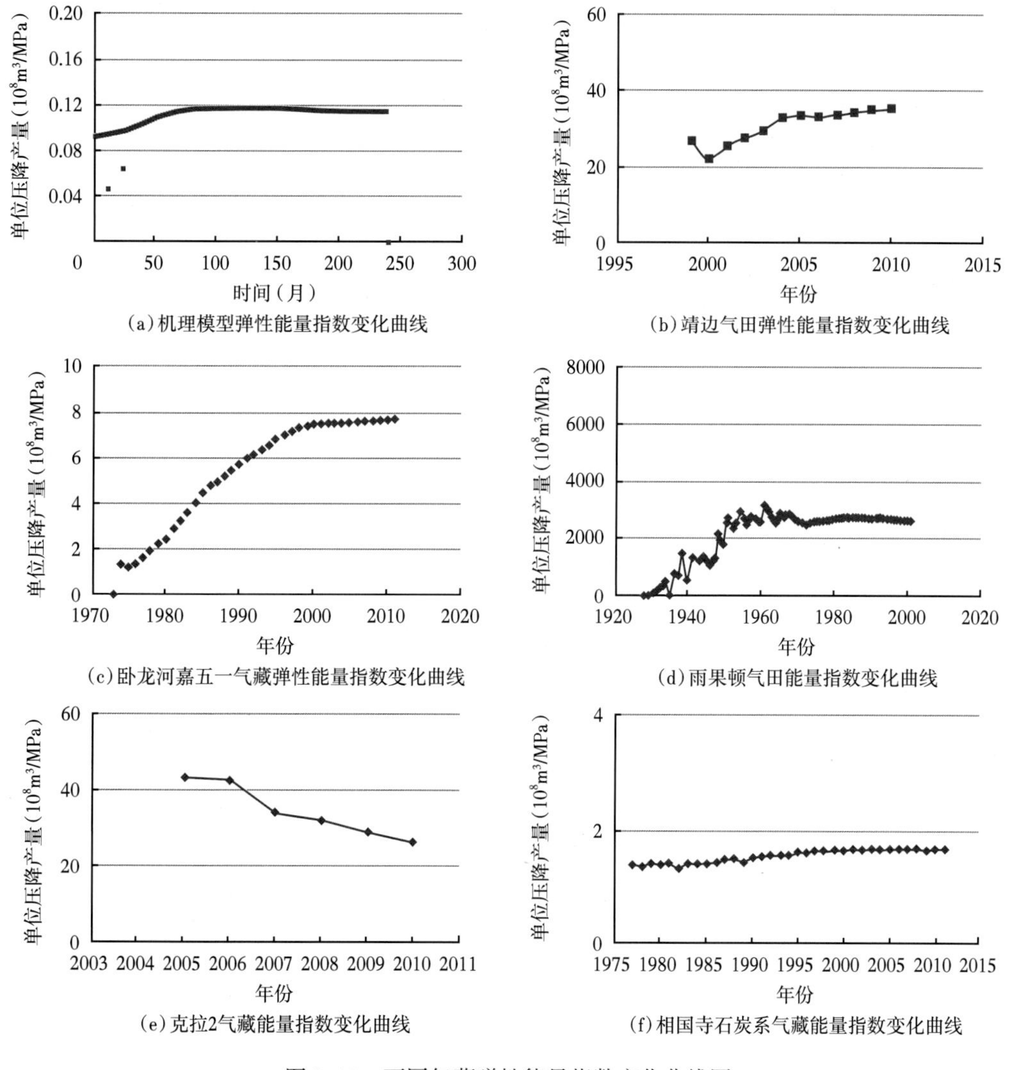

图 3-10 不同气藏弹性能量指数变化曲线图

1. 封闭气藏弹性能量指数曲线阶段变化规律

封闭气藏是指无水体相连的气藏，在其开采过程中，不存在气藏与水体间的质量及能量的交换，但气藏的容积会因地层压力的下降而发生变化，因此生产指示曲线往往表现为后期斜率减小，而弹性能量指数曲线则呈初期逐步增大、后期趋稳的变化趋势（图 3-11）。根据单位压降采气量曲线，可将封闭气藏的开发过程划分两个开发阶段。

1）扩大动用阶段

该阶段单位压降采气量不断增大，代表了地层压力下降是一个逐步到达泄流边界的过程，压力传导及波及体积随生产过程不断扩大。对于常规气藏而言，这一过程所需时间较短，一般为数小时到数天。对于致密气而言，这一过程往往要经历几年的时间。

2）整体动用阶段

该阶段单位压降采气量保持不变。当气井或气藏压力下降传导到气藏边界之后，单位压降采气量将由前一个阶段的逐渐增大转变为基本稳定，表示气藏或井控范围内的储量已经全部得到了动用（图 3-11）。

地层流体流动达到泄流边界，如何尽快尽可能多地采出天然气是该阶段的主要矛盾，同时也要考虑气价及经济因素的影响。

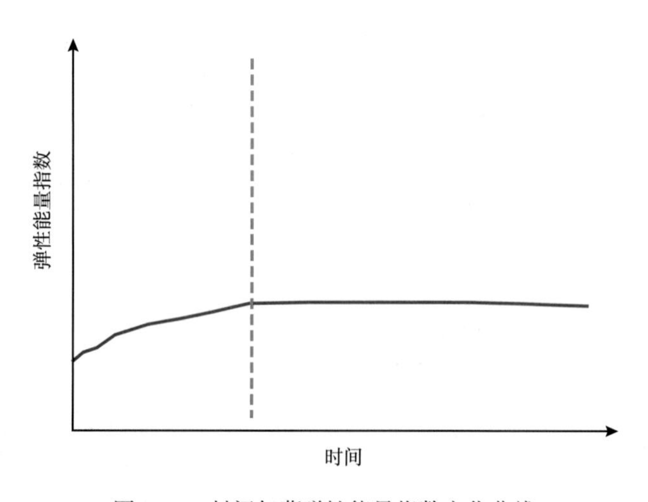

图 3-11　封闭气藏弹性能量指数变化曲线

2. 异常高压气藏弹性能量指数曲线阶段变化规律

异常高压气藏是指储层压力系数在 1.5 以上的气藏，该类气藏在我国的四川盆地与塔里木盆地广泛发育。诸如龙王庙气藏、克深气藏等，该类气藏开发过程中的压力变化可以划分为两个阶段，即高压释放阶段与稳定生产阶段。

1）高压释放阶段

在异常高压气藏开发初期，随着天然气采出和地层压力的下降，除了引起天然气的膨胀作用，还将引起储气层的压实作用和岩石颗粒的弹性膨胀作用，地层束缚水的弹性膨胀作用和周围泥岩的再压实作用引起的水侵作用，从理论上讲，这些变化都能补充气藏能量和减小地层压力的下降率（陈元千，1983），从而使异常高压气藏初期单位压降数值较高，并逐渐降低（图 3-12）。

从产量开始递减至递减到开发方案设计规模 20% 的阶段为递减期。开发调控重点是通过对剩余可采储量分布研究，采取排水采气、增压开采、补孔调层、气井修井、酸化压裂、打调整井等挖潜措施，控制产量递减率。年综合递减率一般应控制在 10% 以内，复杂气藏、强水驱气藏年综合递减率应控制在 20% 以内。

产量递减到开发方案设计规模 20% 以下到气田废弃前的阶段为低产期。开发调控以提高气田最终采收率为目标，采取有效的排水采气、老井修复、后期增压开采、高低压分输等措施，以期尽可能提高气田最终采收率。

2. 北美雨果顿二叠系碳酸盐岩气藏开发阶段划分

北美雨果顿（Hugoton）二叠系碳酸盐岩气藏开发阶段可划分为上产、稳产、递减、恢复、二次高产、二次递减六个阶段，主要划分依据为产量（图 3-14）的变化，其早期开发存在较多难动用储量，但随着技术进步这部分储量又转变为可动用储量的气藏，对于复杂类型的气藏，多表现为这种复合过程。

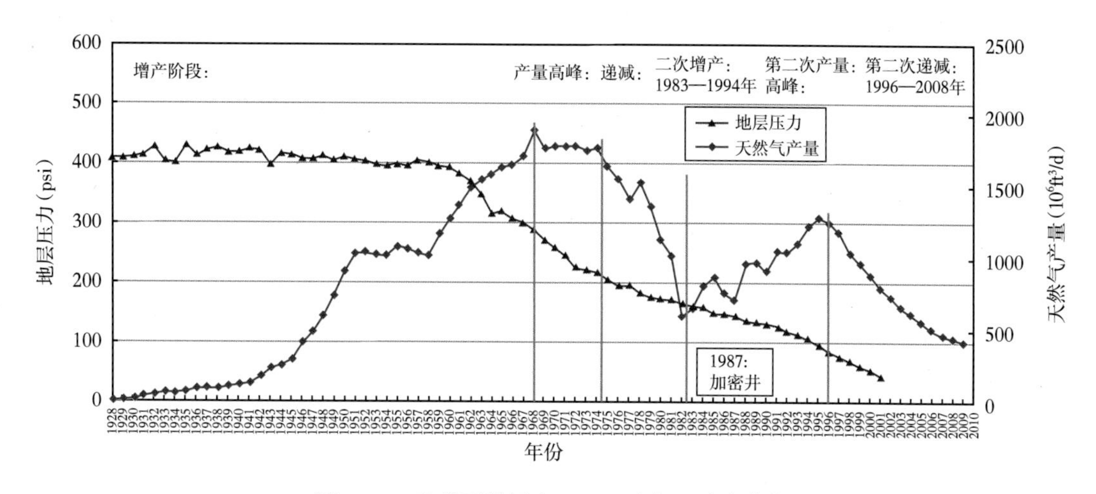

图 3-14　北美雨果顿（Hugoton）气田动态曲线

3. 相国寺石炭系常规气藏开发阶段划分

曹学文（2010）将四川相国寺石炭系常规气藏开发过程分为稳产阶段、递减和低压小产三个阶段；亦可分为工业性开发阶段和地方性开采阶段（图 3-15）。

相国寺气田发现于 1977 年，到 1979 年完成产能建设，1980 年正式投入开发，目前进入开发后期。根据气藏动态特征和开发指标，可将气藏开发过程划分为稳产、递减和低压小产三个阶段。

稳产阶段（1980 年 1 月至 1987 年 12 月）：相国寺石炭系气藏于 1980 年 5 月正式按开发方案实施，以日产气 $90\times10^4m^3$ 的规模和 8% 的采气速度生产，期间生产井数为 5 口，稳产 8 年，到 1987 年底，因井底流压已降低至输压而结束稳产阶段。

产量递减阶段（1988 年 1 月至今）：气藏从 1987 年底转入定压减产的采气方式并按开发调整方案进行调整，采取了在递减期内两次降输压和二次再稳产的开发调整措施，以缓解气藏产量递减，提高气藏采收率。

低压小产阶段：根据气藏综合研究及数值模拟动态预测结果，参考其他气藏的经验，因为气藏结束工业性开采后并未完全丧失生产能力和经济价值，至少还可供气田附近的小用户用气。工业性开发与地方性开发阶段划分是属于作业者的变更与工期模式的变化，不应体现在开发阶段划分当中。

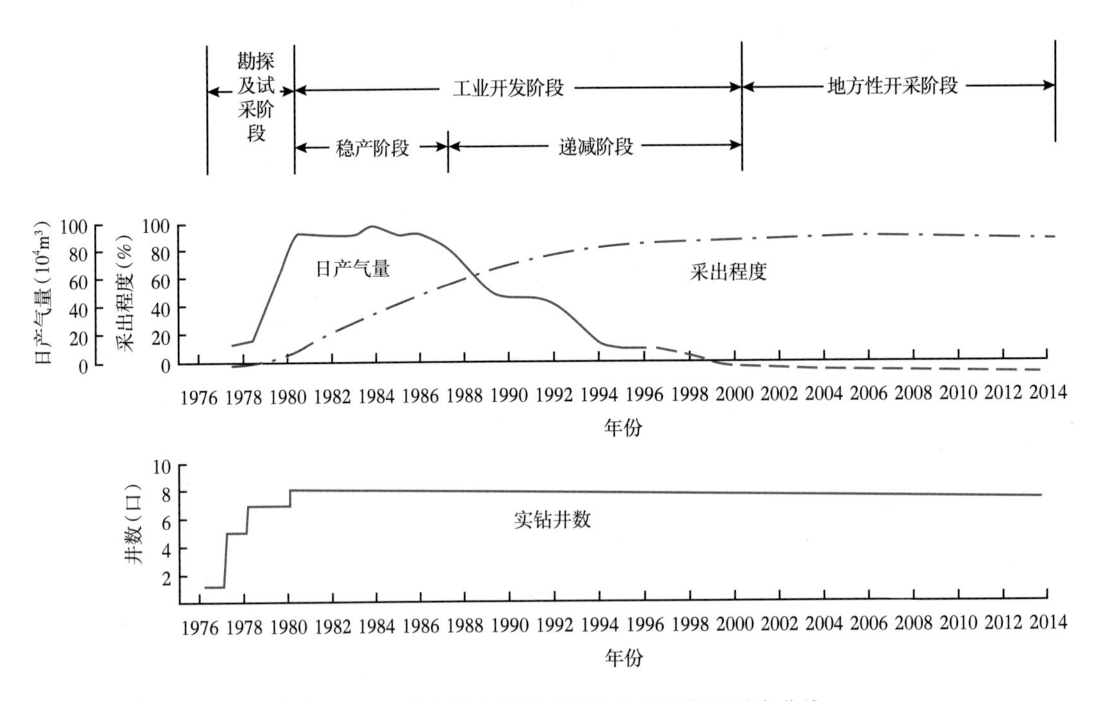

图 3-15　四川相国寺石炭系碳酸盐岩老气田动态曲线

4. 基于气藏动态曲线划分气藏

王阳（1995）认为气藏开发阶段的划分应按气藏的开采动态及产量变化来进行，即根据气藏动态曲线的变化来划分。气驱气藏一般经历试采及产能建设阶段、稳产阶段、产量递减阶段及低压小产阶段四个开发阶段（表 3-3）。水驱气藏划分为产能建设、稳产（无水采气、带水采气）、递减、排水采气四个阶段。

表 3-3　气田开发阶段对比表

<table>
<tr><td>气藏名称</td><td colspan="6">开发阶段</td></tr>
<tr><td>相国寺石炭系气藏</td><td colspan="2">稳产阶段
1980 年 1 月至 1987 年 12 月</td><td colspan="2">递减阶段
1988 年 1 月至 2000 年</td><td colspan="2">低压小产量生产阶段
2000 年以后</td></tr>
<tr><td>卧龙河嘉五段—嘉四段气藏</td><td>试采 1973 年 8 月至 1976 年 12 月</td><td colspan="2">产能建设 1977 年 1 月至 1979 年</td><td>稳产 1980 年至 1985 年</td><td>递减 1986 年至 1988 年 8 月</td><td>增压开采 1988 年 9 月至 1992 年 12 月</td></tr>
<tr><td>威远震旦系气藏</td><td colspan="2">小产气量生产 1965 年 8 月至 1968 年 9 月</td><td>无水采气 1968 年 10 月至 1972 年 12 月</td><td>带水自喷 1973 年 10 月至 1976 年 12 月</td><td colspan="2">排水采气
1985 年 1 月至今</td></tr>
<tr><td>纳溪多裂缝系统气田</td><td colspan="2">产能上升
1958—1974 年</td><td>产能递减
1975—1982 年</td><td>产能恢复
1983—1987 年</td><td colspan="2">低压低产
1988—1992 年</td></tr>
</table>

二、开发阶段划分及其核心内容

分析上述不同开发阶段的划分方案，可以看出，各方案的相似性较大，都基本认可建产、稳产、递减与低产的四阶段划分原则，当然有雨果顿二叠系碳酸盐岩气藏这一四阶段划分的复合方案，纵观气田开发的全过程，并结合贾爱林（1993）在对油田开发阶段的划分中，首次提出了评价阶段这一概念，并一直沿用至今，并结合气田开发20年来的实际情况，本书将气田开发阶段划分为五个阶段，即评价阶段、建产阶段、稳产阶段、递减阶段和低产阶段（图3-16）。当然不是每个气田都必然经历这五个阶段，一些小型、超小型的气藏可能没有评价阶段，一些超大型复杂气藏也可能是类似于雨果顿二叠系碳酸盐岩气藏的复合模式。

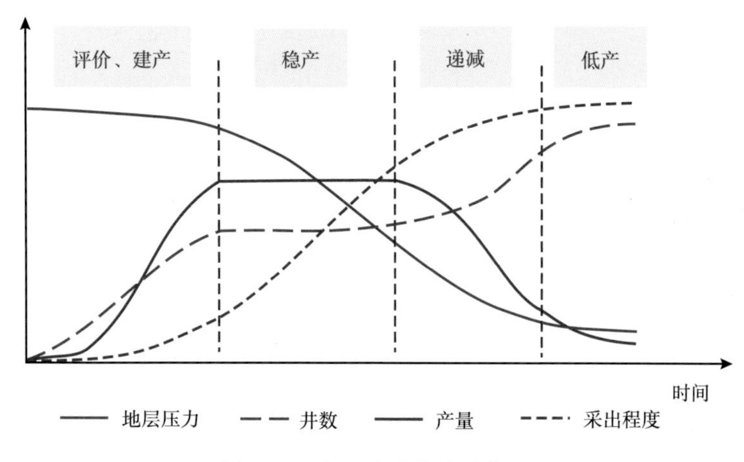

图3-16　气田生产曲线示意图

不同开发阶段核心任务和主要工作内容相互衔接、各有侧重（表3-4），大气田开发全生命周期一般长达数十年。

参考贾爱林（1993）将油田开发阶段的五阶段划分方案及工作要点，将气田开发阶段划分为五个阶段，不同开发阶段气田开发工作重点和核心内容不同。

（1）评价阶段：从提交探明储量到开发方案编制完成统称为评价阶段，该阶段以开发方案编制完成为划分节点。评价阶段以部署评价井、录取资料，开展储层评价和气井产能评价工作为核心内容，以开发方案编制为工作目标。

（2）建产阶段：气田投入开发部署开发井，不断提高气田生产能力，直至气田生产能力达到设计的最大生产规模，即建产阶段，该阶段时间周期与建产规模、建产条件、钻井成功率等密切相关。建产阶段以气田开发工作量部署为核心内容，以年产量达到方案设计标准为目。

（3）稳产阶段：当气田产量维持既定的稳定产量目标平稳运行，直至出现产量递减，是气田稳产阶段。稳产阶段则通过产能接替和动态管理为核心，以维持既定的稳定产量为目标。

（4）递减阶段：气田年产量从开始递减到方案设计规模20%的生产阶段，称为递减阶段。递减阶段则以发挥剩余储量生产能力为目标，以排水采气、增压开采、补孔调层、修井作业、二次压裂、调整井等挖潜措施为抓手。

（5）低产阶段：从递减阶段开始直至气田废弃的阶段为低产阶段。低产阶段主要通过排水采气、老井修复、后期增压、高低压分输等技术措施，确保气藏一定生产能力条件下的效益开发，实现气田经济价值和采收率最大化。

表 3–4 不同开发阶段核心任务与工作内容分配表

开发阶段	标志节点	时间周期	核心任务	工作内容	备注
评价阶段	开发方案编制完成	几个月至数年	部署开发评价工作量，编制气田开发方案	①提出开发资料录取要求；②部署开发地震、评价井和先导性试验区；③评价地质储量、可采储量和动用储量规模；④落实气田产能规模，制订开发技术对策；⑤评估健康安全环境（HSE）影响；⑥完成开发方案编制	①小型、超小型与地质情况特别简单与清楚的气田没有这一阶段；②先导性实验不在其他所有气田开展
建产阶段	产量达到设计最大生产规模	2~3 年	合理安排建产期钻完井工作量，确保气田开发建设进度	①新钻井动静态资料分析；②深化认识气藏地质与开发特征；③动态优化气井配产、待钻井井位和钻采工艺技术；④合理安排建产期内各年度钻完井进度	所有类型
稳产阶段	产量维持既定的稳产目标	大于 10 年	实施开发动态管理，部署气田产能接替，保障气田稳产能力	①评价有效储层分布规律、优选开发富集区；②优化部署调整井位；③开展气井生产动态跟踪；④评价气井产能，优化气井配产；⑤实施补孔调层等增产措施	个别气田无稳产阶段
递减阶段	产量递减到稳产规模的 20%	10~20 年	落实剩余储量开发潜力，合理安排增产技术措施	①评价剩余可采储量分布特征；②落实气田剩余储量开发潜力；③大幅度新钻调整井；④采取排水采气、增压开采、补孔调层、修井作业、二次压裂等挖潜措施，降低产量递减	个别气田与稳产阶段界限不清
低产阶段	产量逐渐降至废弃标准	约 10 年	发挥气田剩余生产能力，保障效益开发	①实施排水采气、老井修复等采气工艺措施；②适度开展井口/集中增压、高低压分输等地面工艺措施	二次复产也划入该阶段

第四节 不同类型气藏不同开发阶段特征

在准确的划分气藏类型与掌握不同类型气藏基本特征的基础上，不同类型气藏由于在不同开发阶段追求的目标有所差异，因此所采取的开发技术对策及气藏表现出的开发特征也各不相同，但归根结底，追求较好的开发效益与最大限度地提高气藏采收率，永远是开发工作者追求的目标。在气藏的开发过程中，根据气藏范围内单井与区块乃至整个气藏的生产特征与动态参数变化情况，制订不同阶段合理开发指标，采用合理的采气速度和稳产方式，保障不同气田相对较长的稳产时间，实现经济效益和社会效益最大化。

一、致密气藏

致密气是非常规气藏的主要类型之一，最近几十年随着储层改造技术的不断进步才得到开发。由于致密气藏储层渗透率平均值不大于 0.1mD，只有储层改造后才能形成商业气流；由于储层的非均质性与储层改造范围的限制，单井的生产指标与气藏的生产指标是完全不一致的。

对于致密气藏而言，气藏的开发指标是完全独立的单井指标叠加构成的，评价阶段的主要任务是认识气藏的地质特征与单井开发特征、评价单井产能变化规律与累计产气量、论证不同井型的优劣与开发技术政策的选择、设计气藏的开发规模等。

纵观全球致密气的开发历程，将储量的百分之一作为建产规模比较适宜，即 $10^{12}m^3$ 的探明储量，峰值产量达到 $100\times10^8m^3$ 较为合适，按照常规气藏的计算方法，气藏采气速度大致是 1%。但在实际每口生产井来讲，如单井控制动态储量 $3000\times10^8m^3$，单井累计产气量按照 $2200\times10^{12}m^3$ 计算，初始第一年平均配产 $1.5\times10^4m^3/d$ 计算，第一年单井产量为 $495\times10^4m^3$，井控储量的采气速度为 16.5%，这是与常规气藏不同的，主要原因是初始井网对储量的控制程度较低。

气藏稳定阶段则是采取规则的井网加密或不规则的优化调整，继续动用气藏范围内的原始地层压力区，弥补老井递减造成的产能降低，保持气田产量的基本稳定。在特定的经济技术条件下，当气藏范围内再无新井补充，或所钻新井形成的产能不能弥补老井的递减，气藏即进入递减阶段，当递减到稳产产量规模的 20% 以下即为低产阶段。

二、高压气藏

异常高压气藏储层孔隙流体支撑了部分上覆地层压力，随着气藏衰竭式开发流体压力的逐步降低，将引起岩石物性参数的变化。高压气藏在气体产出、压力下降的同时，周围岩石给予的能量补充逐步减小，从而影响其弹性能量。因此高压气藏往往在初始一段时间内产能较高，但开采过程中后期产量有较大幅度的降低。该类气藏普遍具有气井产量高、稳产能力强的生产特征。

与上述致密气藏相比较，目前国内外已发现与开发的高压气藏，不仅具有压力温度高的特点，同时气藏范围内的储层连续性好，生产过程中的压力传导速度快，压降波及整个气藏，因此要求结合单井指标，对全气藏进行地质建模与数值模拟研究，并在此基础上设计气田开发方案。由于气藏的自身特点，该类气藏的单井指标与气藏指标是完全一致的，采气速度采用 3%~4% 较为合理。

由于高压气藏单井产量高，形成方案所设计的能力一般井数较少，如克拉 2 气田开发初期仅用 16 口井就达到开发方案设计的 $100\times10^8m^3$ 的生产能力，因此，高压气藏的建产阶段相对短暂。机理模型直接进行了配产稳产模拟（图 3-17、图 3-18）；稳产阶段压降 82%，采出程度 76.2%；递减阶段压降 11%，采出程度 15.3%，递减阶段期末累计压降 93%，累计采出程度 91.5%。数值模拟表明高压气藏主要依靠稳产期采出大量气，递减期产气量下降迅速，持续时间短，与国内已开发的该类气藏实际情况基本相符。

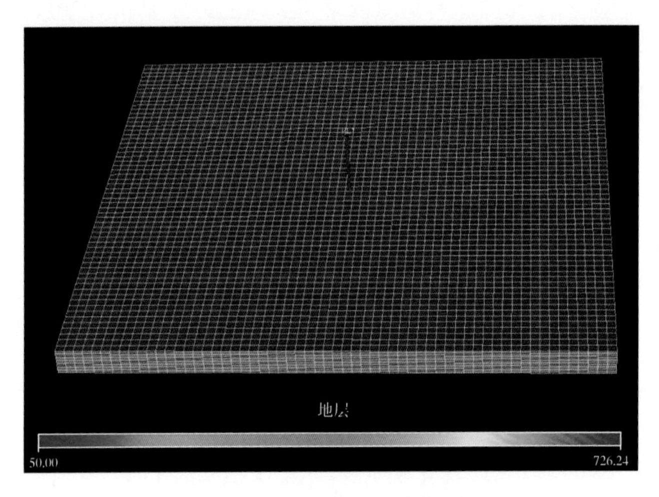

图 3-17　机理模型地质模型图

（ϕ=5%；K=0.1mD；S_w=20%；储量规模：$112\times10^8m^3$）

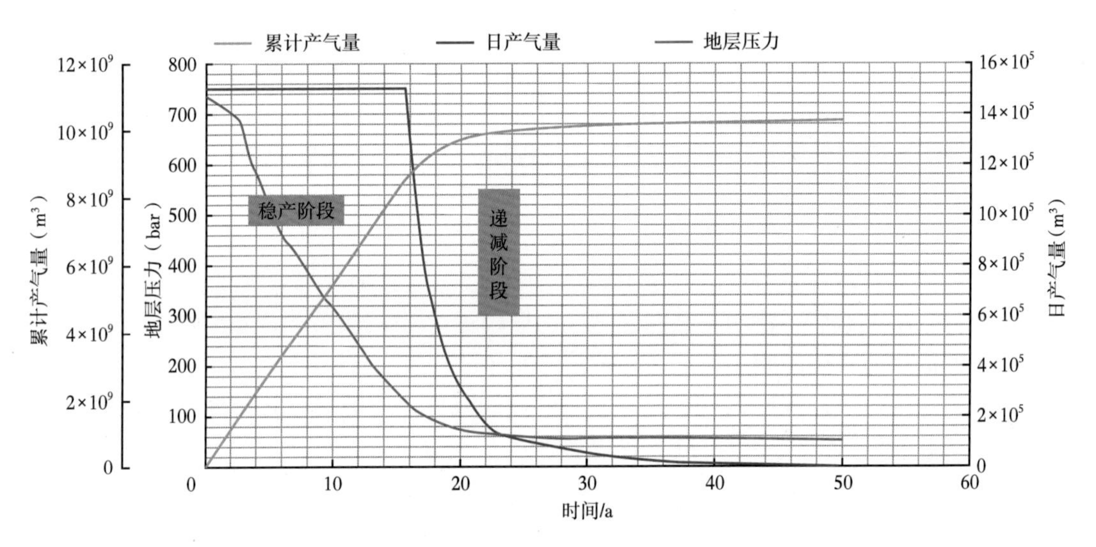

图 3-18　机理模型数值模拟结果显示图

三、碳酸盐岩气藏

碳酸盐岩气藏控制与形成条件多样、类型复杂，不同类型气藏之间地质特征与开发特征差异大，开发规律与所采取的开发技术对策也各不相同。本书将碳酸盐岩气藏划分为孔隙型无水碳酸盐岩气藏、裂缝—孔隙型水体不活跃碳酸盐岩气藏、裂缝型水体活跃碳酸盐岩气藏三种类型进行论述。

1. 孔隙型无水碳酸盐岩气藏

鄂尔多斯盆地的靖边气田是该类型气藏的典型代表。气藏主力产层马五段 1 亚段位于奥陶系风化壳顶部，具层薄、低渗透、非均质性强、低丰度、顶部裂缝发育、中下部溶蚀孔洞发育的特点，属于低孔隙度、低丰度、无边（底）水、深层大型定容碳酸盐岩气藏。该类气藏单井产量虽然不高（100000~200000m³/d），但具有一定的稳产能力，气井进入递减期后，递减率往往比较大。由于较强的储层非均质性和风化壳沟槽的分隔，气藏可以划分为24个储量单元、20个井区，不同的区块间基本为独立的开发单元，区块内部压力连通。按照这一气藏特点，设计机理模型模拟全生命周期生产过程，进行开发指标预测（图3-19），多个区块的叠加便形成整个气藏的开发指标体系与特征。

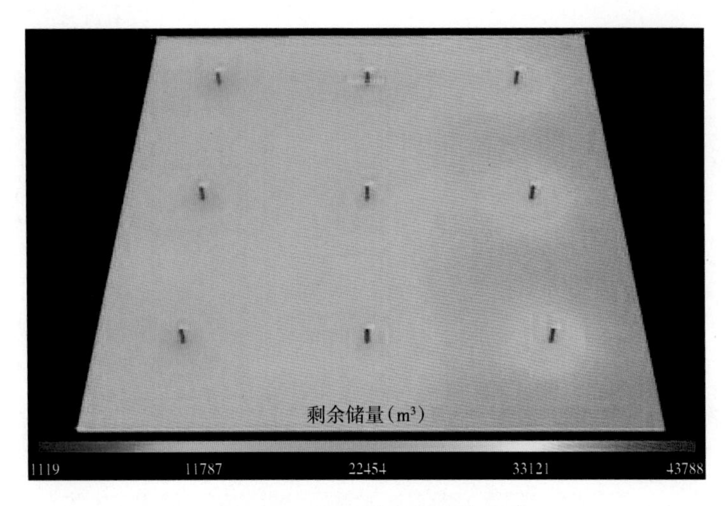

图3-19　机理模型地质模型图

模拟结果显示，建产阶段气藏压降12.8%，采出程度11.0%；稳产阶段时间相对较短，阶段压降11.5%，采出程度11.3%，稳产阶段期末累计压降24.3%，累计采出程度22.3%；递减—低产阶段压降50.3%，采出程度54%，气藏整体累计压降74.6%，采出程度76.3%（图3-20）。这一模拟结果仅为单个区块不进行新井补充的生产情况，与气田的实际生产特征和规律存在一定差异。

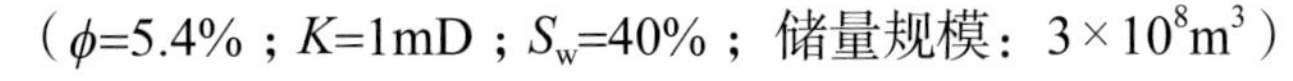

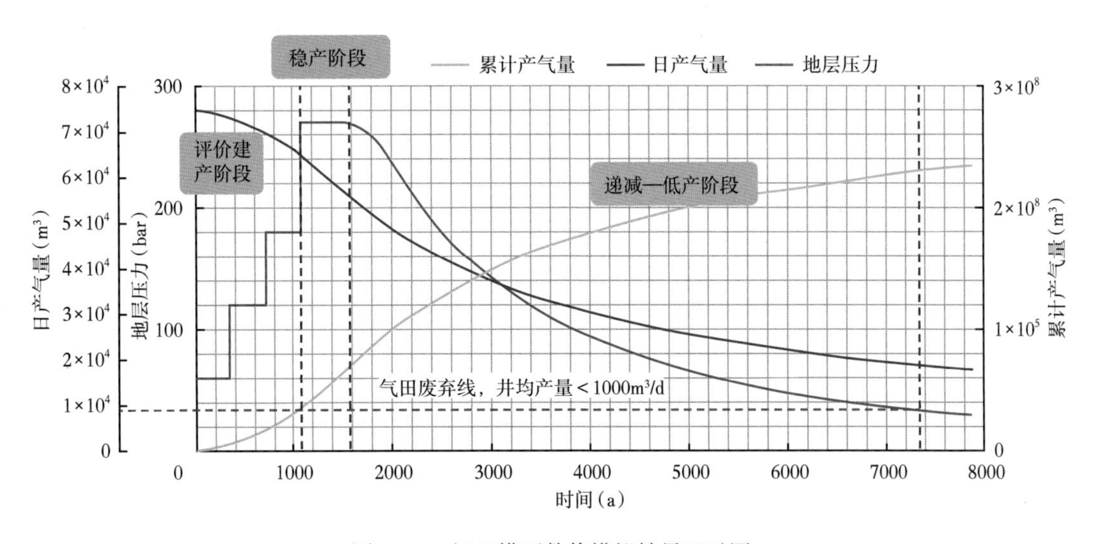

图3-20　机理模型数值模拟结果显示图

2. 裂缝—孔隙型水体不活跃碳酸盐岩气藏

国内外有水气藏开发实践表明，有水气藏开发特征与规律主要受气藏储层非均质性、气水分布模式、水体活跃性、排水采气工艺技术和所采取的开发技术对策影响。四川盆地是国内有水气藏开发实践的典范，既有开发历史相当长的一系列老气田，也有新开发的龙王庙组气藏。这里结合四川盆地有水气藏类型多、生产时间长的特点，选择处于开发中后期的典型有水气藏，对水体不活跃型有水气藏进行机理模型模拟，指导开发指标论证（图 3-21）。

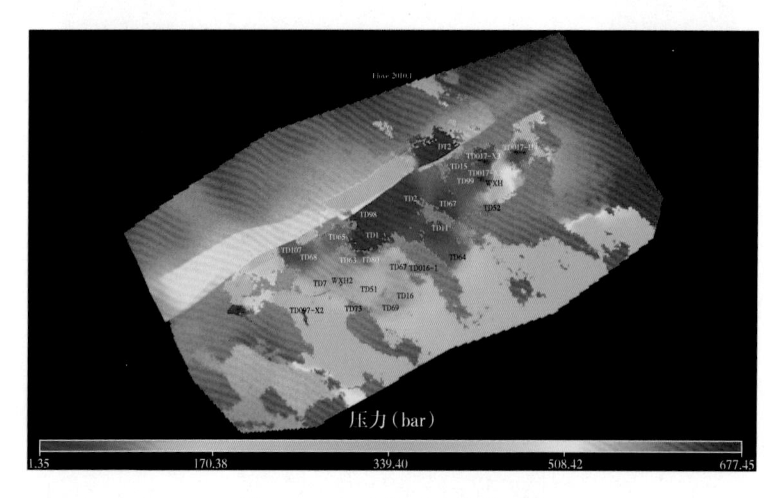

图 3-21　机理模型地质模型图

水体不活跃碳酸盐岩气藏产水量小，气藏受水体整体影响较弱，水气比维持相对稳定，例如川东石炭系的卧龙河、沙罐坪等气藏。模型揭示，建产阶段气藏压降 9.8%，采出程度 8.7%；稳产阶段压降 45.6%，采出程度 41.5%，稳产阶段期末累计压降 55.4%，累计采出程度 50.2%；递减—低产阶段压降 33.2%，采出程度 35.3%，气藏整体累计压降 88.6%，累计采出程度 85.5%。由于没有水侵影响，气藏采收率较高，开发效果较好（图 3-22）。

（ϕ=3.3%~8.7%；K=0.028~8.25mD；S_w=67%~84%；储量规模：$323.54\times10^8m^3$）

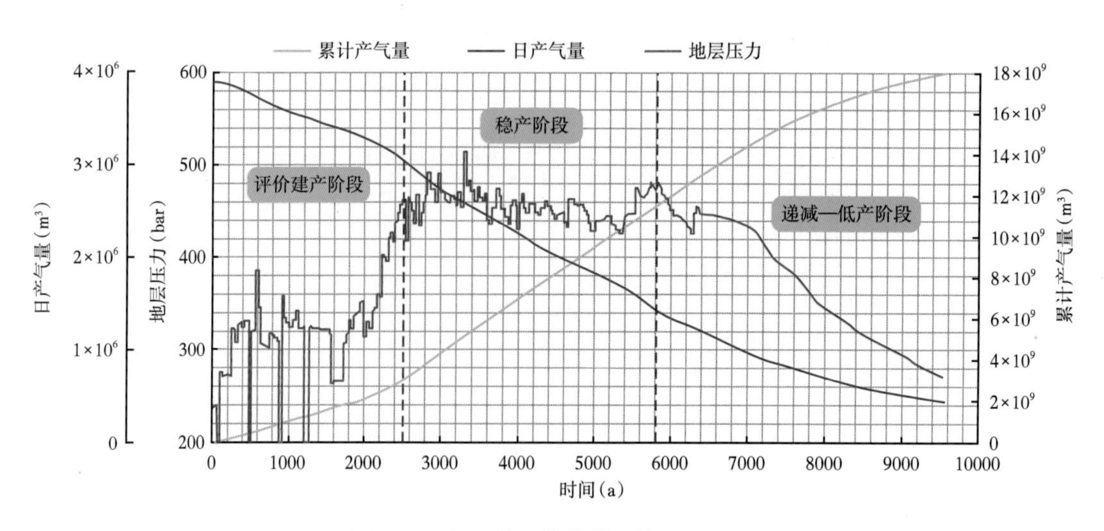

图 3-22　机理模型数值模拟结果显示图

3. 裂缝型水体活跃碳酸盐岩气藏

水体活跃碳酸盐岩气藏由于受水体能量的影响明显，开发设计中对单井产量、气藏开采速度应该给予重点考虑，既要有效利用气田水体能量，也要避免水侵、水窜、水封等等严重影响开发效果的不利影响。四川威远震旦系气藏是该类气藏的典型代表。该气藏是一个具有底水的块状碳酸盐岩气藏，储集空间类型为孔隙—溶洞—裂缝为主，沟通流道主要是微裂缝网络。威远气田震旦系气藏属于一个非均质性强的气水统一动力系统，该气藏在设计与开发过程中，由于对水侵等气藏的负面效果估计不足，设计的开采速度明显偏高，使水侵对气藏开发造成了严重的影响。在单井的近井壁区域，水侵使得缝、孔等流道内的单相气流变为气液两相流，大幅增加了渗流阻力，甚至使某些孔喉处形成水锁。从大范围来看，水侵沿裂缝推进，造成了严重的水侵切割现象，在这种纵横切割的作用下，在纵向层与层之间、横向各压降漏斗或区域之间，形成了多个水封气区，在现有的井位布置与开采方式下则成了死气区。

该气藏机理模型模拟结果显示（图 3-23、图 3-24），建产阶段采出程度 6%，水气比 3.7；稳产阶段采出程度 17.3%，水气比 6.3，稳产期末累计采出程度 23.3%；递减阶段采出程度 11.9%，水气比 39.2，递减阶段累计采出程度 35.2%；低产阶段采出程度 8.8%，水气比 61.2，整体气藏累计采出程度 44%。可见，整体开发效果较差，采出程度较低。

由于上述模型是对不同类型气藏的高度概念化，远比实际气藏简单得多，因此模型模拟生产指标明显好于实际生产指标，在实际的开发方案设计中仅能当作参考，但其基本特征与变化规律与气藏的实际生产情况基本是一致的。

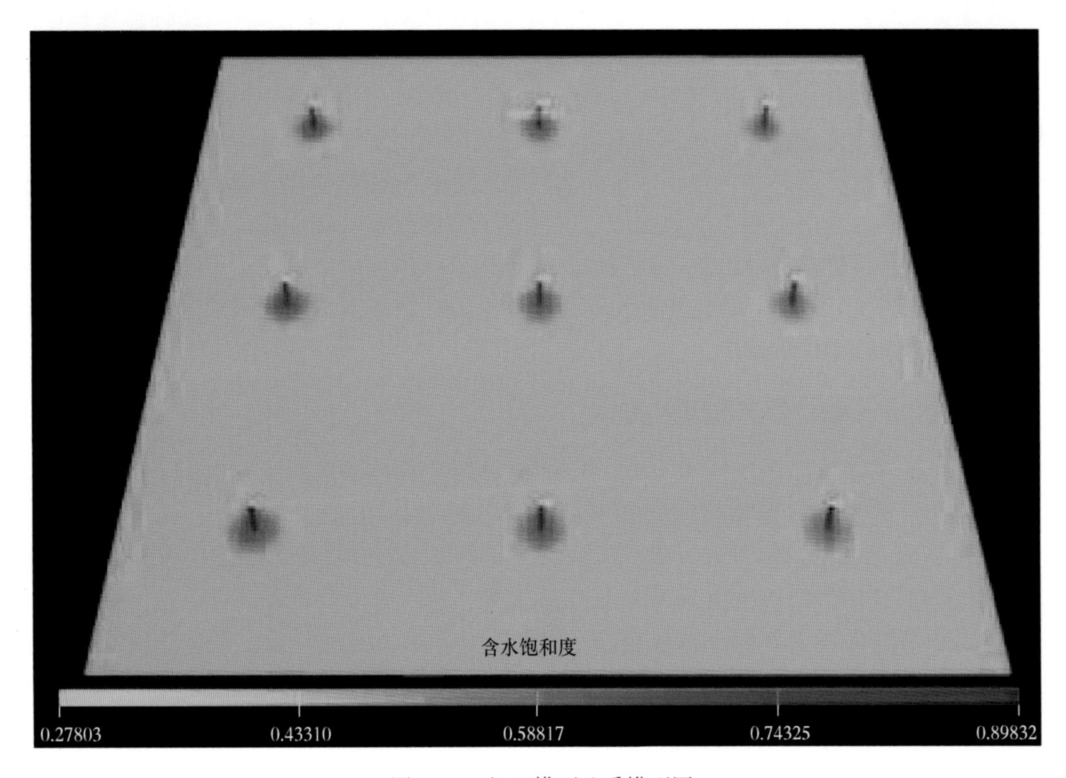

图 3-23　机理模型地质模型图

（ϕ=3.3%~8.75%；K=0.028~8.25mD；S_w=67%~84%；储量规模：$3\times10^8m^3$）

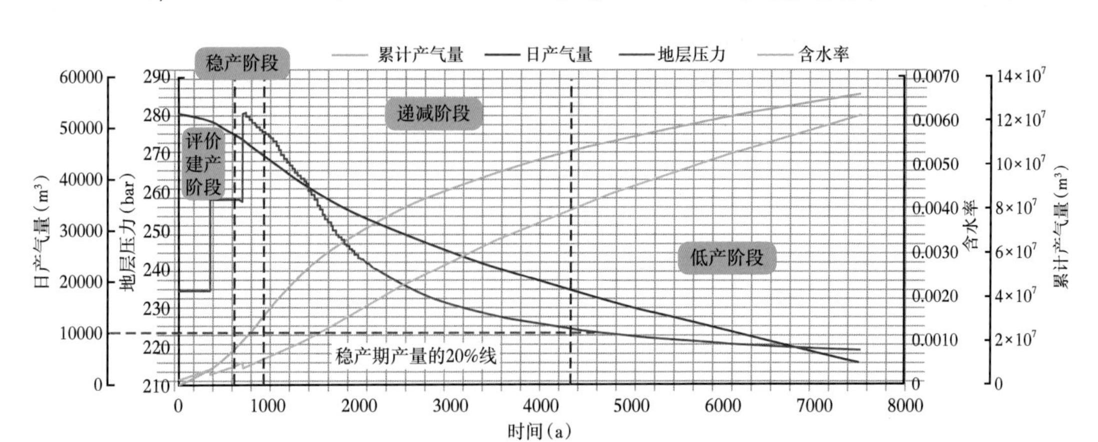

图 3-24　数值模拟结果显示图

第五节　气藏开发关键指标优化

随着天然气工业的发展，多种不同类型的气藏逐步成为我国天然气开发的主力，目前已成功开发了常规气藏、致密气藏、碳酸盐岩气藏、火山岩气藏、高含硫气藏、页岩气藏及煤层气藏等多种类型。它们构建了我国天然气开发的储量、产量主体，对天然气工业整体发展起着举足轻重的作用。因此建立一套合理的、规范的气藏开发评价指标体系和评价标准，显得尤为重要。对上述不同类型气藏进行分类与分析，致密气、页岩气与煤层气是非常规气藏的典型代表。致密气与页岩气开发过程中的关键指标变化规律相似，煤层气具有更特殊的生产变化规律，此处不再论述。常规气藏类型多样，但其生产规律可高度概括为高压气藏和有水气藏两类，至于常压无水气藏的生产特征与变化规律，则可等同于高压气藏高压部分释放后的参照与变化规律。因此，下文就致密气藏、高压气藏与有水气藏的关键开发技术指标优化进行论述。通过大量的国内外气藏调研，研究了不同类型气藏不同开发阶段的相关生产指标，结合开发关键指标体系，在数值模拟论证基础上，综合确定了各类气藏生产指标的评价标准。

一、致密气藏开发关键指标优化

致密气藏开发指标优化见表 3-5，开发评价阶段，气藏产量小，压降仅发生在不同生产井的井底附近，气藏整体压降可忽略不计，开发评价阶段可采储量采出程度小于5%，单位压降采气量逐步上升；建产阶段，产量逐渐上升，压降不断增大，该阶段可采储量采出程度小于 5%，单位压降采气量继续上升，建产阶段期末累计可采储量采出程度小于 10%；稳产阶段，产量保持稳定，是气藏产量贡献最大的阶段，也是压降最大的阶段，该阶段加权平均压降可达到 40%~60%，可采储量采出程度为 40%~50%，单位压降采气量上升速度有所减小，稳产阶段期末累计压降可达 40%~60%，累计可采储量采出程度可达 50%~60%；递减阶段，产量从高峰产量 Q_{max} 下降为 20% Q_{max}，该阶段压降可达 20%，可采储量采出程度大致 10%，单位压降采气量趋于稳定，递减阶段期末累计压降可达 60%~75%，累计可采储量采出程度可达 60%~70%；低产阶段，产量为 20% Q_{max} 以下并继续减小，该阶段压降大致为 15%，阶段可采储量采出程度大致为 10%，气藏开发末期压降达到 80%，可采储量采出程度达 70%。典型气田为苏里格气田。

表 3-5　致密气藏不同开发阶段指标优化

阶段	产量	压降		可采储量采出程度		单位压降采气量
		阶段压降	期末累计压降	阶段采出程度	期末累计采出程度	
开发评价阶段	小产气量		无	＜ 5%	＜ 5%	上升
建产阶段	快速上升		基本无	＜ 5%	＜ 10%	上升
稳产阶段	保持稳定	40%~60%	40%~60%	40%~50%	50%~60%	上升趋稳
递减阶段	20%Q_{max}	20%	60%~75%	10%	60%~70%	稳定
低产阶段	＜ 20%Q_{max}	15%	＞ 80%	10%	＞ 70%	稳定

注：Q_{max} 为高峰产量。

二、高压气藏开发阶段划分及指标优化

高压气藏不同开发阶段的关键指标优化见表 3-6，开发评价阶段主要是开展对气藏地质与开发特征的认识，仅钻极少的评价井或完全利用勘探发现井进行评价，因此该阶段气藏产量小，压降与可采储量采出程度忽略不计，单位压降采气量稳定；建产阶段，产量逐渐上升，压降逐渐产生，可采储量采出程度小于 10%，单位压降采气量稳定；稳产阶段，产量保持稳定，该阶段压降可达到 75%~80%，可采储量采出程度可达 60%~70%，单位压降采气量平稳下降，稳产阶段期末累计压降可达 75%~80%，累计可采储量采出程度可达 70%~80%；递减阶段，产量从高峰产量下降为后者的 20%，该阶段压降约为 10%，可采储量采出程度大致为 10%，单位压降采气量快速下降，递减阶段期末累计压降可达 85%~90%，累计可采储量采出程度可达 80%~90%；低产阶段，产量为高峰产量的 20% 以下并继续减小，该阶段压降约为 5%，可采储量采出程度约为 10%，单位压降采气量下降趋于稳定，气藏期末累计压降可达 95%，累计可采储量采出程度可达 95%。典型气藏如克拉 2 气藏、迪那 2 气藏。

表 3-6　高压气藏开发关键指标优化表

阶段	产量	压降		可采储量采出程度		单位压降采气量
		阶段压降	期末累计压降	阶段采出程度	期末累计采出程度	
开发评价阶段	小产气量					稳定
建产阶段	快速上升			＜ 10%	＜ 10%	稳定
稳产阶段	保持稳定	75%~80%	75%~80%	60%~70%	70%~80%	平稳下降
递减阶段	20%Q_{max}	10%	85%~90%	10%	80%~90%	快速下降
低产阶段	＜ 20%Q_{max}	5%	＞ 95%	10%	＞ 95%	下降趋稳

注：Q_{max} 为高峰产量。

三、有水气藏开发关键指标优化

在气藏的开发过程中，水体的存在对气藏会产生较大的影响，因此分析水体对开发过程的影响是非常必要的。按照水体的大小、能量的强弱及对气田开发的影响，又可将有水气藏分水体不活跃有水气藏和水体活跃有水气藏两种类型，下面分别对相关指标进行论证，实现有水气藏开发关键指标优化。水体不活跃有水气藏不同开发阶段的关键指标优化见表 3-7。开发评价阶段：气藏产量小，压降与可采储量采出程度极小，单位压降采气量稳定，水气比低；建产阶段：产量快速上升，该阶段压降上升但仍小于 10%，可采储量采出程度 5%~10%，单位压降采气量稳定，水气比仍然较低，一般低于 0.005%；稳产阶段：产量保持稳定，该阶段压降可达 50%，可采储量采出程度为 50%~55%，单位压降采气量稳定，水气比有所上升但仍很小，稳产阶段期末累计压降可达 60%，可采储量采出程度 55%~65%；递减阶段，产量从产量峰值下降为后者的 20%，该阶段压降可达 20%，可采储量采出程度 15%~20%，单位压降采气量上升趋于稳定，水气比逐渐上升但仍小于 10，递减阶段期末累计压降可达 80%，可采储量采出程度 75%~80%；低产阶段，产量为峰值的 20% 以下并继续减小，该阶段压降约为 10%，可采储量采出程度约为 5%，单位压降采气量趋于稳定，水气比可达 15，气藏生产期末累计压降可达 85%~90%，可采储量采出程度可达 80%。

表 3-7　水体不活跃气藏开发关键指标优化表

阶段	产量	压降		可采储量采出程度		单位压降采气量	水气比	工艺措施
		阶段压降	期末累计压降	阶段采出程度	期末累计采出程度			
开发评价阶段	小产气量					稳定		
建产阶段	快速上升	＜10%	＜10%	5%~10%	5%~10%	稳定		
稳产阶段	保持稳定	0.5	0.6	50%~55%	55%~65%	稳定	很小	泡排
递减阶段	20% Q_{max}	20%	0.8	15%~20%	75%~80%	上升趋稳	＜10	泡排
低产阶段	＜20% Q_{max}	10%	85%~90%	5%	＞80%	趋稳	＜15	泡排

注：Q_{max} 为高峰产量。

水体活跃有水气藏不同开发阶段的关键开发指标与水气比关系密切，并可严重影响气藏的开发效果。对于水体活跃的有水气藏，一旦水体造成气藏内部大范围水淹和剩余天然气分封，将极大地影响气藏可采储量采出程度，其参数见表 3-8。开发评价阶段：气藏产量小，可采储量采出程度忽略不计，水气比低；建产阶段；产量快速上升，该阶段可采储量采出程度小于 10%，水气比小于 5；稳产阶段：产量保持稳定，该阶段可采储量采出程度为 15%，水气比小于 10，稳产阶段期末累计可采储量采出程度为 25%；递减阶段，产量从产量峰值下降为后者的 20%，该阶段可采储量采出程度约为 10%，水气比快速上升，可达 40 以内，递减阶段期末累计可采储量采出程度约为 35%；低产阶段，产量为峰值的 20% 以下并继续减小，该阶段可采储量采出程度约为 10%，水气比达到 60 以上，由于活跃水体的影响，气藏生产期末累计可采储量采出程度为 45% 左右。

表 3-8　水体活跃气藏开发阶段划分方案

阶段	产量	可采储量采出程度		单位压降采气量	水气比	工艺措施
		阶段采出程度	期末累计采出程度			
开发评价阶段	小产气量			稳定	0	无水采气
建产阶段	快速上升	＜ 10%	＜ 10%	稳定	＜ 5	无水采气 / 带水自喷
稳产阶段	保持稳定	0. 15	0. 25	平稳下降	＜ 10	带水自喷 / 排水采气
递减阶段	20% Q_{max}	0. 1	0. 35	快速下降	＜ 40	排水采气
低产阶段	＜ 20% Q_{max}	0. 1	0.45	下降趋稳	＞ 60	排水采气

注：Q_{max} 为高峰产量。

第四章　超大型低丰度气田群开发模式

第一节　气田群基本特征

一、气田群及其内部组合

鄂尔多斯盆地是我国第二大含油气盆地，面积约 $25\times10^4km^2$，天然气地质资源量 $15.7\times10^{12}m^3$，探明储量与基本探明储量近 $10\times10^{12}m^3$，2021 年天然气产量近 $600\times10^8m^3$，形成国内最大的气田群（图 4-1）。

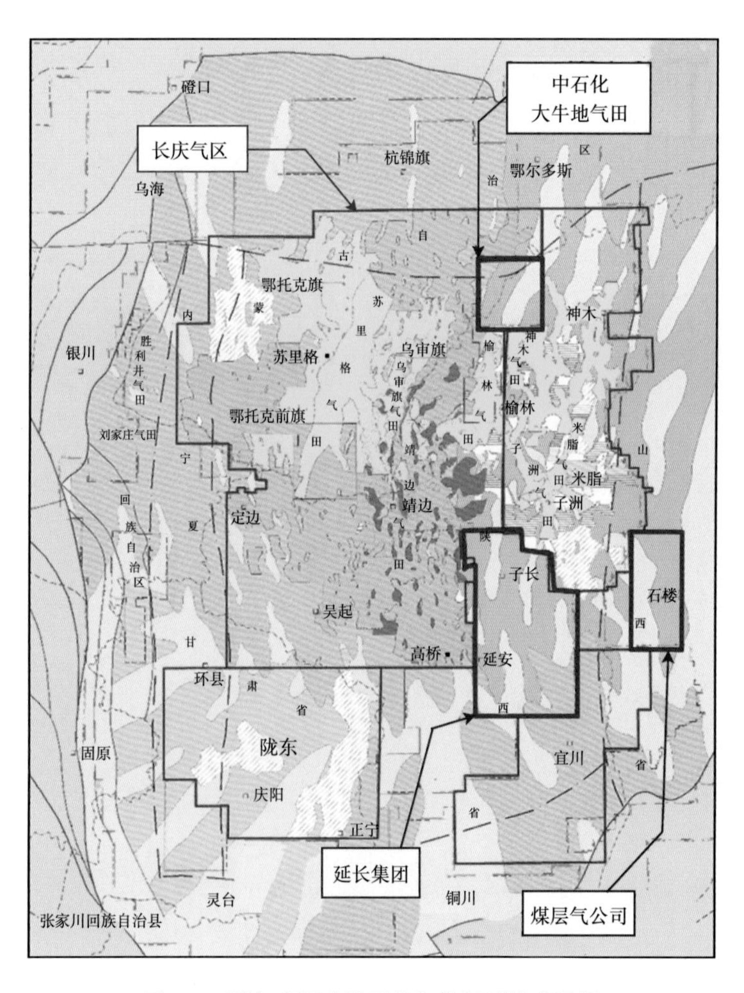

图 4-1　鄂尔多斯盆地天然气勘探开发成果图

鄂尔多斯盆地天然气开发主体类型多样，按照开发规模主要开发主体包括：中国石油、延长集团与中国石化。三大石油公司内部又有多种合作开发模式，共同构成了鄂尔多斯盆地天然气开发的主力队伍。在2021年的度量结构中，中国石油（含国际合作）的产气量约$485\times10^8m^3$，延长集团的产气量约$67\times10^8m^3$，中国石化的产气量约$40\times10^8m^3$，另外还有零星的地方产气量。

中国石油的长庆油田作为鄂尔多斯盆地天然气开发的绝对主力，截至2021年底，累计探明储量$2.3\times10^{12}m^3$（表4-1）。按照目前开发方案的设计指标，已建成了五大气田，分别是苏里格气田、靖边气田、榆林气田、神木气田与子洲气田，正在建设的气田包括米脂气田、庆阳气田、宜川气田、黄龙气田等。中国石化建设了大牛地气田。延长集团的延长气田已建成产能近$70\times10^8m^3$，并按照$150\times10^8m^3$的产能规划目标开展建设。

表4-1　长庆气区各气田储量表（2021年）

气田	天然气地质储量	
	面积（km^2）	探明（基本探明）储量（10^8m^3）
苏里格（含乌审旗）	17331.77	21700
靖边	15020.78	9000
神木	4491.71	3500
榆林	1763.47	1800
子洲	2024.19	1500
米脂	3945.21	2600
庆阳	643.71	320
宜川	1015.53	730
黄龙	208.94	30
直罗	17.91	10
胜利井	11.70	18
刘家庄	1.10	2

二、气田群基本地质特征

1. 盆地构造特征

鄂尔多斯盆地位于中国东部稳定区和西部活动带的结合部位（图4-2），与我国东部的断陷盆地、西部的克拉通盆地及四川复杂复合盆地相比较，鄂尔多斯盆地演化与地层结构相对较为简单，目前的天然气生产层系可在古生界上下两分，中间为典型的角度不整合，下古生界为一套典型的海相碳酸盐岩储层，后续风化与成岩的共同作用，形成了孔洞型储层，目前已发现的规模气田仅有靖边气田。上古生界为典型的低渗透气田与致密气田，在鄂尔多斯盆地范围内大范围分布，形成了我国超大规模气田群，其中又以致密气为主，目前仅有榆林与子洲两个气田的山2段储层为低渗透气藏，其余各气田均为致密气田。因此总结鄂尔多斯盆地的地层与气藏类型，常用两套层系（碳酸盐岩层系、碎屑岩层系）、三类气藏（碳酸盐岩气藏、低渗透砂岩气藏、致密砂岩气藏）来概述。

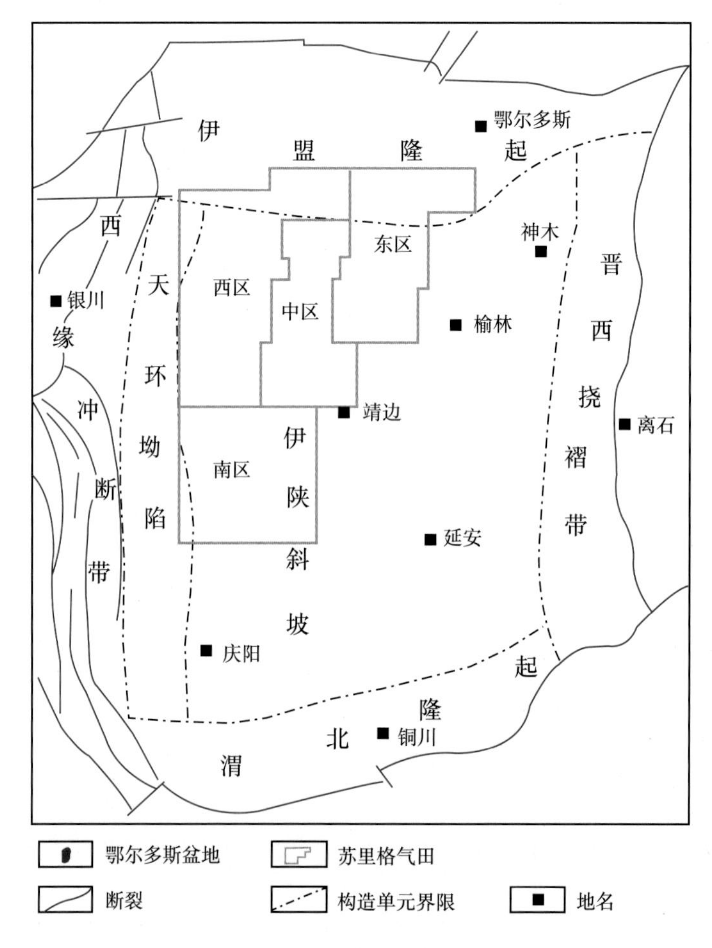

图 4-2　鄂尔多斯盆地区域位置图

根据鄂尔多斯根据现今的构造形态和盆地演化史，盆地内可划分为六个一级构造单元：伊盟隆起、渭北隆起、晋西挠褶带、伊陕斜坡、天环坳陷和西缘逆冲带。伊陕斜坡为鄂尔多斯盆地的主体，是一个由东北向西南方向倾斜的单斜构造，倾角不足 1°；断层不发育，仅发育多个北东向开口的鼻状褶曲，宽度 5~8km，长度 10~35km，起伏幅度 10~25m。

2. 沉积特征

早古生代以来，加里东运动使鄂尔多斯地块抬升为陆，遭受 1.3 亿年的风化淋滤剥蚀，形成下古生界奥陶系岩溶地貌和碳酸盐岩岩溶孔隙型储层。晚古生代区域下沉接受沉积，形成海陆交互及陆相碎屑岩为特点的沉积组合，石炭系—二叠系下部煤岩与暗色泥岩属优质烃源岩，发育于气源岩之间及其上的三角洲平原分流河道砂岩、三角洲前缘水下分流河道砂岩、海相滨岸砂岩及潮道砂岩等构成了上古生界的主要储集岩体。气区上古生界主力产层二叠系盒 8 段、山 1 段、山 2 段沉积环境为大规模河流辫状河三角洲—三角洲沉积体系（图 4-3、图 4-4）。

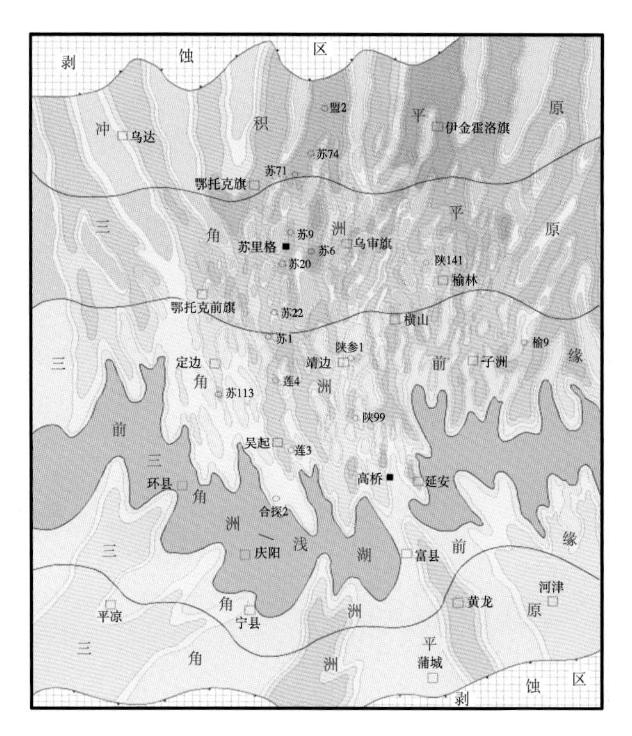

图 4-3　鄂尔多斯盆地盒 8 段段沉积相

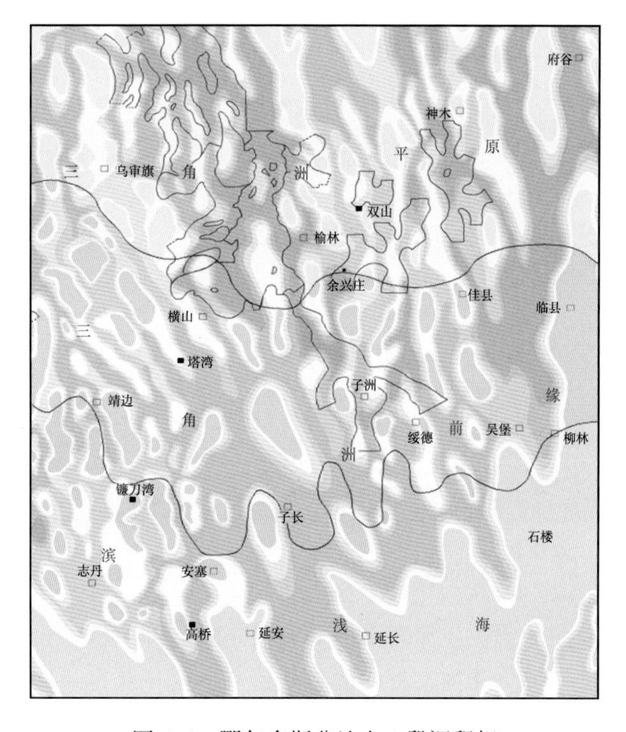

图 4-4　鄂尔多斯盆地山 1 段沉积相

盒8段、山1段沉积时期，鄂尔多斯盆地发育两大物源（图4-5），分别为北东向物源和北西向物源。北西向物源石英含量较高，成分成熟度较高，储层岩石类型主要为石英砂岩；北东向物源岩屑含量较高，石英含量比盆地中部储层低，成分成熟度较低。储层岩石类型主要为岩屑石英砂岩、岩屑砂岩。受沉积环境和物源控制，砂体呈近南北向，以窄条带状展布。

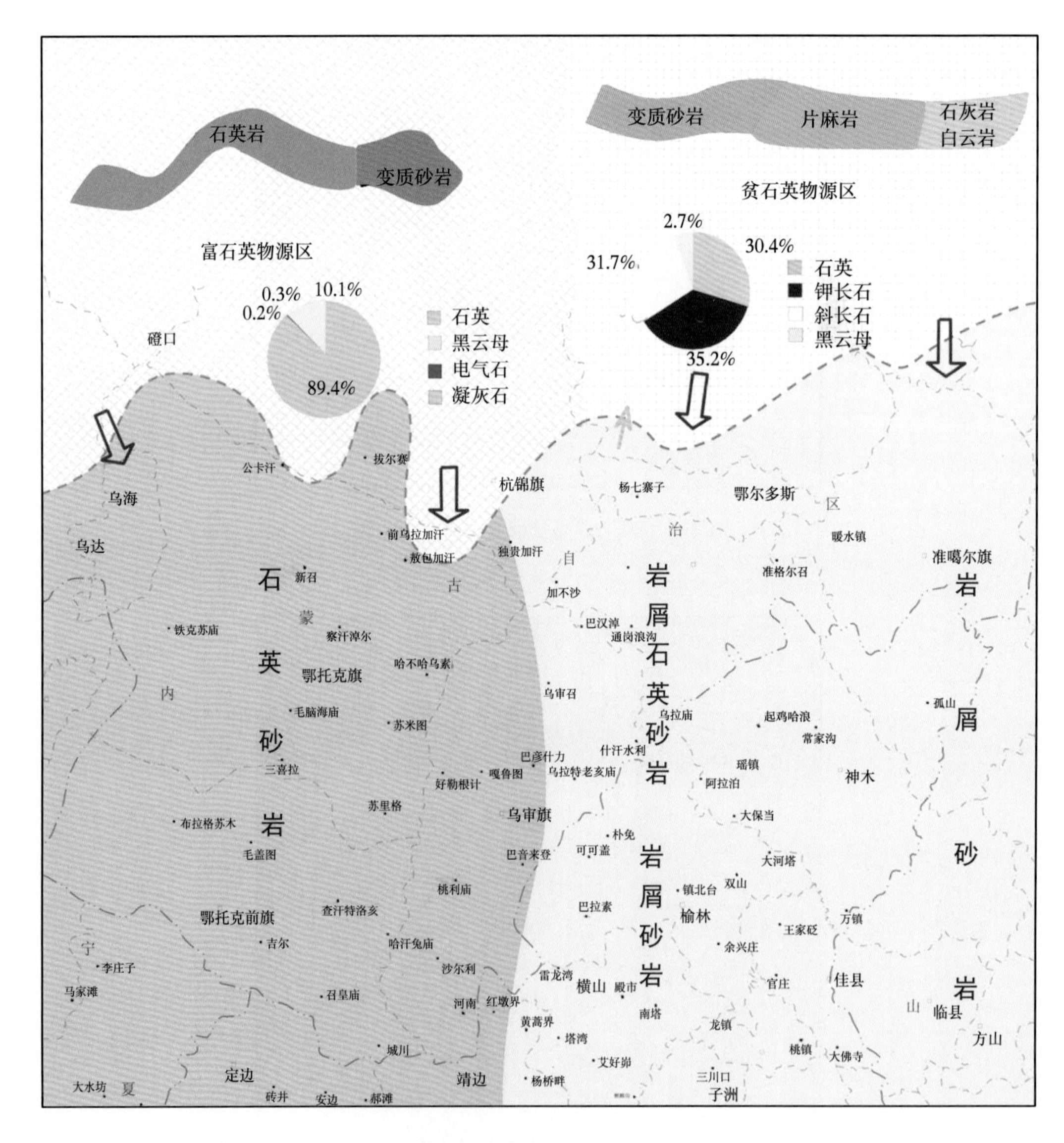

图4-5 鄂尔多斯盆地物源及岩性分区图

上石炭统本溪组底部的铝土质泥岩横向分布稳定、岩性致密，为下古生界风化壳气藏的区域盖层，同时将古生界分隔为上下两套含气层系。晚二叠世早期沉积的上石盒子组河漫湖相泥岩则构成了上古生界气藏的区域盖层，为大型岩性气藏的形成和保存创造了有利的条件。

3. 区域地层层序

盆地主体除缺失中—上奥陶统、志留系、泥盆系及下石炭统外，其余地层基本齐全，沉积岩厚度约 6000m。上古生界自下而上划分为石炭系本溪组、太原组，二叠系山西组、下石盒子组、上石盒子组和石千峰组（表 4-2），其中本溪组顶部 9 号煤层在苏里格地区普遍分布，构成了良好的地区性标志层。下古生界主要为奥陶系马家沟组，属海相碳酸盐岩沉积。

表 4-2　苏里格气田上古生界地层划分表

<table>
<tr><th colspan="5">地层</th><th>标志层</th></tr>
<tr><td rowspan="11">二叠系</td><td rowspan="5">上二叠统</td><td colspan="3">石千峰组 P_2s</td><td rowspan="2">-K1</td></tr>
<tr><td rowspan="4">上石盒子组</td><td>盒 1 段</td><td>P_2sh_1</td></tr>
<tr><td>盒 2 段</td><td>P_2sh_2</td><td rowspan="3">-K2</td></tr>
<tr><td>盒 3 段</td><td>P_2sh_3</td></tr>
<tr><td>盒 4 段</td><td>P_2sh_4</td></tr>
<tr><td rowspan="6">下二叠统</td><td rowspan="4">下石盒子组</td><td>盒 5 段</td><td>P_1x_5</td><td rowspan="6">-K3</td></tr>
<tr><td>盒 6 段</td><td>P_1x_6</td></tr>
<tr><td>盒 7 段</td><td>P_1x_7</td></tr>
<tr><td>盒 8 段</td><td>P_1x_8</td></tr>
<tr><td rowspan="2">山西组</td><td>山 1 段</td><td>P_1s_1</td></tr>
<tr><td>山 2 段</td><td>P_1s_2</td></tr>
<tr><td rowspan="4">石炭系</td><td rowspan="2">上石炭统</td><td rowspan="2">太原组</td><td>太 1 段</td><td>C_3t_1</td><td rowspan="4">-K4</td></tr>
<tr><td>太 2 段</td><td>C_3t_2</td></tr>
<tr><td rowspan="2">中石炭统</td><td rowspan="2">本溪组</td><td>本 1 段</td><td>C_2b_1</td></tr>
<tr><td>本 2 段</td><td>C_2b_2</td></tr>
</table>

1）奥陶系下统马家沟组

下古生界奥陶系马家沟组属华北海相沉积的一部分，依据古生物特征、沉积旋回及区域性标志层，可将其地层自下而上可划分为马一段、马二段、马三段、马四段、马五段、马六段六个岩性段，其中马一段、马三段、马五段以白云岩、膏盐为主，马二段、马四段、马六段以石灰岩为主，马六段在盆地内分布局限。

含气层主要分布在马家沟组马五段。马五段是马家沟组沉积厚度最大的一套地层，以白云岩为主，夹石灰岩、泥质岩及蒸发岩，厚度 300~360m，马五段是广泛分布的潮间白云岩，是下古生界的主要储层段。根据盆地中部地区三个标志层和一个稳定的黑灰岩段（马五段石灰岩），按沉积旋回和相序，把马五段划分为 10 个亚段。

2）石炭系中统本溪组

中石炭统本溪组与奥陶系马家沟组呈不整合接触，其下由于长期遭受风化淋滤剥蚀，普遍缺失中—上奥陶统、志留系、泥盆系及下石炭统。

本溪组为三角洲前缘沉积，底部以铁铝岩之底为界，顶部以上古生界下煤组（8# 煤层、9# 煤层）之顶为界，沉积厚度一般为 35~45m。苏里格气田本溪组由东向西变薄，古隆起区缺失本溪组沉积。本溪组上部多为煤层夹薄层石灰岩透镜体及滨岸沙坝相石英砂岩，下部多为一套三角洲前缘石英砂岩或海相—潟湖边缘沉积的铝土质泥岩，属风化壳之上的坡积、残积物再沉积而成，厚度一般为 4~12m。

3）上石炭统太原组

太原组连续沉积于本溪组之上，以北岔沟砂岩之底为顶界，以庙沟石灰岩底为底界，区内分布广泛，厚度 25~40m，且由东向西减薄。根据沉积序列及岩性组合可分为上下两段，即太 1 段、太 2 段。下部太 2 段以砂岩为主，夹煤层，上部太 1 段以砂岩、泥岩为主，夹石灰岩及煤层。

4）下二叠统山西组

以“北岔沟砂岩”之底为底界，连续沉积于太原组之上。厚度 90~110m，整体向西略有减薄趋势。根据沉积旋回和岩性组合特征，自下而上可分为山 2 段、山 1 段。山 2 段属三角洲平原沉积，厚度一般为 45~60m，为一套含煤碎屑岩地层，发育石英砂岩或岩屑砂岩，夹薄层粉砂岩、泥岩和煤层。山 1 段主要为三角洲平原沉积，南部出现三角洲前缘沉积，岩性以细—中粒岩屑砂岩、岩屑质石英砂岩和泥质岩为主，厚度为 40~50m。山 2 段、山 1 段均为盆地内部的主要目的层段。

5）中二叠统上石盒子组、下石盒子组

上石盒子组、下石盒子组属河流—三角洲沉积，以“骆驼脖砂岩”之底为底界，该砂岩顶部有一层“杂色泥岩”，其自然伽马值高，便于确定上（下）石盒子组与山西组相对位置。上石盒子组、下石盒子组根据沉积序列及岩性组合自下而上分为 8 段，即盒 8 段—盒 1 段。

下部盒 8 段—盒 5 段为下石盒子组，地层厚度 120~160m，主要为一套浅灰色含砾粗砂岩、灰白色中粗粒砂岩及灰绿色岩屑质石英砂岩与灰绿色泥岩互层，砂岩发育大型交错层理（盒 5 段、盒 6 段、盒 7 段、盒 8 段）。盒 8 段是盆地上古生界的主力气层，其余各段也均有气层发育。

上部盒 4 段—盒 1 段为上石盒子组，属滨浅湖、干旱湖泊沉积，砂岩不发育，主要为一套红色泥岩及砂质泥岩互层，夹薄层砂岩及粉砂岩，上部夹有 1~3 层硅质层，地层厚度一般为 140~160m。在测井曲线上表现出高电阻率、高自然伽马值特征。

6）上二叠统石千峰组

石千峰组为主要为一套紫红色含砾砂岩与紫红色砂质泥岩互层，局部地区夹有泥灰岩钙质结核。石千峰组与上石盒子组比较，其特点是泥岩为紫红色、棕红色，色彩鲜艳、质不纯，普遍含钙质。砂岩成分除石英外，以岩屑、钾长石为主，一般为长石岩屑石英砂岩。重矿物中绿帘石含量普遍增高。根据沉积旋回，由下而上分为五段，即千 5 段、千 4 段、千 3 段、千 2 段、千 1 段。本区沉积厚度一般在 200m 以上，是一套干旱湖泊环境为主的沉积，在测井曲线上表现为高电阻率、高自然伽马值特征。

三、气田群主体开发技术

长庆气区经过二十年的科研和生产攻关，分别针对低渗透碳酸盐岩气藏、低渗透砂岩气藏及致密砂岩气藏形成了特色开发技术系列，天然气产量快速攀升，一跃成为全国最大的气田，引领我国天然气跨越式发展。

1. 低渗透碳酸盐岩气藏开发技术

长庆下古风化壳型碳酸盐岩开发形成了四大技术序列：一是通过碳酸盐岩岩溶风化壳储层精细描述，提升沟槽预测精度，落实富集区及开发井位；二是利用在薄层钻水平井的开发技术，提升Ⅱ类区、Ⅲ类区单井产量，提高开发效果；三是完善酸化压裂改造工艺改善储层渗流能力，提高单井产量；四是依靠增压＋滚动接替和剩余气挖潜技术保持气田持续稳产（图 4-6、图 4-7）。

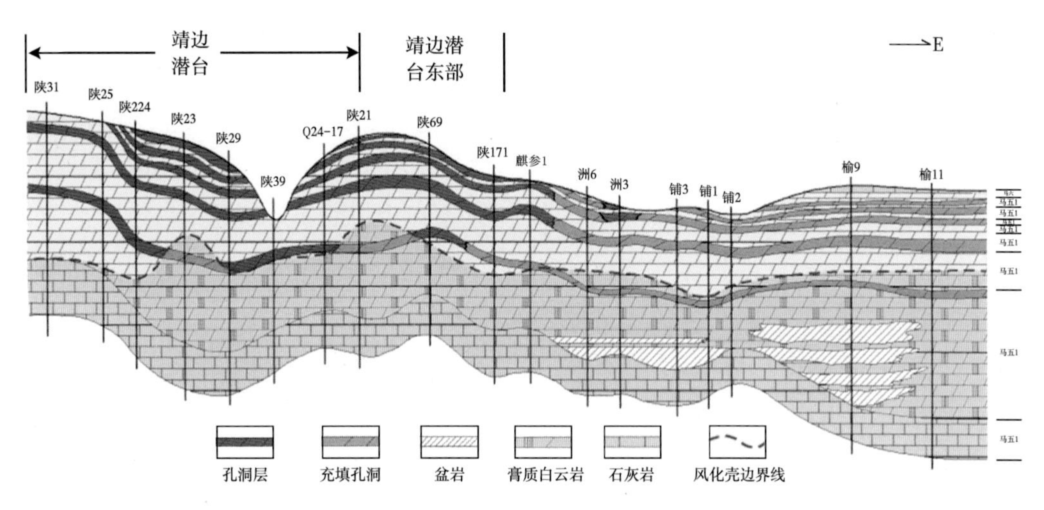

图 4-6　鄂尔多斯盆地中东部奥陶系岩溶储层发育横剖面图

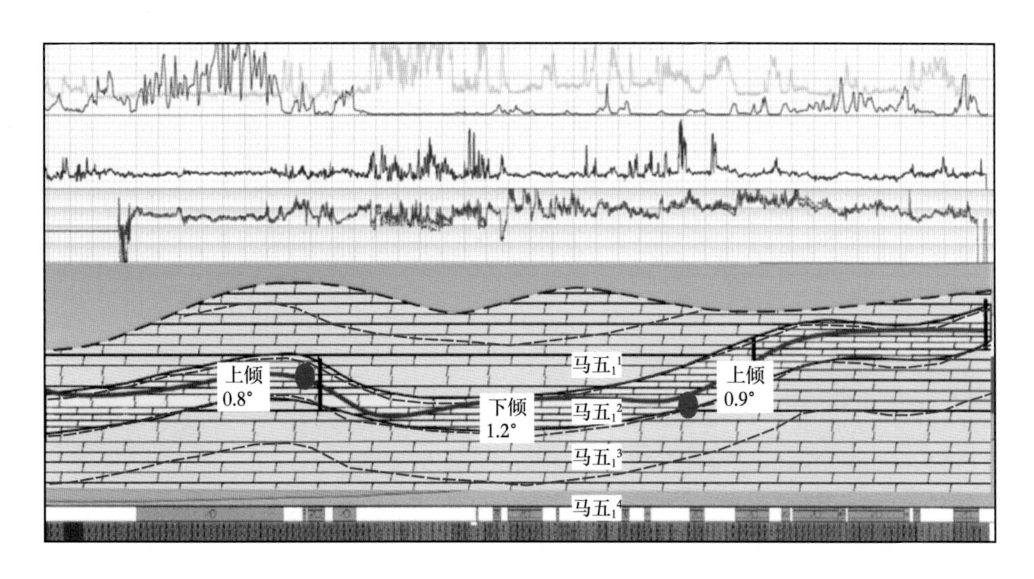

图 4-7　靖边水平井随钻轨迹跟踪调整图

2. 低渗透砂岩气藏开发技术

长庆低渗透气田包括榆林气田与子洲气田（图 4-8），其中榆林气田不仅气田规模大、开发效果好，而且长北区与榆林南区经不同的开发主体，采用不同的开发政策，均取得了

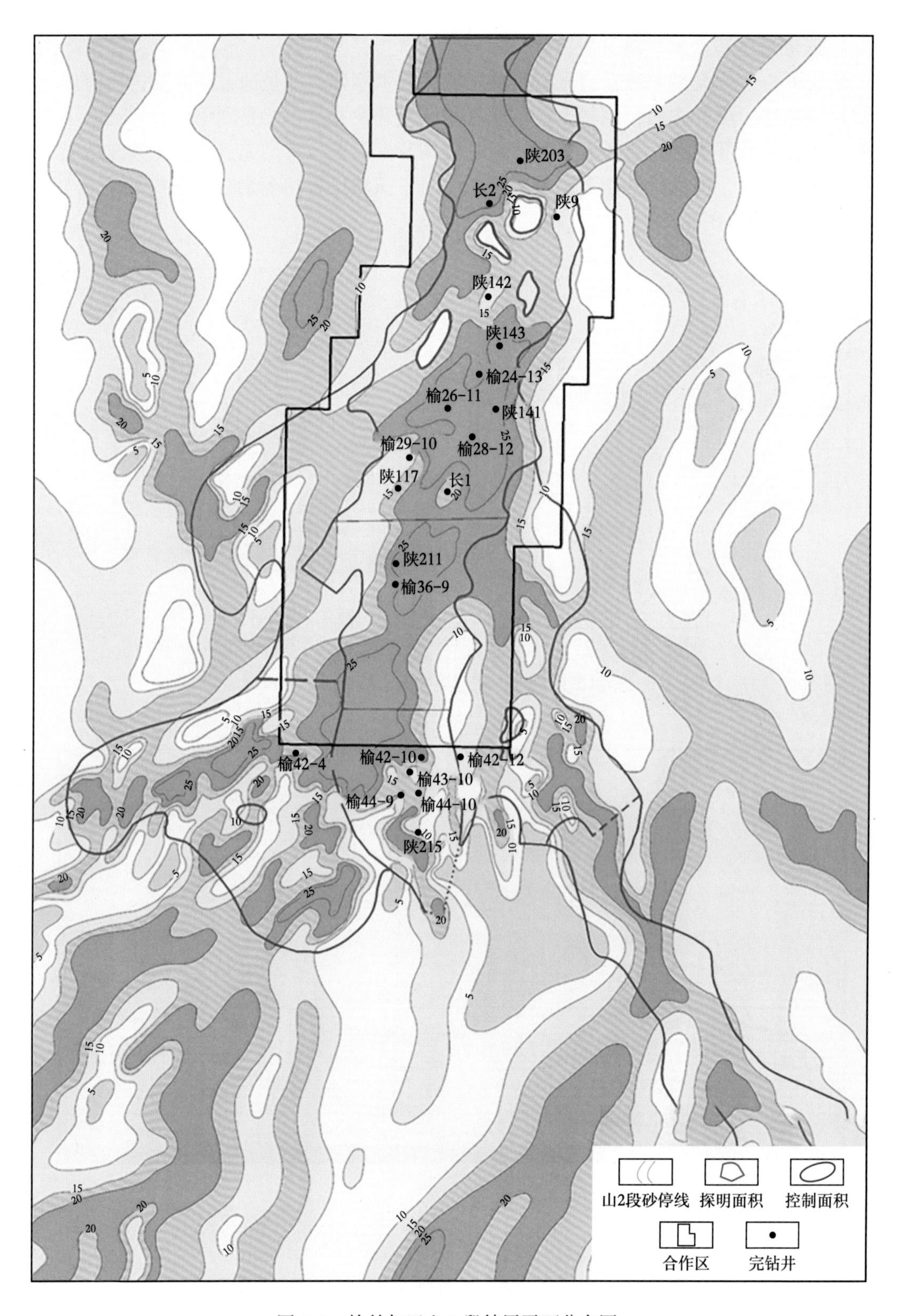

图 4-8　榆林气田山 2 段储层平面分布图

巨大的成功，其主体开发技术包括：一是结合测井、地震等多学科资料，利用储层预测技术优选富集区，部署开发井位；二是长北合作区通过大位移分支水平井技术大幅度提高单井产量（图 4-9），提升开发效益。采取单井放压高产生产，补充新井弥补递减的开发对策，榆林南区采取直井开发，井网一次成型，控压生产，保持单井与气田较长时间稳产的开发对策；三是研发动态评价与精细管理技术，提高气藏采收率；四是依靠增压 + 井网与扩边相结合的滚动接替保持气田持续稳产。

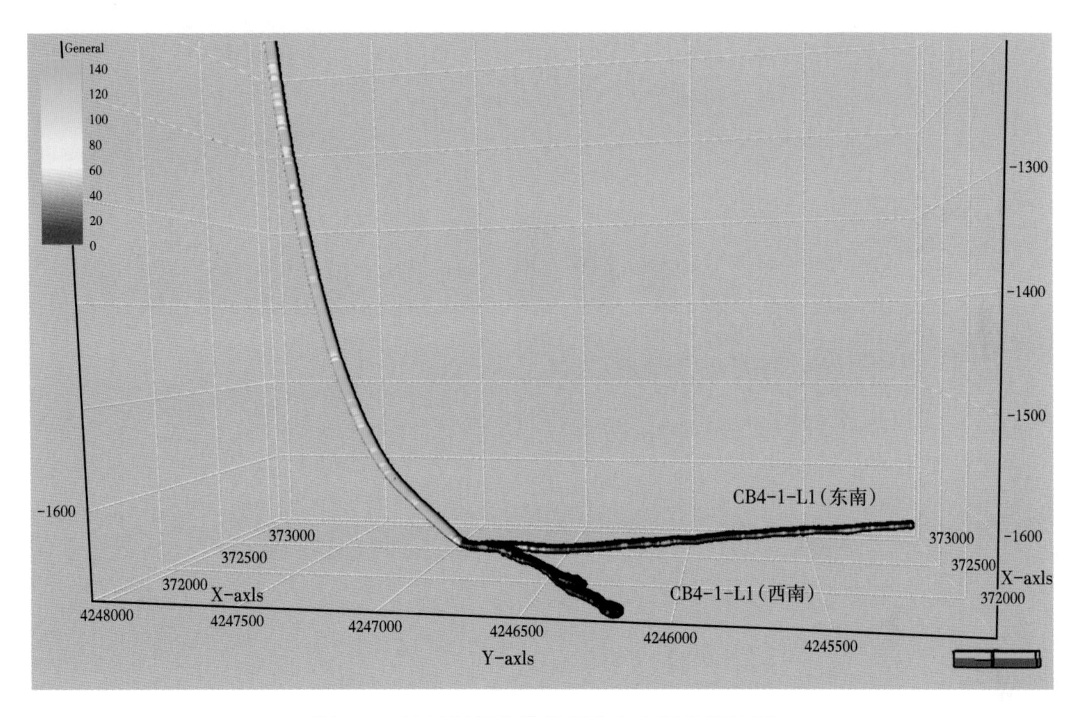

图 4-9　榆林气田大位移双分支水平井设计图

3. 致密砂岩气藏开发技术

长庆气区是我国最早开展致密气规模化开发的地区，也是致密气开发最为成功的地区，从 2000 年的苏 6 井发现开始，已经经历了 20 余个年头。苏里格气田作为致密气的典型代表，气田规模巨大，不同区块的开发历程、开发技术与开发阶段都各不相同。

长庆气区致密砂岩气藏开发经历了四个阶段（图 4-10）：开发评价阶段、开发试验阶段、快速上产阶段及长期稳产阶段。开发评价阶段形成富集区评价、开发指标评价等主体特色技术；开发试验阶段攻关了分压合采、井下节流及低压集气等技术；快速上产阶段研发了直井多层压裂、水平井 + 分段压裂的储层改造工艺；长期稳产阶段完善了井网加密、排水采气及老井挖潜等开发技术。

概括起来不同开发阶段共性的开发技术包括：一是通过地质与地震相结合优选富集区，落实有利建产区；二是利用小井距密井网开发技术，合理动用地质储量，提高储量动用程度；三是通过直井多层、水平井多段压裂工艺，提高储层渗流能力，有效解放储层；四是形成低成本开发特色配套技术，实现气田有效规模开发；五是利用大井组—工厂化钻完井技术，提高作业效率，节省作业成本，降低对环境的影响。

致密气开发与致密气开发指标的确定取得了巨大的成功，不仅建成了我国最大的天然气田——苏里格气田，也使我国的致密气开发与评价技术长期保持国际领先的地位；并首创与形成了由平均单井产量与生产井数加权叠加的开发方案设计模式，并在之后成为全球非常规气藏开发方案制订的模板与标准流程。

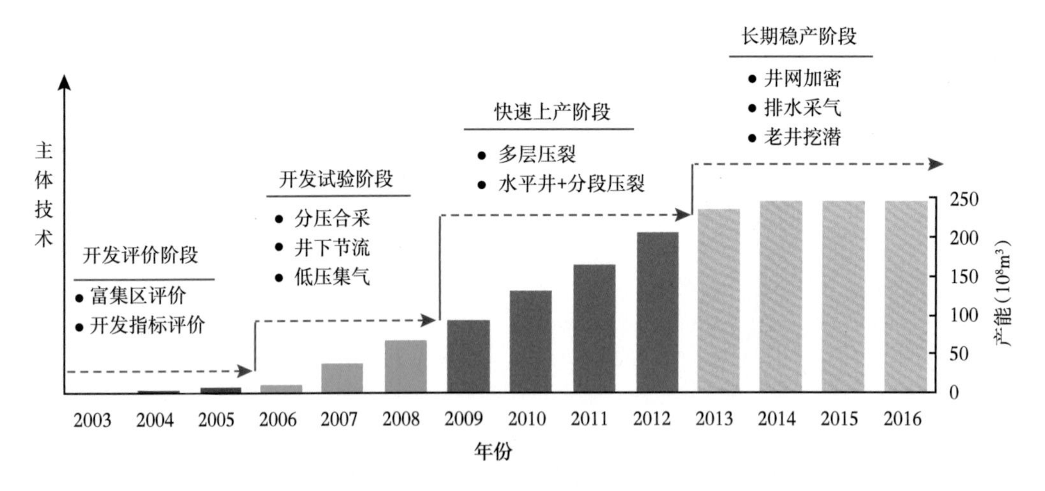

图 4-10　致密砂岩气藏不同开发阶段形成的主体技术

第二节　气田群开发模式及开发规模

一、气田群开发模式

鄂尔多斯大规模低丰度气田群开发模式为优势主力气田模式，主力气田苏里格气田占绝对优势，地质储量超过 $4\times10^{12}m^3$，占比达到 76%；产量占比超过 60%。其他特大型气田、大型气田等均为卫星气田。根据大气田划分原则，这几个气田均为特大型气田和大型气田。鄂尔多斯盆地长庆气区属于典型的优势超大型主力气田与若干大型气田同时开发模式（表 4-3，图 4-11）。

表 4-3　鄂尔多斯盆地天然气开发形势表（2021 年）

气田	储量（10^8m^3）	产能（$10^8m^3/a$）	气田规模
苏里格气田	20700.00	271.59	巨型
榆林气田	1800.00	54.81	特大型
神木气田	3500.00	41.47	
靖边气田（含高桥）	9000.00	62.31	
子洲气田	1500.00	14.72	
米脂气田	358.48	8.00	大型

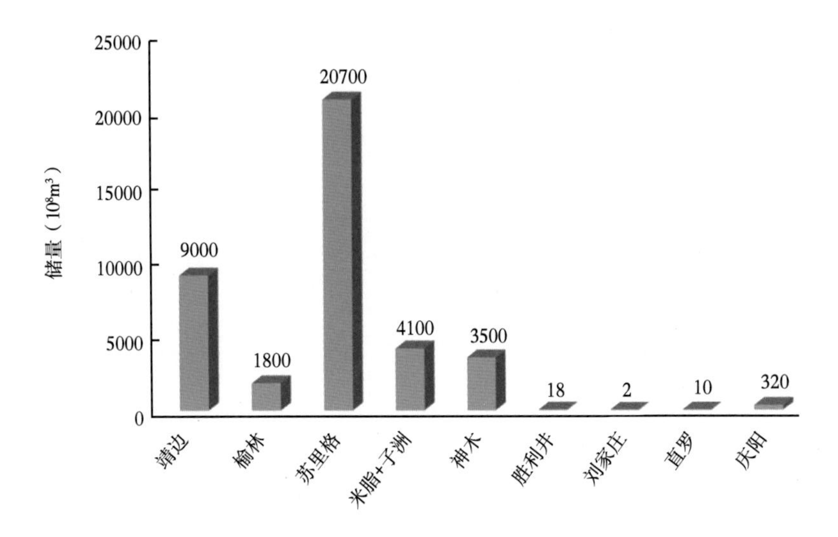

图 4-11　鄂尔多斯气田群各气田探明地质储量（2021 年）

二、气田群开发规模

1. 气区上产与稳产潜力大

探明储量增长潜力大（表 4-4），盆地面积约 25×10^4km²，多层系、大面积含气。气区未动用储量规模大，未动用储量 $4.4\times10^{12}m^3$，剩余可动用储量 $3.3\times10^{12}m^3$。气区提高采收率空间大，$6\times10^{12}m^3$ 的储量采收率在 30% 左右，具备提高到 50% 的条件。

表 4-4　长庆气区主力气田储量动用情况表（2018 年）

气田	探明储量（基本探明）（10^8m^3）	动用储量（10^8m^3）	未动用储量（10^8m^3）
靖边气田（含上古）	16384（含基本探明）	5428	10957
榆林气田	1800	1451	356
子洲气田	1510	782	728
神木气田	3334	405	2929
苏里格气田	39063（含基本探明）	11535	27528
其他	1556	124	1432
合计	62100	19725	43930

2. 各气区产能建设到位，产量主动

截至 2018 年底，已开发气田产量 $380\times10^8m^3$，其中苏里格气区 $280\times10^8m^3$、靖边气区 $55\times10^8m^3$、榆林气区 $57\times10^8m^3$。新区上产 $60\times10^8m^3$，其中神木气区 $35\times10^8m^3$，米脂气区及宜川—黄龙气区与陇东气区共 $25\times10^8m^3$（图 4-12）。

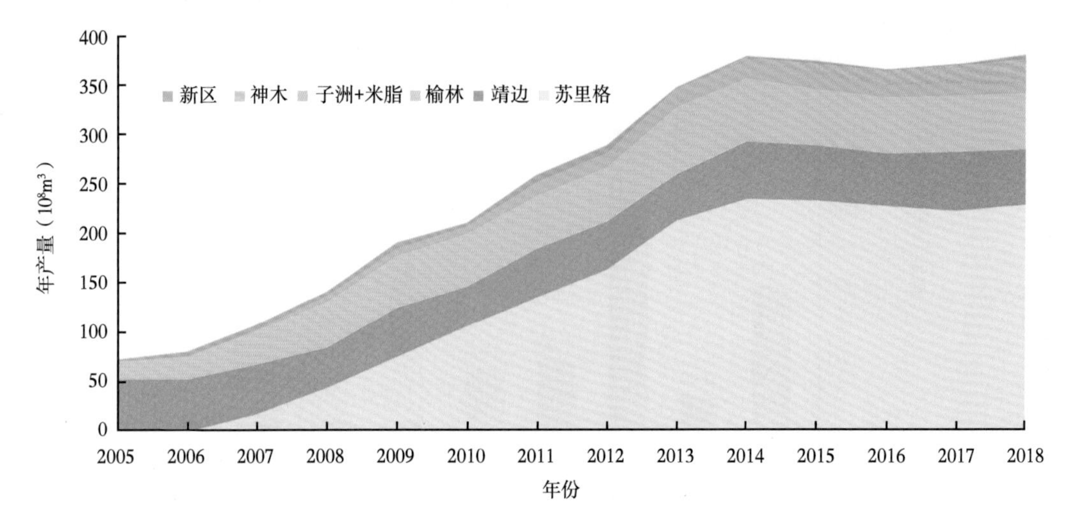

图 4-12　长庆气区天然气产量剖面

已开发气田 $400\times10^8m^3/a$ 稳产的实现，主要依靠苏里格气田保持 $280\times10^8m^3/a$ 稳产，视需求在 10% 范围内适度浮动（图 4-13、图 4-14）。靖边气田内部挖潜与产层接替保持 $55\times10^8m^3/a$ 稳产；榆林气田产层内外部调整，逐步上产至 $57\times10^8m^3/a$ 后稳产，新区继续上产增加产能。

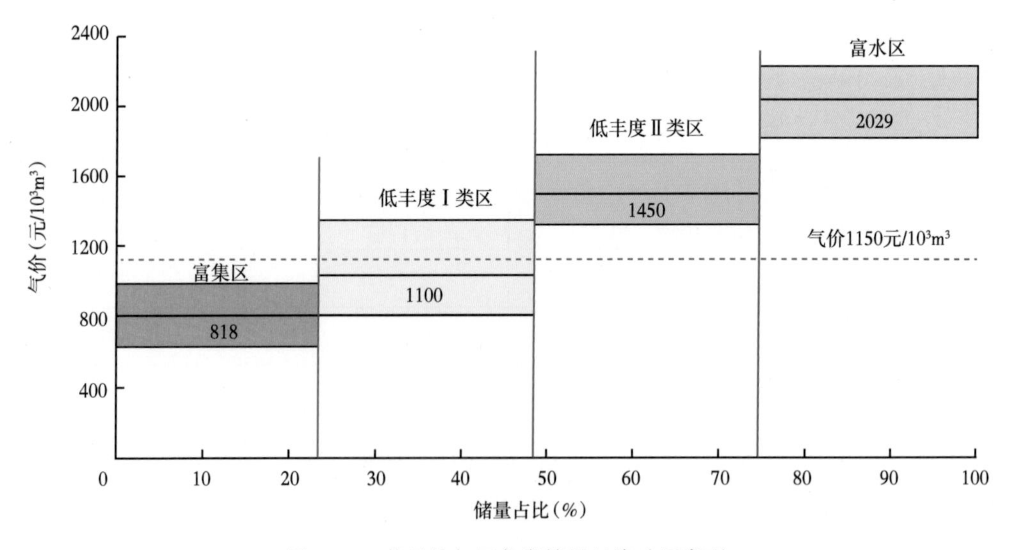

图 4-13　苏里格气田各类储量经济动用序列

新区上产 $60\times10^8m^3/a$ 的实现，主要是神木气田两期共 $38\times10^8m^3$；庆阳气田规划总产能 $30\times10^8m^3/a$，2020 年完成一期建设，年产量 $10\times10^8m^3$ 以上；东部新区加快评价米脂—绥德地区和宜川—黄龙地区，2020 年试采产量合计 $10\times10^8m^3$。

3. 具备增加投资加快上产 $500\times10^8m^3/a$ 的能力

苏里格中区和苏东南加大产建规模可进一步提产 $15\times10^8m^3/a$；苏南区块面积 $2392km^2$，方案规模 $30\times10^8m^3/a$，2018 年产量 $20\times10^8m^3$，进一步提产到 $40\times10^8m^3/a$；靖边落实上古

生界气藏经济可动储量，气田由 $5\times10^8m^3/a$ 提产至 $60\times10^8m^3/a$；新区东部和南部勘探开发一体化，加快评价建产节奏，增产 $10\times10^8m^3/a$。整体实现加快上产 $500\times10^8m^3/a$。这一目标有望在 2022 年实现（图 4-15）。

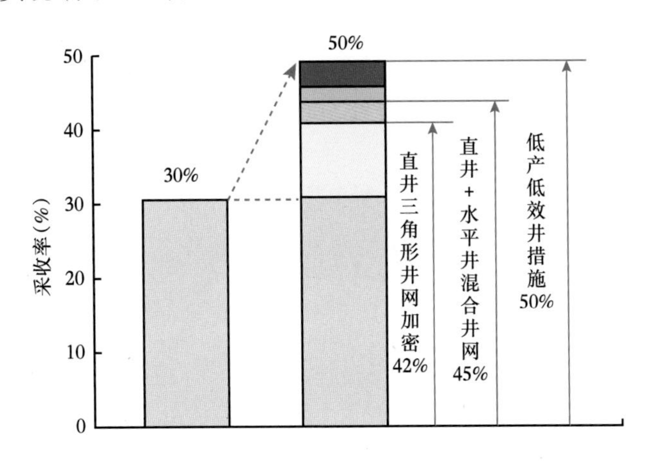

图 4-14　苏里格气田提高采收率措施

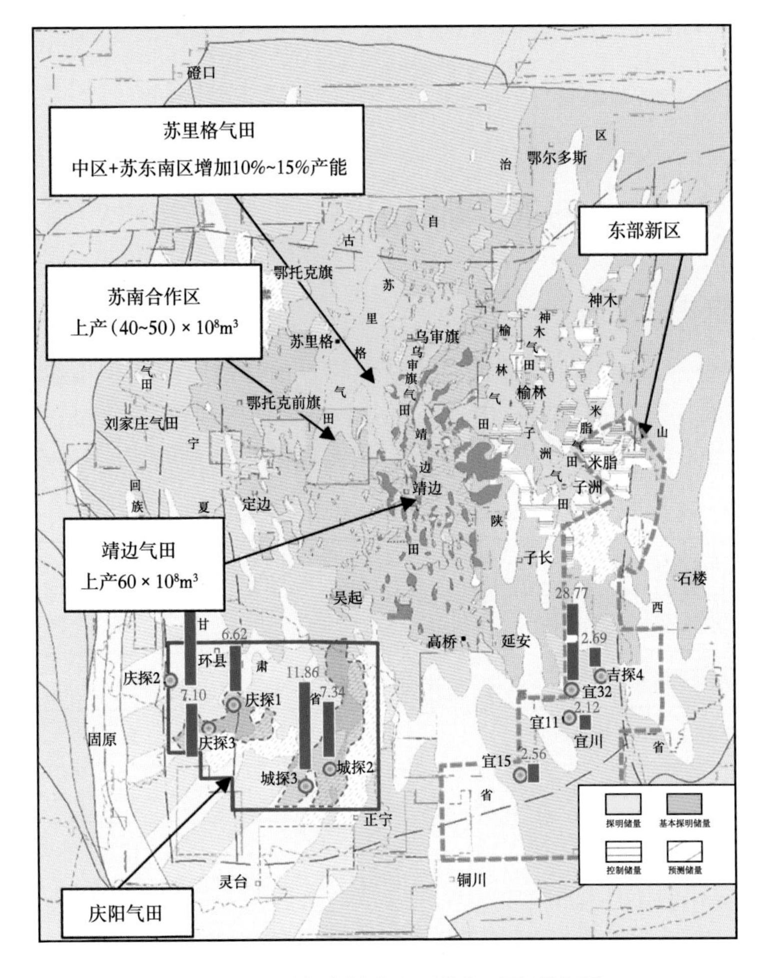

图 4-15　鄂尔多斯盆地天然气开发形势图

根据规划设计，如果2030年上产$500\times10^8m^3$，预计可稳产至2052年。年均钻井3000口左右，按照目前节奏，可加快建产，提前实现$500\times10^8m^3/a$目标。

在$500\times10^8m^3$产量目标实现后，鄂尔多斯盆地的开发主体发生了深刻的变化，包括辽河油田、冀东油田、煤层气公司等中国石油多家单位，采取不同的合作方式进行开发，因此，2022年后长庆油田的天然气产量虽然仍为中国石油在鄂尔多斯盆地的产量主体，中国石油在盆地的总体开发规模将持续上升到$600\times10^8m^3/a$以上（图4-16）。

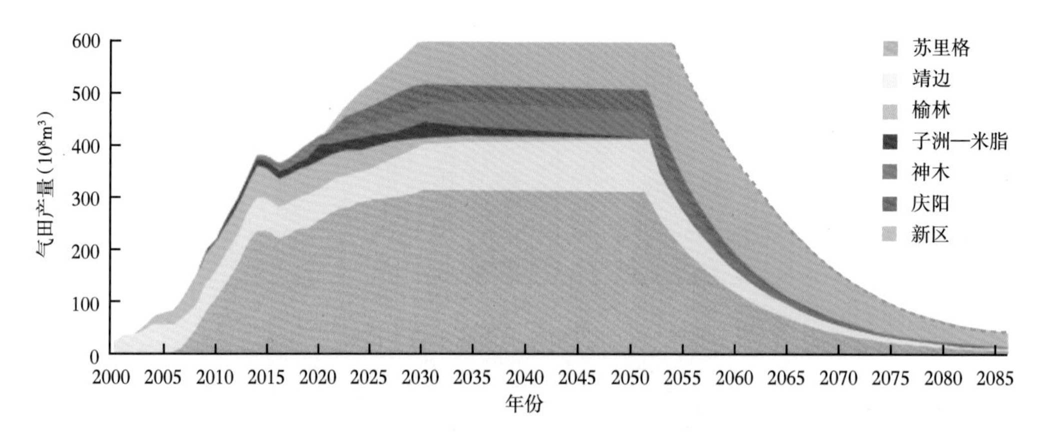

图4-16　长庆气区$600\times10^8m^3/a$稳产产量构成图

第三节　鄂尔多斯气田群长期稳产技术对策

一、气田群稳产规模

就鄂尔多斯盆地不同开发主体的总产量而言，预计最终将达到$1000\times10^8m^3/a$左右。就长庆油田所辖的气田来讲，$500\times10^8m^3/a$的规模或者适度规模的增长是气区的宏观能力，如果气田群年产$500\times10^8m^3/a$规模设计，预计可实现稳产20~30年（表4-5）。

表4-5　鄂尔多斯盆地主要开发指标情况表（截至2018年底）

指标	数值
探明地质储量（$10^{12}m^3$）	6.5
探明可采储量（$10^{12}m^3$）	2.49
动用地质储量（$10^{12}m^3$）	1.97
探明储量动用程度（%）	30.9
累计产气量（$10^{12}m^3$）	0.38
可采储量采出程度（%）	15.3
剩余可采储量（$10^{12}m^3$）	2.11
储采比	50

气田群整体资源雄厚，探明程度与动用程度均不高，具备长期稳产的资源条件，受制于开发效益，整体低品质储量条件下，采气速度控制在1%~2%较合理（图4-17、图4-18）。靖边、榆林等气田规模较落实，但均已进入开发中后期，苏里格气田有较大的弹性发展空间，可根据开发效益与社会需求适度调整。

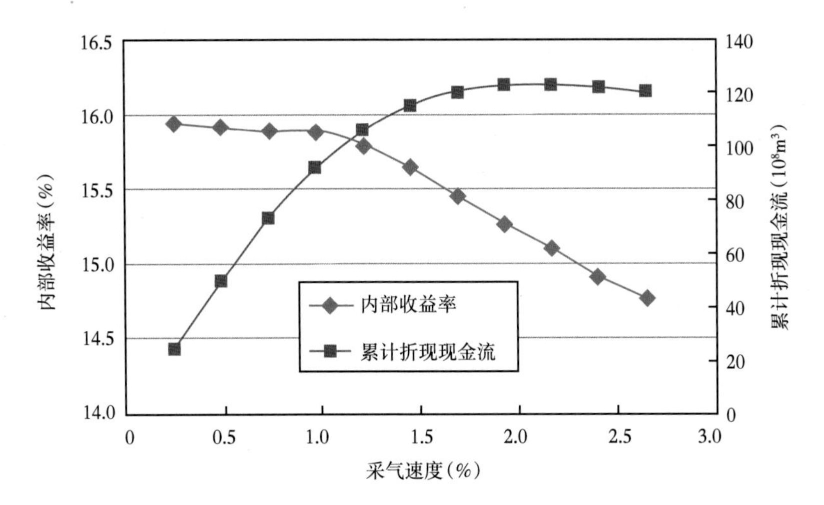

图4-17　采气速度与累计折现现金流、内部收益率关系图

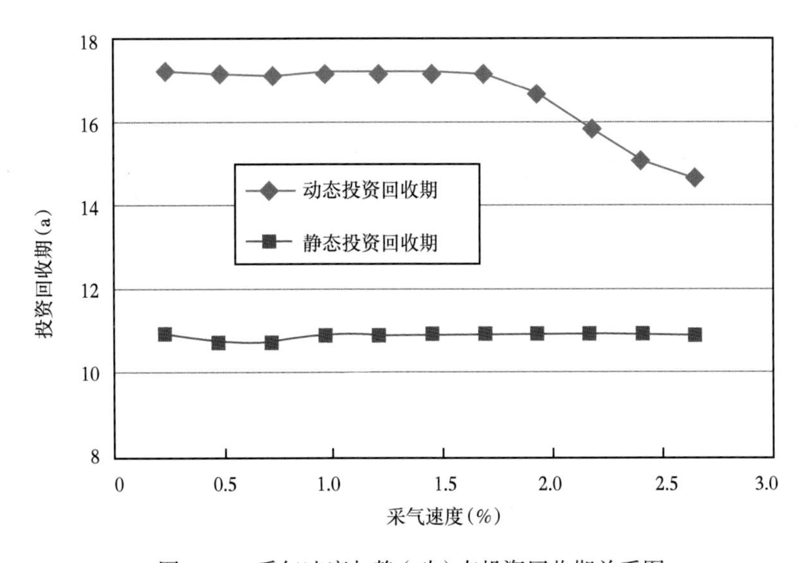

图4-18　采气速度与静（动）态投资回收期关系图

二、气田群稳产模式

主力气田与卫星气田共同上规模，各气田内部稳产。苏里格气田持续上产与新建气田生产能力的增加，共同促进气田群的上期上产。鄂尔多斯低丰度气田群的开发，从2000年算起，持续上产时间将延续30年，这在世界各大气田群中都是少见的。提高致密气采收率是实现长期稳产的关键因素之一（图4-19）。

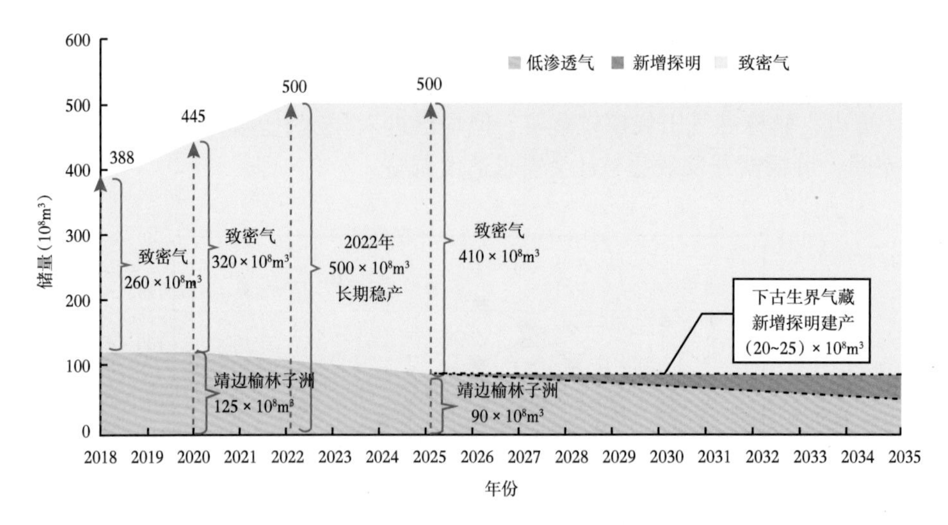

图 4-19　长庆气区天然气长期发展预测图

靖边、榆林、子洲等低渗透气藏，扩边和内部调整保持（125~130）$\times10^8m^3$ 稳产；致密气采收率从 32% 提高到 50% 以上，新增可采储量 $8000\times10^8m^3$ 以上，可保障气区长期稳产。

生产中期靖边气田上古生界弥补下古生界保持稳产，榆林气田盒 8 段弥补山 2 段保持一定时间的稳产，后期递减部分由新开发气田弥补，子洲气田预计最早进入纯递减阶段，将由新开发气田弥补。

三、气田群稳产接替方式

低丰度气田群的所有气田均表现为气井产量递减快，必须不断钻井来满足稳产要求。对于储量规模小、认识程度高的气田，可以采用区块接替保持稳产（图 4-20）。对于储量规模大的气田，储层认识需要一个过程，可以采用区块接替与井间接替相结合的方式（图 4-21），滚动开发，保持稳产。

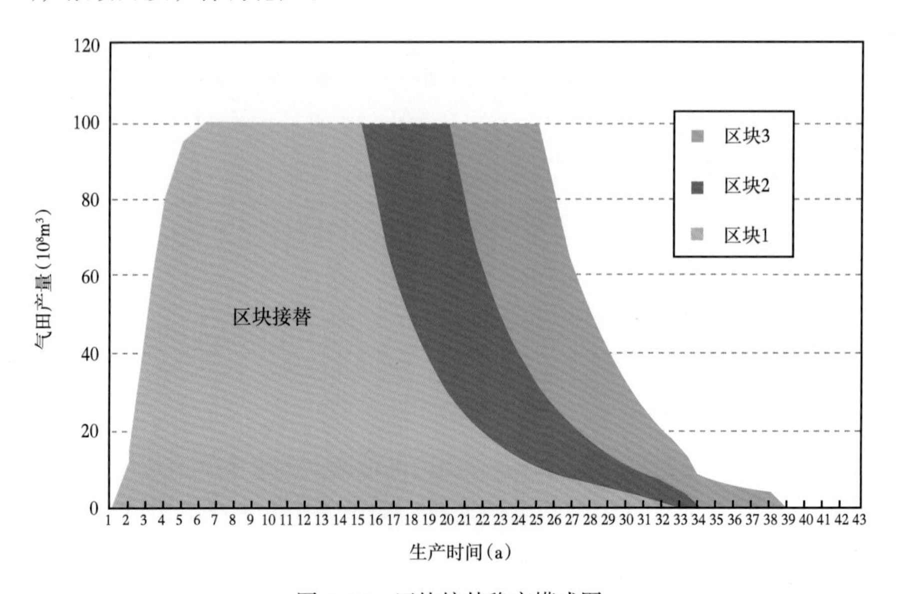

图 4-20　区块接替稳产模式图

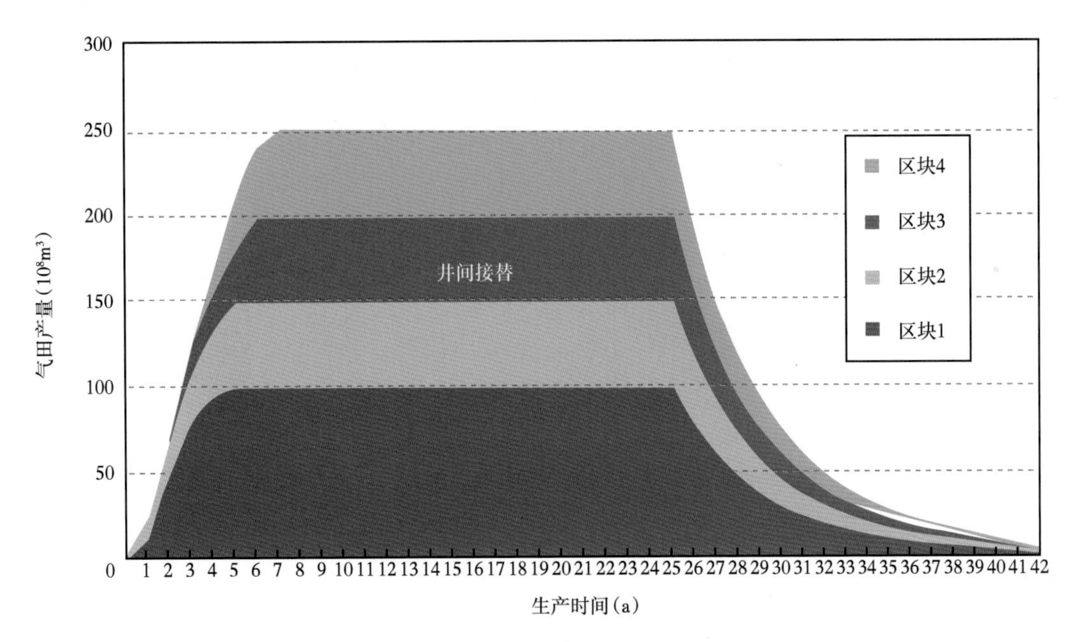

图 4-21 井间接替稳产模式图

第四节 气田群长期稳产技术对策

在对低丰度气田群长期的技术攻关与开发过程中，形成了四项关键技术，构成鄂尔多斯大规模低丰度气田群长期稳产技术及超大型气田群的长期稳产技术对策体系，既包括气田开发的纯技术问题，又包括优化资源与开发效益的开发技术对策问题。同时由于气田群规模巨大，与国家能源政策、经济社会等条件也密不可分，本节仅从开发技术与开发技术对策方面对四项关键技术及其内涵与方法进行较为系统的阐述。

四项关键技术为：气藏储渗单元精细描述技术为储量评估、井网优化提供地质基础；大型致密气藏储量分级动用技术为气田群效益开发、稳产接替夯实资源基础；产量干扰约束开发井网优化技术为储量动用、提高采收率提供技术；气田群整体开发指标优化技术为气田群规模稳产、科学决策提供参考依据。

一、气藏储渗单元精细描述技术

储渗单元是指岩性或物性边界约束的、内部储渗空间相互连通的、具统一压力系统的地质体，是最基本的储集体单元和开发单元，其边界条件约束了开采过程中的压降波及范围。

苏里格等大型低丰度砂岩气藏主要为辫状河道沉积，其砂体沉积主要为心滩和辫状河道（图 4-22）。心滩主要由单元坝和坝中水道组成。单元坝即大型倾斜层，是较强水动力条件下的砂岩沉积，具有较好的物性条件。坝中水道是一种小型河道充填，代表了水动力条件较弱下的细粒沉积。辫状河道主要是指大型河道充填沉积，是河流体系的主要河道，往往具有二元结构，其下部代表水动力条件较强时的较粗粒沉积，上部为水动力条件较弱下的细粒沉积。

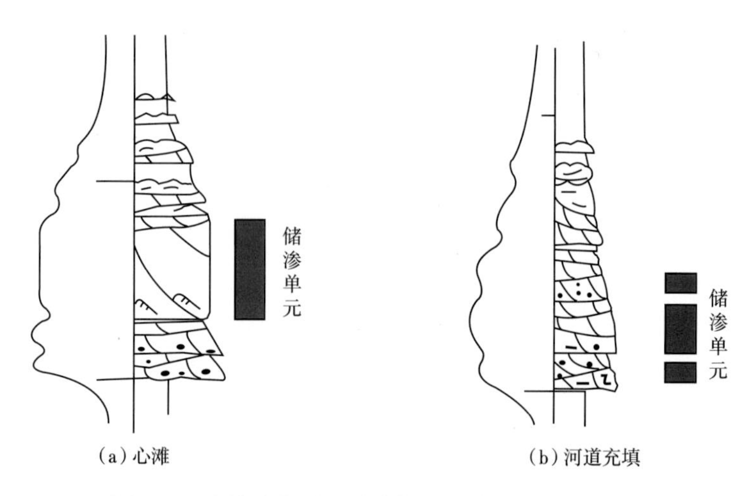

图 4-22　鄂尔多斯盆地致密气的两种主要储渗单元

通过岩心描述露头观察、水平井解剖和生产验证，认识到心滩单元坝和河道充填底部是辫状河体系储渗单元基本类型。心滩单元坝是心滩主体，多个单元坝组合形成心滩或心滩叠置体，其粒度粗，主要为粗砂岩及中砂岩，可见交错层理、平行层理等，测井曲线为箱形，砂岩物性较好。与下伏地层呈冲刷面接触，下部与底部岩性多含中细砾（图 4-23）。

图 4-23　单元坝的野外照片

河道充填底部为辫状河道底部沉积，主要为粗砂、中砂等粗粒沉积，代表了沉积时水动力条件较强，见交错层理、槽状层理、平行层理等，测井曲线呈钟形，物性较好，底部与下伏地层呈冲刷面接触（图 4-24）。

图 4-24 河道充填的野外照片

野外可见心滩由单元坝组合而成，上部往往具有坝中水道形成的泥岩，水平井钻遇单元坝可见其厚度较厚，泥岩夹层较少，往往成为较好的储层。河道充填在野外多形成多期叠置体，底部具有冲刷面，河道充填底部粒度较粗，上部多为泥岩等细粒沉积，水平井钻遇河道充填底部多为较薄层或其叠置体。

储渗单元边界类型可分为岩性边界和物性边界两大类。单个的储渗单元是形成有效储层的最基本单元，如上所述，最终的开发单元，既有单个储渗单元横向的相互衔接，又有纵向的相互叠加，在这一系列的储渗叠置过程中，形成了不同规模、尺度与级次的岩性夹层与隔层，有的形成岩性界面，有的形成物性界面。这些界面对开发过程的影响也各不相同。由于气藏开发的基本技术对策是降压开采，所以仅以渗透率的降低为表现形式的物性界面与不能完全分隔两个基本渗流单元的岩性界面，都不会形成单独的储渗体，而稳定分布的岩性分隔将是不同开发单元的主要界面。

1. 岩性边界

储渗单元边界类型对储渗单元研究具有重要意义，根据辫状河成因，岩性边界可划分为五种类型（图 4-25）。

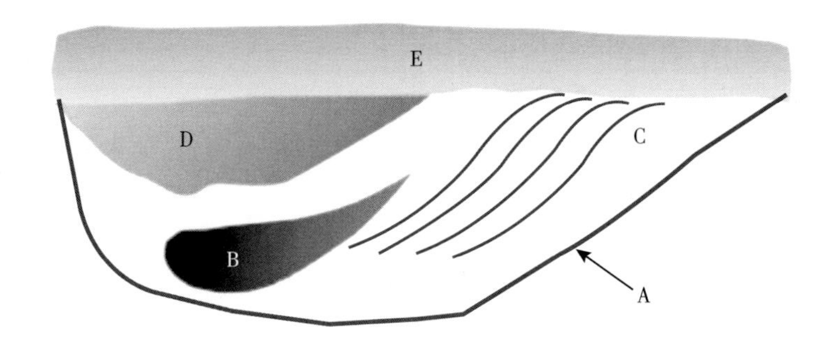

图 4-25 辫状河砂体岩性边界成因模式图（据 lynds 等，2006）

A—河道充填底部泥岩；B—坝间泥岩；C—坝内倾斜泥岩层（落淤层）；D—废弃河道；E—泛滥平原泥岩

对应构型单元级次，岩性边界可划分为四个级次：一级边界为不同级次三角洲间沉积；二级边界为泛滥平原泥岩；三级边界为河道充填底部和废弃河道；四级边界为坝间泥岩；四级构型单元内部为坝内倾斜泥岩层。一级、二级边界一般是稳定的分隔层，三级界面部分可分隔储渗单元，四级边界一般是层内夹层。

2. 物性边界

除了岩性边界，物性边界广泛存在，主要分布在心滩边缘或河道充填顶部，分布规模差异大。

物性边界往往受强压实和硅质胶结影响强烈，岩石致密。从成因分析来说，河道顶部和心滩边缘是两类主要的物性边界，它们主要为细砂岩和粉砂岩等细粒沉积，成分类型主要为岩屑石英砂岩、石英砂岩和岩屑砂岩。在煤系地层酸性环境下，细粒岩石受压实作用强烈，加上硅质胶结作用，原生孔隙进一步减少，不利于后期流体流动和溶蚀改造。

作为容易形成物性边界的河道顶部和心滩边缘沉积，主要岩石类型为细粒石英砂岩、细粒岩屑石英砂岩及细粒岩屑砂岩。由于致密储层的特性及整体物性较差的情况，与常规气藏相比较，物性边界也可形成完全的开发渗流单元分隔。

鄂尔多斯盆地苏里格气田存在五种基本砂体叠置模式，分别是厚层块状孤立型、具物性夹层的垂向叠置型、泥质隔层的垂向叠置型、横向切割连通型及横向“串糖葫芦”型。

3. 储渗单元

结合苏里格地区砂体叠置模式、储渗单元基本类型及边界类型，划分三种储渗单元分布模式：岩性边界型、物性边界叠置型及物性边界孤立分散型储渗单元（表 4-6）。

表 4-6　储渗单元分布模式划分表

边界类型 / 储渗单元类型 / 砂体叠置模式	岩性边界	物性边界
单期厚层块状型	岩性边界型 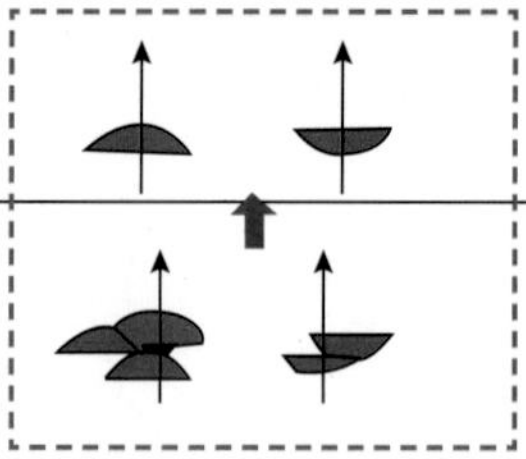	
多期垂向叠置泛连通型		物性边界叠置型 
多期分散局部连通型		物性边界孤立分散型 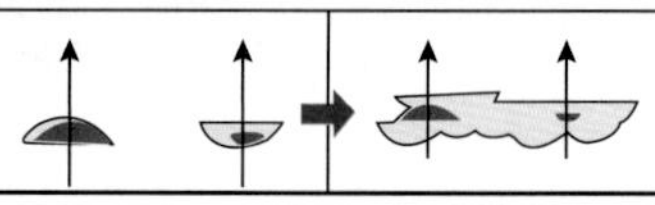

1）岩性边界型储渗单元

单独的心滩沉积或一期河道充填沉积，与泥岩接触。其曲线多为箱形（图 4-26），沉积厚度较大，可大于 6m，物性较好。

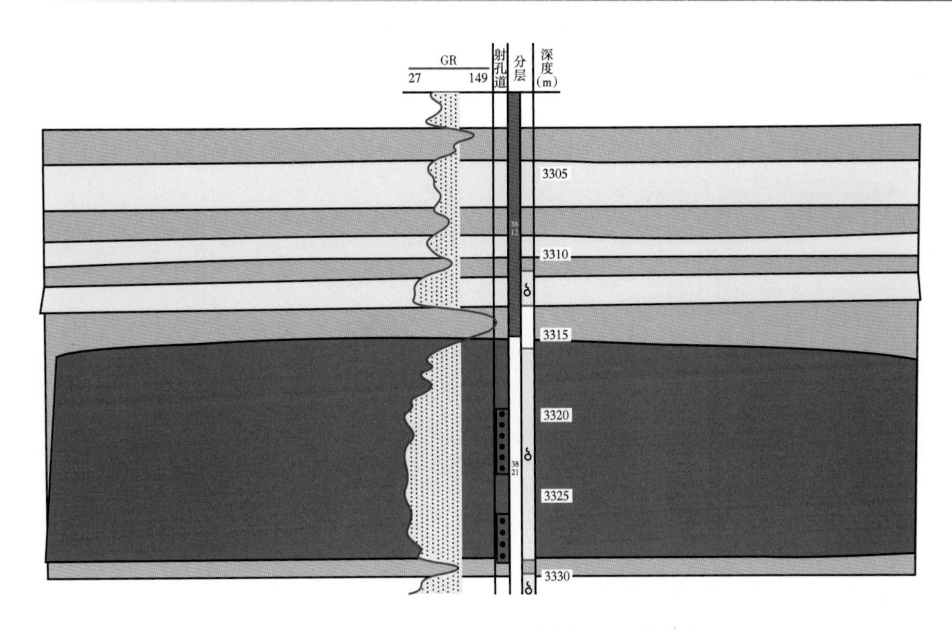

图 4-26　典型岩性边界型储渗单元测井曲线

2）物性边界叠置型储渗单元

多期单元坝或河道切割叠置，与相对致密砂岩接触。其测井曲线多为箱形或钟形（图 4-27），沉积厚度较大，连续可达 10m 以上，物性较好。

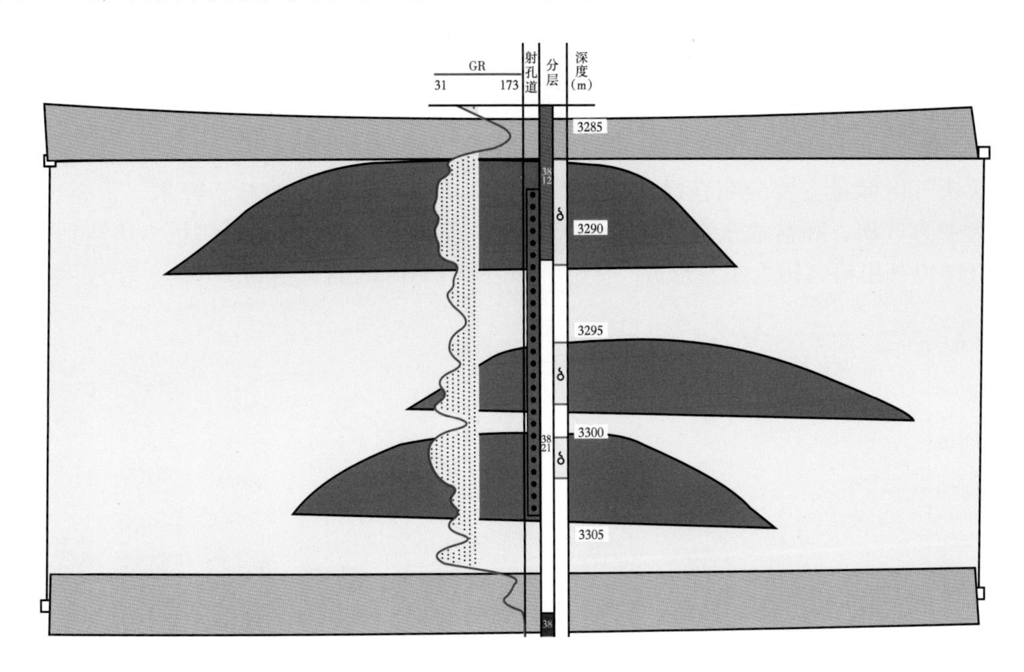

图 4-27　典型物性边界叠置型储渗单元测井曲线

3）物性边界分散型储渗单元

多个储渗单元分散分布于致密砂岩中，附近有其他储渗单元时，生产后期可连通。该类储渗单元沉积厚度较薄，为 3~5m，曲线多为箱形或钟形（图 4-28），物性较差。

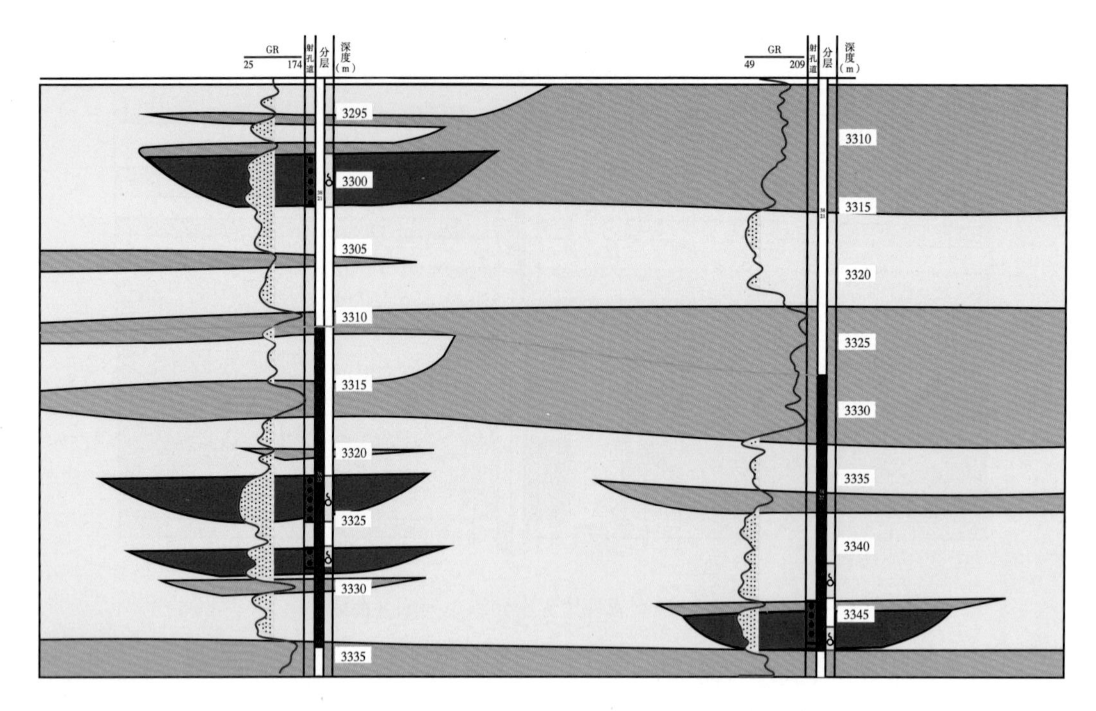

图 4-28 典型物性边界分散型储渗单元测井曲线

二、大型低渗透—致密气藏储量分级动用技术

十几年来，长庆气区地质储量持续快速增长，探明地质储量占中国石油的 35.2%，占全国的 25.6%，为国民经济建设持续稳定供气奠定了坚实的资源基础（图 4-29）。

长庆气区储量主要分布在已建成的苏里格、靖边（高桥）、榆林、神木、子洲—米脂共五大主力气田，和盆地东部、陇东、庆阳等在建气田，其中苏里格储量占比达到 77%。长庆气区以苏里格气田为主，形成“一超四大，若干小”的储量格局。

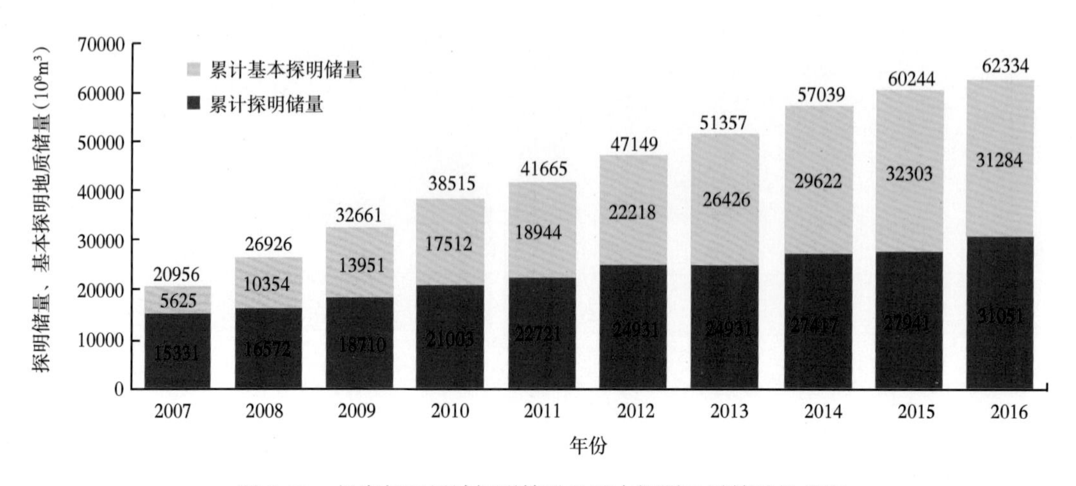

图 4-29 长庆气区累计探明储量及基本探明地质储量柱状图

长庆气区发育砂岩和碳酸盐岩两类储层，具有上古生界、下古生界多层系含气的特征，包括致密砂岩、低渗透砂岩、低渗透碳酸盐岩三类气藏。储量纵向上主要集中在盒 8 段—山 1 段、山 2 段、太原组、马五段等四套主力气层中。上古生界气藏以低渗透—致密砂岩储量为主，下古生界气藏以低渗碳酸盐岩储量为主（图 4-30、图 4-31，表 4-7）。

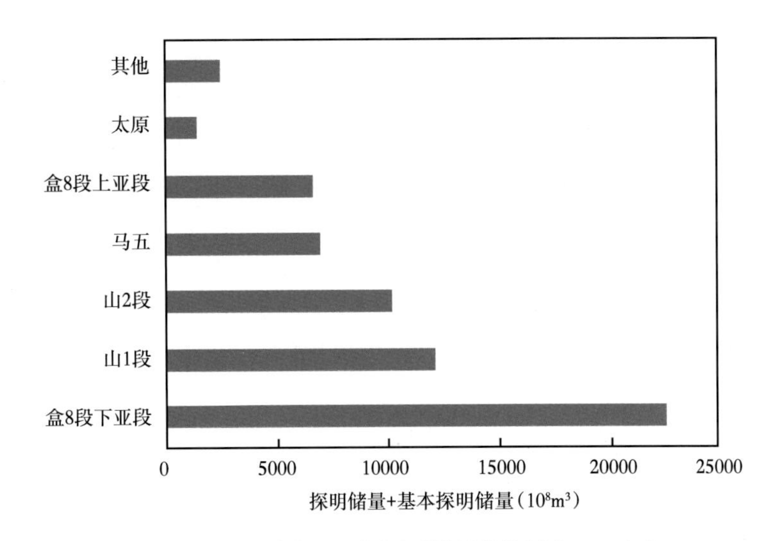

图 4-30 长庆气区不同层系储量柱状图（2018 年）

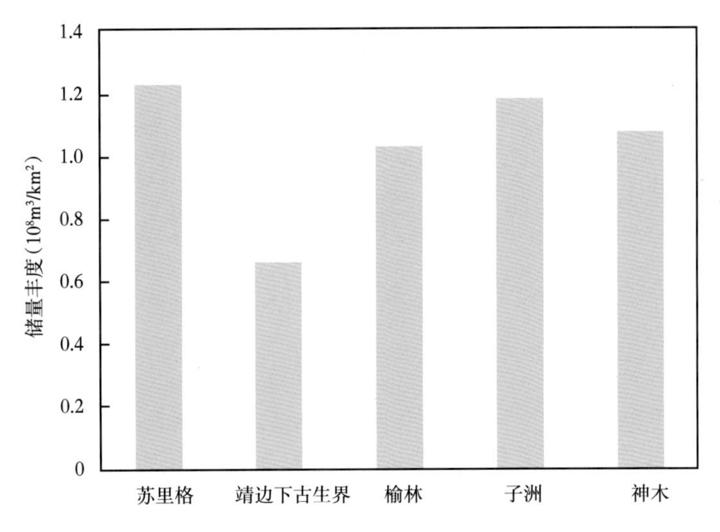

图 4-31 主力气田储量丰度分布直方图

表 4-7 长庆气区主力气田特征表

主力气田	主力层	次产层	气藏类型
苏里格	盒 8 段—山 1 段	山 2 段、马五段	致密砂岩
神木	山 2 段—太原组	盒 8 段、马五段	
榆林、子洲	山 2 段	盒 8 段	低渗透砂岩
靖边、高桥	马五段	盒 8 段—山 1 段	低渗透碳酸盐岩

在各气田的评价生产建设过程中，都是采取了优先动用优质储量，实现气田的效益开发。但随着开发时间的不断延长与开发程度的不断加深，这一开发技术对策产生的开发矛盾不断显现，主要表现为：一是优质储量的开发程度较高，而大批的低品位储量未动用或者动用程度较低，造成大量的储量滞留于地下；二是早期的开发井网与储层的规模不是很适配，造成了总体的采收率偏低；三是随着开发技术的不断进步与开发成本的有效控制和气价的适度上升，早期无效的储量变得有效，因此采取储量的分级动用是非常必要的。

鄂尔多斯盆地含气面积约 $6\times10^4km^2$，储量丰度约为 $1\times10^8m^3/km^2$，与我国主要的产气盆地相比较明显偏低。塔里木盆地、四川盆地、柴达木盆地的气田储量丰度在（5~60）$\times10^8m^3/km^2$ 之间（图 4-32）。

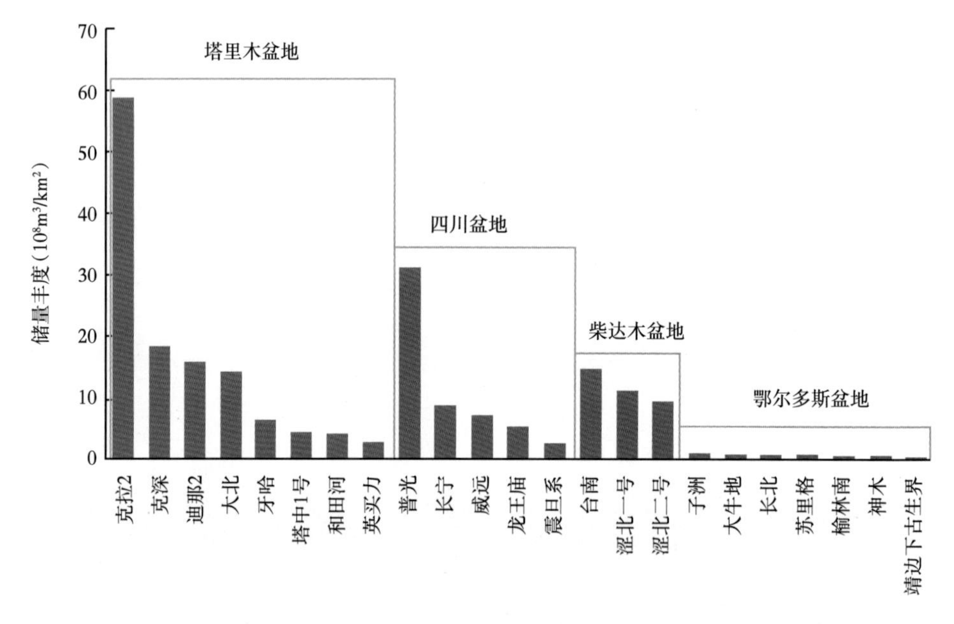

图 4-32　全国主要含气盆地储量丰度分布直方图

由于气藏与储层类型的特殊性，鄂尔多斯盆地内气井平均单井产量（0.94~3.4）$\times10^4m^3/d$，主要分布在（1~2）$\times10^4m^3/d$ 之间。气区 70% 以上的气井平均日产量低于 $1\times10^4m^3$，平均单井累计产量在（2000~3000）$\times10^4m^3$ 之间，效益对成本敏感性强。若实现气区的规模有效开发，只能依靠技术进步及管理创新，在控制开发成本的基础上，进行储量的分级动用（图 4-33）。

长庆气区以致密、低渗透储量为主，储层非均质性强，各气藏、各开发区块差异大，需要对储量开展综合分类评价。优选储量分类参数、确定分类标准，进行储量划分是储量综合评价的基础（表 4-8）。

气区开发主要依靠天然能量，采用衰竭式开发方式。考虑储量开发效益、开发难度和可建产能规模，优选出四类共 15 个储量评价参数，作为储量分类依据和评价指标。四类评价参数指标分别为储量属性指标、开发效果指标、经济评价指标及环境与社会因素指标。

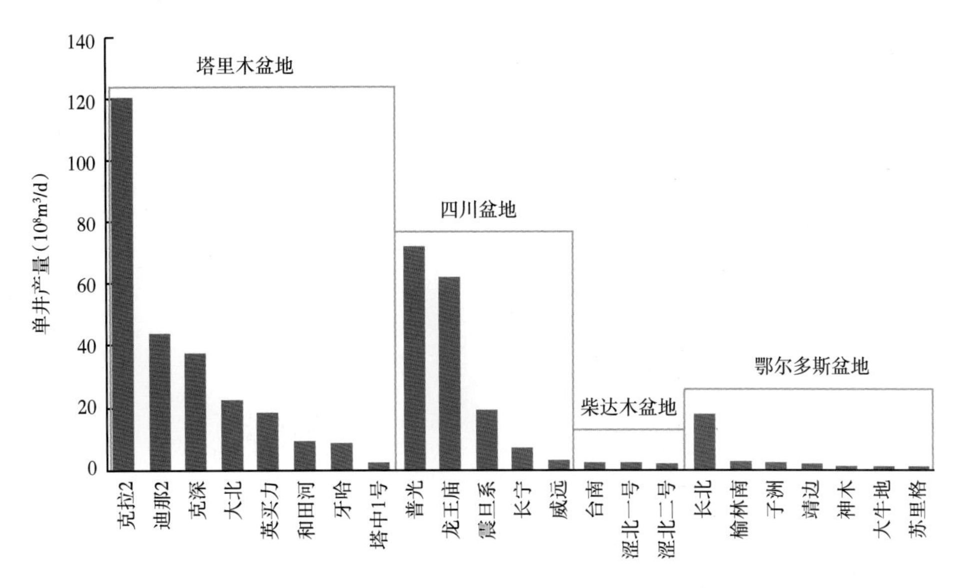

图 4-33 全国主要含气盆地目前单井产量分布直方图

表 4-8 2016 年公司主力气区开发指标对比表

指标	长庆	西南	塔里木	青海
（基本）探明地质储量（$10^{12}m^3$）	6.23	2.38	1.67	0.36
探明经济可采储量（$10^{12}m^3$）	2.48	1.18	0.91	0.16
动用地质储量（$10^{12}m^3$）	2.1	1.05	0.87	0.31
储量动用程度（%）	33.7	44.1	52.1	86.1
累计产气量（$10^{12}m^3$）	0.31	0.4	0.21	0.065
可采储量采出程度（%）	12.5	33.9	23.1	40.6
剩余可采储量（$10^{12}m^3$）	2.17	0.78	0.7	0.095
2016 年产量（$10^{12}m^3$）	0.036	0.017	0.023	0.006
储采比	60	47	31	16

储量属性指标主要评价储量客观条件与品质，包括有效砂体分布模式、储量埋深、储量丰度、渗透率及含气饱和度五个评价参数，其中有效砂体分布模式是制订合理井网井距的重要依据，储量埋深、储量丰度、渗透率影响着开发难度，含气饱和度与产水情况密切相关。

开发效果指标包括气井初期产量、单井累计产气量、千米井深累计产气量、区块采收率四个评价参数，其中气井初期产量、单井累计产气量、千米井深累计产气量是产能规模评价的核心参数，区块采收率反映了区块的最终采出程度，是评价开发效果的主要指标之一。

经济评价指标包括采气成本、天然气价格及内部收益率共三个储量评价参数。采气成本影响单井综合成本、天然气价格及内部收益率决定开发效益。

环境因素与社会因素指标包括矿区交叉分布区、环境保护区及城市建设规划区共三个评价参数，它们共同制约了开发部署的可利用面积。

结合现有的开发区块，按照地质特征和开发特点相近的原则，划分出 11 个储量评价单元。其中苏里格气田分为西区、中区、东区、南区，靖边气田分为靖边下古生界和靖边上古生界，榆林气田包括长北合作区和榆林南区。另外，11 个储量评价单元中还包含子洲气田、米脂气田、神木气田（图 4-34）。

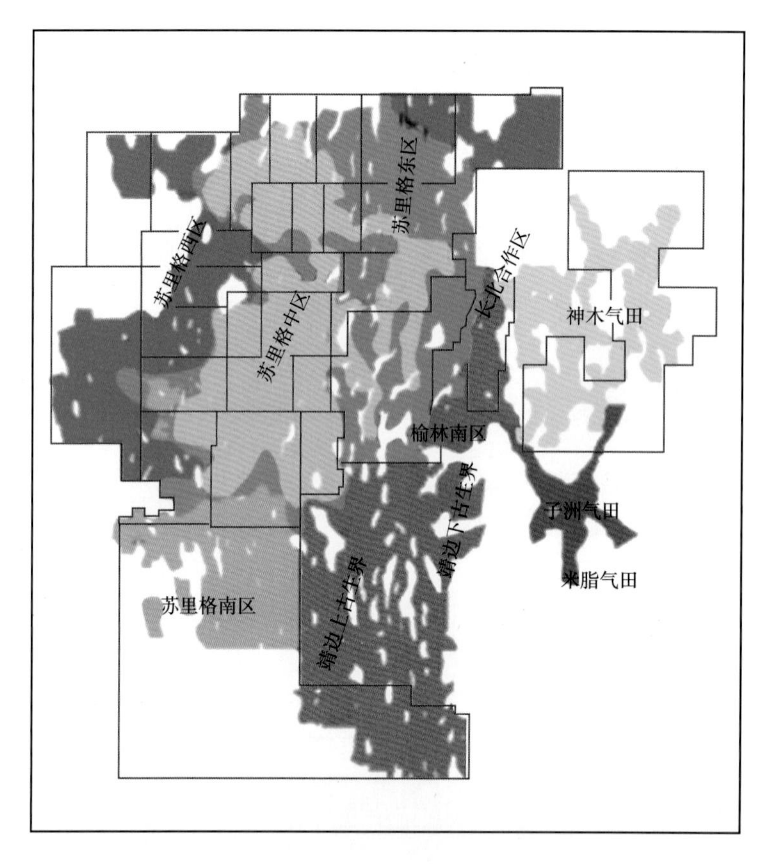

图 4-34　长庆气区储量评价区划分图

计算各个储量单元可量化的评价参数，主要包括气层深度、有效厚度、孔隙度、渗透率、含气饱和度、储量丰度、井均预测最终累计产量（EUR）等，为分类评价提供依据（表 4-9）。

表 4-9　长庆气区不同区块储量参数评价表

储量评价区	气层深度（m）	有效厚度（m）	孔隙度（%）	含气饱和度（%）	渗透率（mD）	储量丰度（$10^8m^3/km^2$）	平均单井 EUR（10^4m^3）
苏里格中区	3300~3500	13.00	8.50	60.0	0.92	1.47	2352
苏里格东区	3000~3300	11.00	6.60	55.0	0.58	1.10	1381
苏里格西区	3400~3600	8.00	7.8	45.0	0.85	0.80	722
苏里格南区	3500~4000	8.50	7.30	50.0	0.54	0.90	795
靖边下古生界	3100~3500	5.44	6.31	77.9	3.60	0.65	23613

续表

储量评价区	气层深度（m）	有效厚度（m）	孔隙度（%）	含气饱和度（%）	渗透率（mD）	储量丰度（$10^8m^3/km^2$）	平均单井 EUR（10^4m^3）
靖边上古生界	2900~3300	9.00	6.80	56.0	0.62	0.99	1450
长北合作区	2700~3200	11.60	7.60	75.0	6.50	1.09	41735
榆林南区	2700~3200	10.50	6.50	71.0	4.85	0.93	30940
子洲气田	2500~2800	9.50	6.00	69.0	1.10	1.20	11305
米脂气田	2450~2750	10.50	6.70	60.0	0.58	1.10	1320
神木气田	2600~2885	6.20	6.60	55.0	0.83	0.79	2012

按照储层物性分类，常规渗透率值分布在 0.3~7.0mD，可以划分为致密气储量（＜ 1mD）和低渗透气储量（＞ 1mD），并以致密气储量为主（图 4-35）。

按照储层含气性分类，含气饱和度值分布在 45%~80% 之间，可划分为两个主体，以致密储层为主的气藏含气饱和度分布在 45%~60% 之间，以低渗透储层为主的气藏含气饱和度分布在 70%~80% 之间（图 4-36）。

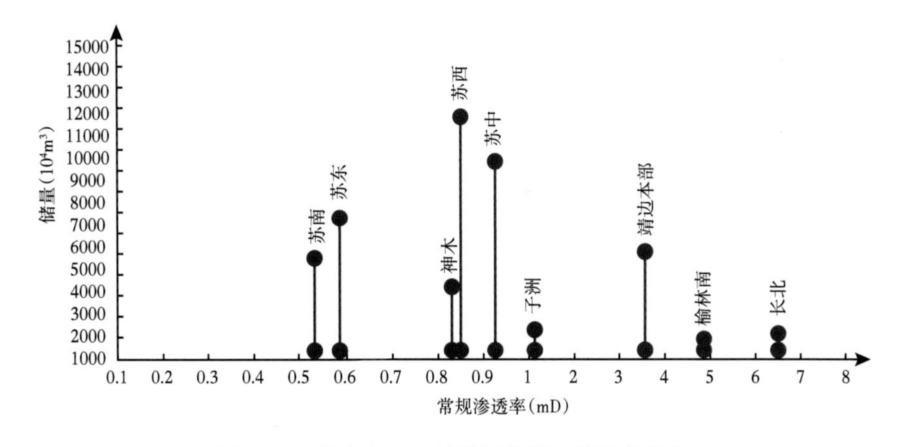

图 4-35　长庆气区各储量评价单元渗透率分布

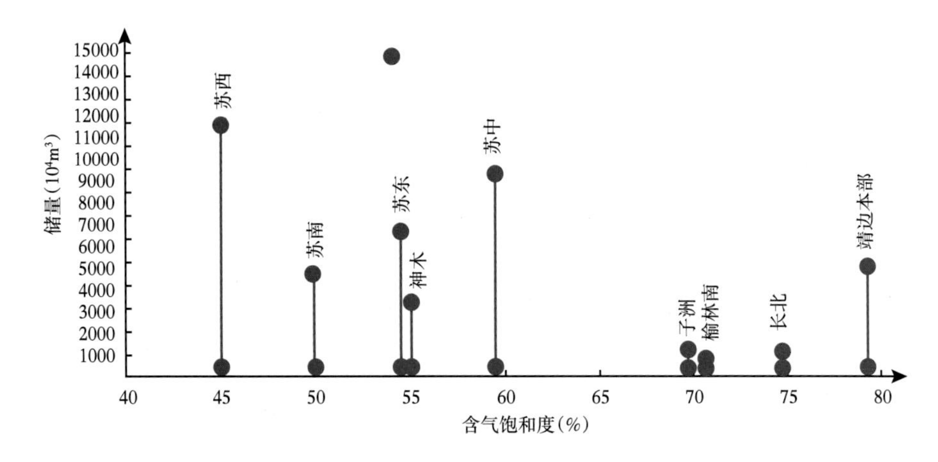

图 4-36　长庆气区各储量评价单元含气饱和度分布

按照平均单井累计产气量，由低到高对储量进行排序，反映了不同类型储量开发效果由差到好的分布情况。长庆气区平均单井累计产气量差异较大，可明显分为两组，一组以致密气为主，直井平均单井累计产气量小于 $3000\times10^4m^3$，另一组主要是低渗透气田，直井平均单井累计产气量大于 $1\times10^8m^3$（图 4-37）。

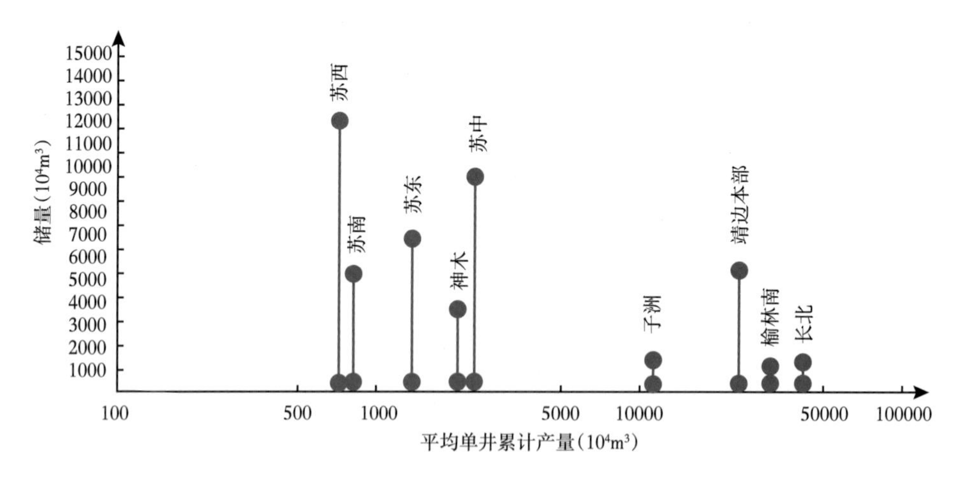

图 4-37 长庆气区各储量评价单元平均单井累计产量分布

在现有的经济及技术条件下，综合考虑储层物性、含气性及气井累计产气量，依据内部收益率，将长庆气区储量划分为四种类型，分别为高效储量（内部收益率＞20%）、效益储量（内部收益率 12%~20%）、低效储量（内部收益率 0~12%）、难动用储量（内部收益率＜0）。

其中高效储量 $0.99\times10^{12}m^3$，占总储量的 15.9%，包括靖边下古生界、榆林气田和子洲气田；效益储量 $2.04\times10^{12}m^3$，占总储量的 32.7%，以苏里格中区和神木气田为主；低效储量 $2.08\times10^{12}m^3$，占总储量的 33.4%，包括苏里格东区和靖边上古生界；难动用储量 $1.12\times10^{12}m^3$，占总储量的 18.0%，以苏里格西区、南区为主（表 4-10）。

表 4-10 长庆气区储量分类表（2019 年）

储量类型	内部收益率（%）	富水区	富气区				储量（10^4m^3）
			$K<0.6$mD	0.6mD$<K<1$mD	1mD$<K<5$mD	$K>5$mD	
难动用储量	＜0	苏西	苏南、米脂				11186.3580
低效储量	0~12		苏东、靖边上古生界				20806.3690
效益储量	12~20			神木、苏中			20444.3078
高效储量	＞20			子洲	靖边下古生界	榆林	9869.4700
合计							62306.5000

根据高效储量、效益储量、低效储量及难动用储量共四类储量的空间分布特征、开发特点、动用程度，分别开展了开发对策研究。其中高效储量（靖边下古生界、榆林气田和子洲气田）已进入稳产中后期，效益和低效储量（神木气田、苏中气田、苏东气田等）是气区规模效益稳产的基石（图 4-38）。

高效储量储层连续性好，气井稳产能力强，基本处于稳产末期，储量动用程度高，调整潜力较小。高效储量主要分布在靖边气田下古生界碳酸盐岩储层和榆林、子洲气田上古生界山2段低渗透储层中，储量总计 $9869.5\times10^8m^3$，其中靖边下古生界、榆林气田、子洲气田储量规模分别为 $6910.0\times10^8m^3$、$1807.5\times10^8m^3$、$1152.0\times10^8m^3$。靖边下古生界气层较薄，储量丰度仅为 $0.65\times10^8m^3/km^2$，榆林气田及子洲气田储量丰度在（1~1.2）$\times10^8m^3/km^2$（表4-11）。

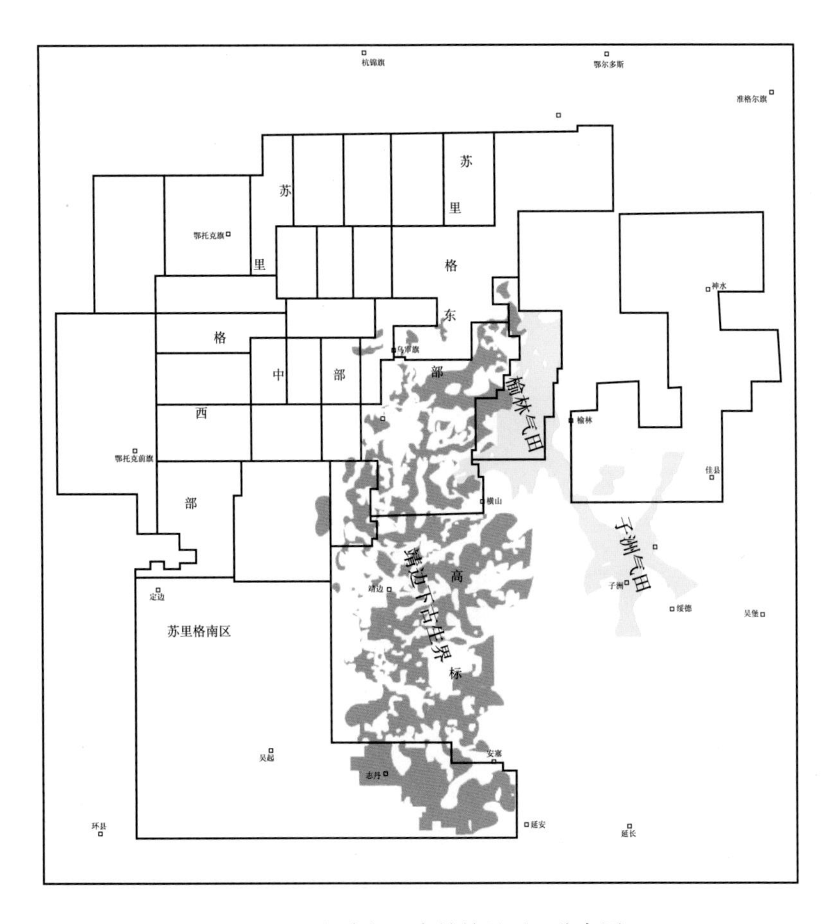

图4-38　长庆气区高效储量平面分布图

表4-11　长庆气区高效储量构成表（2019年）

区块	面积	丰度	储量
靖边下古生界	10630.80	0.65	6910.05
榆林气田	1807.50	1.00	1807.50
子洲气田	959.98	1.20	1151.97
合计			9869.47

高效储量有效储层发育集中，尽管厚度不大，但是分布稳定、连续性好，气层连通范围可达2~3km；储层物性较好，属于低渗透储层，含气性好，含气饱和度可达70%以上（图4-39至图4-41）。

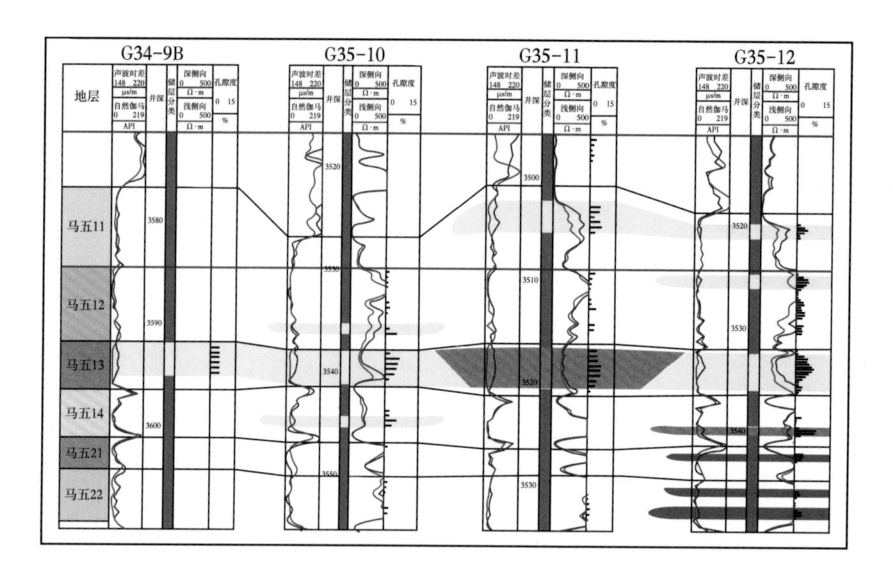

图 4-39　靖边下古生界有效储层对比剖面

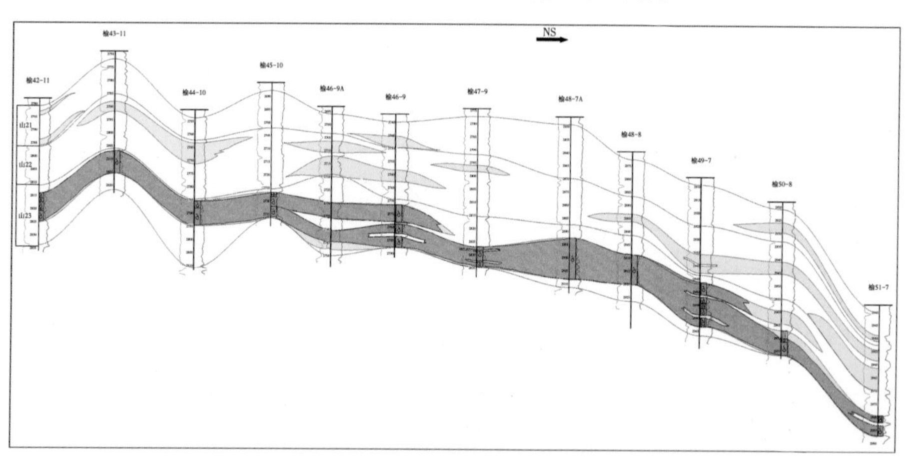

图 4-40　榆林气田有效储层对比剖面

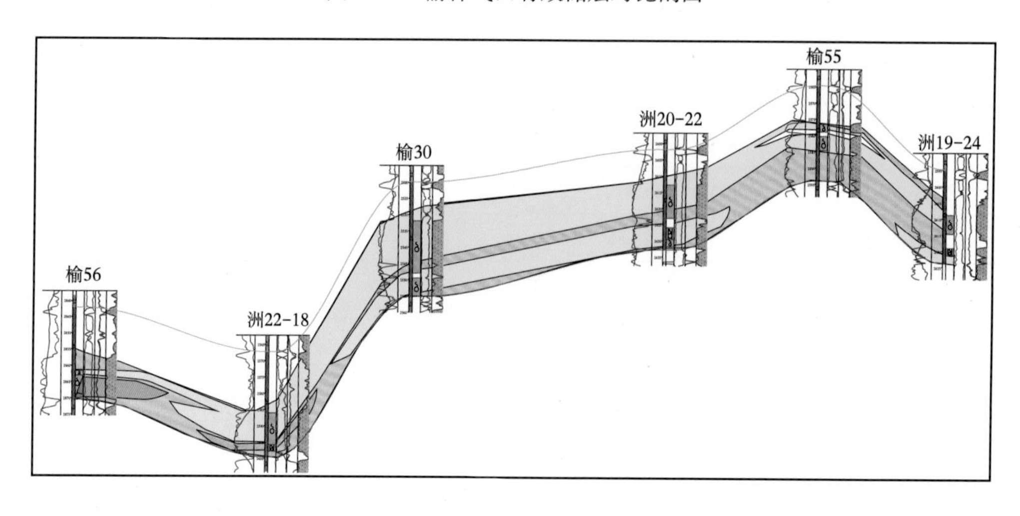

图 4-41　子洲气田有效储层对比剖面

高效储量区主力产层明显，供气能力强，例如靖边气田主力产层马五$_1^3$小层的产气贡献率达到80%以上；气井产量较高，日产量在（1.5~6.5）$\times10^4m^3$范围内，生产稳定，气井平均EUR均在$1\times10^8m^3$以上，开发效益好（图4-42至图4-44）。

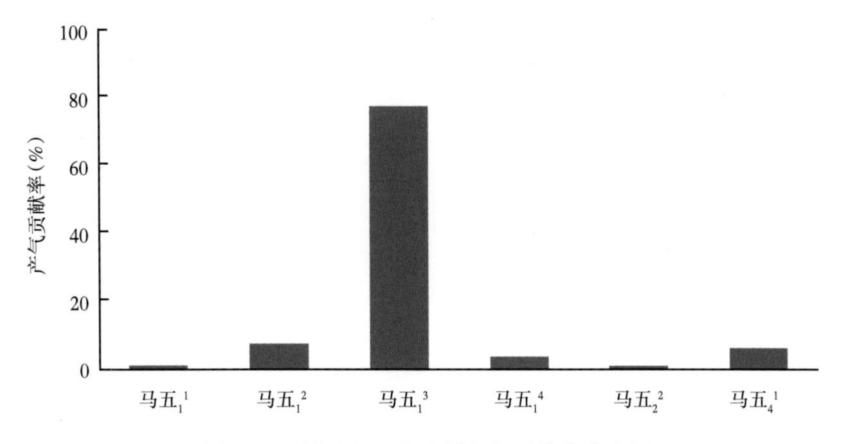

图4-42　靖边气田各小层产气贡献率分布图

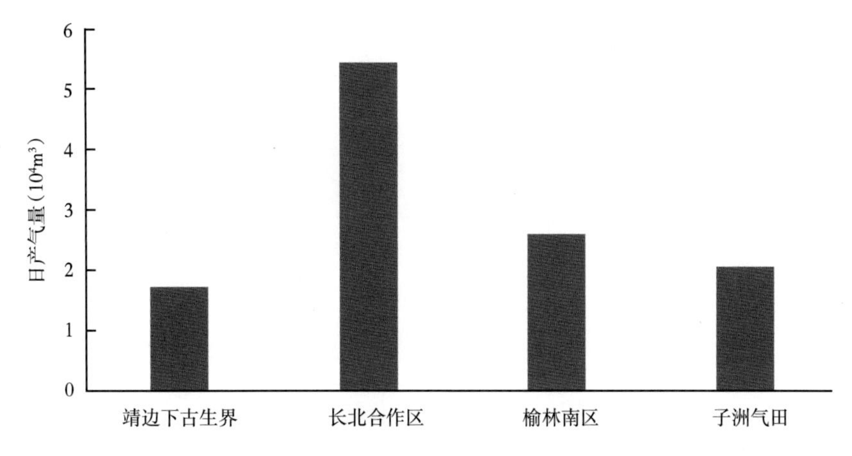

图4-43　高效储量区目前井均日产气量分布图

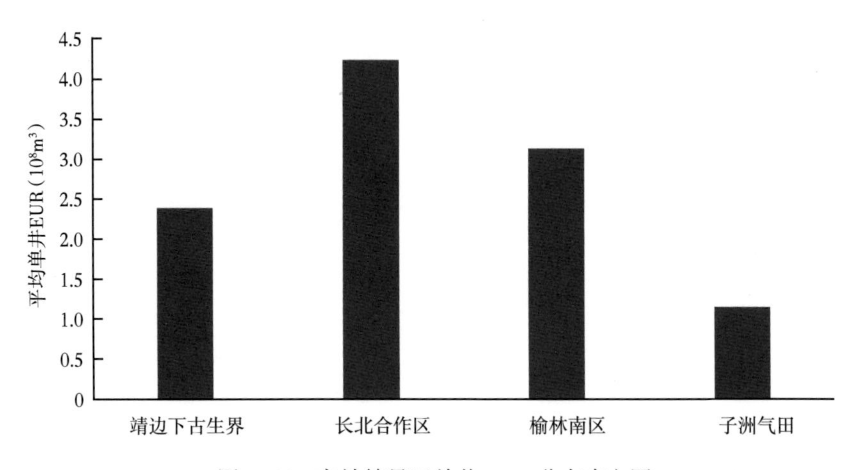

图4-44　高效储量区单井EUR分布直方图

高效储量进入开发中后期，井网成型，储量动用程度较高。结合井网完善程度，测算靖边气田、榆林气田和子洲气田主力层段储量动用程度已达到80%左右，未动用储量规模较小，主要分布在储层条件变差的外围边角地带。

高效储量区主要通过增压开采和局部井网调整，继续保持气田稳产，延长稳产期需要依靠动用新的接替层系或开发一个新的区块（图4-45、图4-46）。

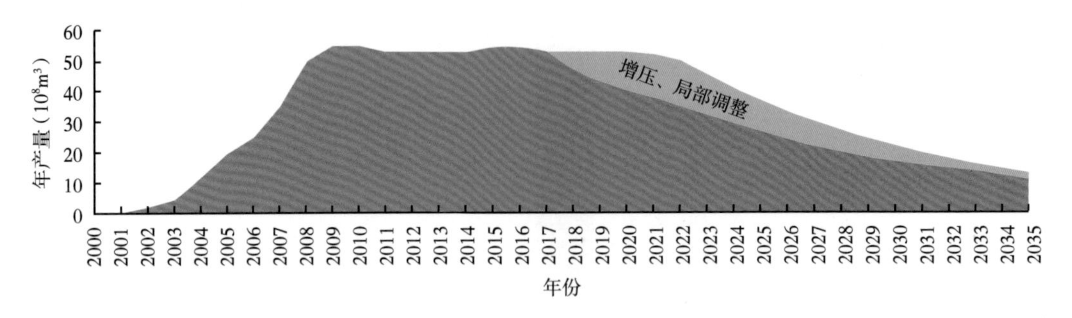

图4-45　榆林气田增压及局部调整稳产图

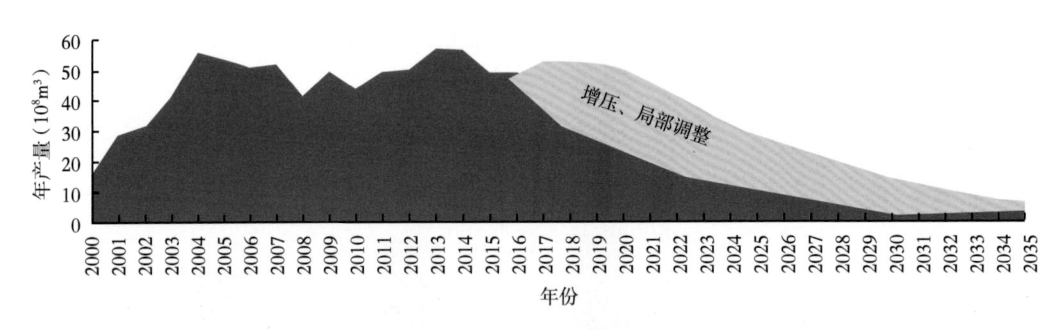

图4-46　靖边气田增压及局部调整稳产图

效益储量储层条件较好，气层大面积分布，储量动用程度低，是气区开发的主体，上产和稳产潜力大。效益储量规模$20444.3\times10^8m^3$，主要分布在苏里格气田中区、东一区、苏东南和神木气田，以盒8段—山1段、山2段的致密砂岩气藏为主。其中苏里格效益储量达$17110.42\times10^8m^3$，以盒8段和山1段为主，储量丰度$1.47\times10^8m^3/km^2$；神木气田效益储量$3333.89\times10^8m^3$，主要分布在山2段，平均储量丰度$0.79\times10^8m^3/km^2$（表4-12，图4-47）。

表4-12　长庆气区效益储量构成表（2019年）

区块	面积（km^2）	丰度（$10^8m^3/km^2$）	储量（10^8m^3）
苏里格地区	11639.74	1.47	17110.42
神木气田	4190.4	0.79	3333.89
合计			20444.3

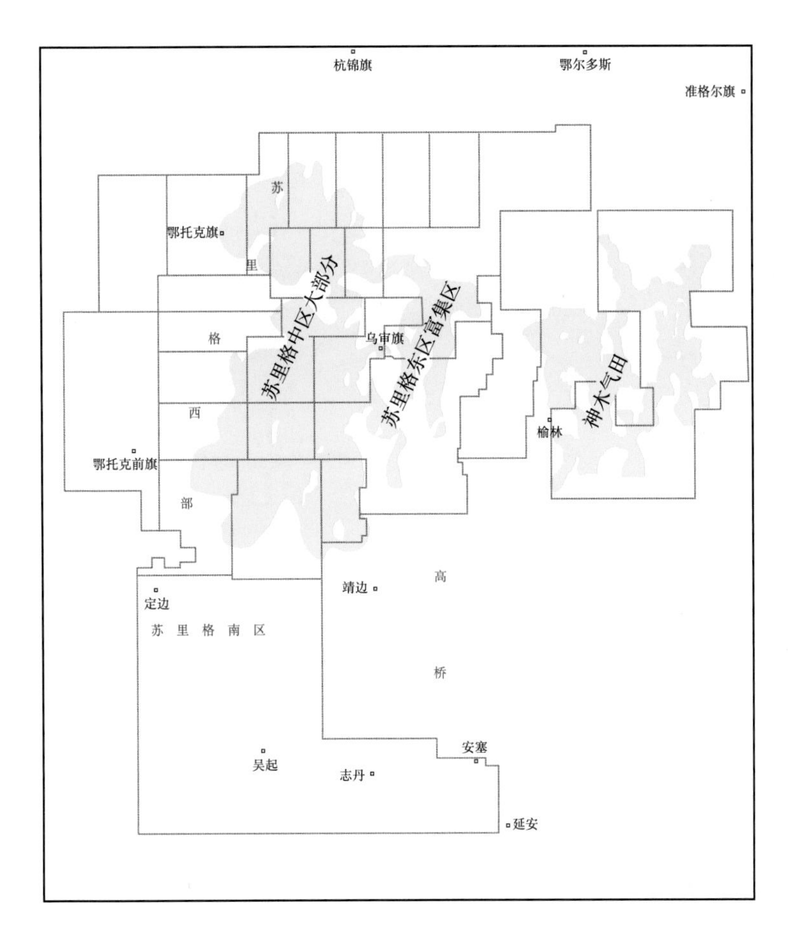

图 4-47　效益储量平面分布图

在效益储量区，有效砂体呈透镜状或孤立分布为主，连续性差，纵向上多层叠合连片发育。单个有效砂体厚度薄，规模小，宽度 300~500m，长度 500~700m，井间连通性差，初次开发井网井间基本不连通。苏里格地区平均孔隙度 8.5%，平均渗透率 0.92mD，井均有效厚度 13.0m（图 4-48）。相比而言，神木气田的地质条件更差，平均孔隙度 6.6%，平均渗透率 0.83mD，井均有效厚度 6.2m（图 4-49）。

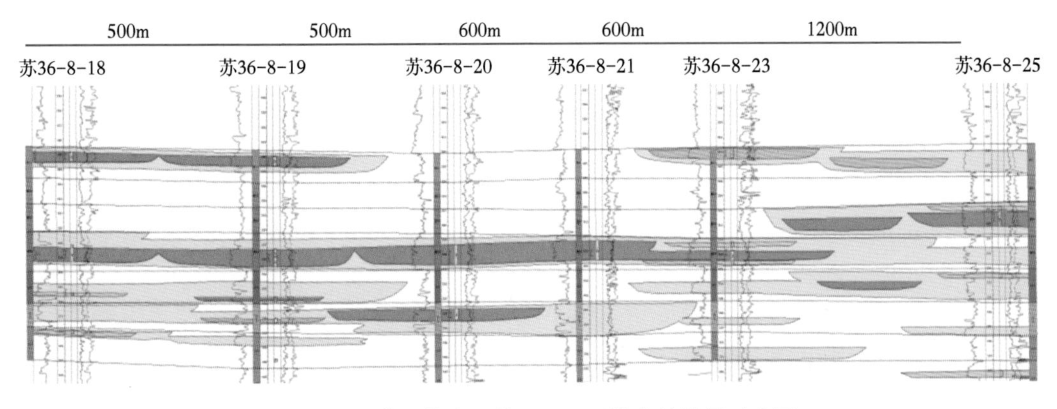

图 4-48　苏里格中区苏 36-11 区块有效储层对比图

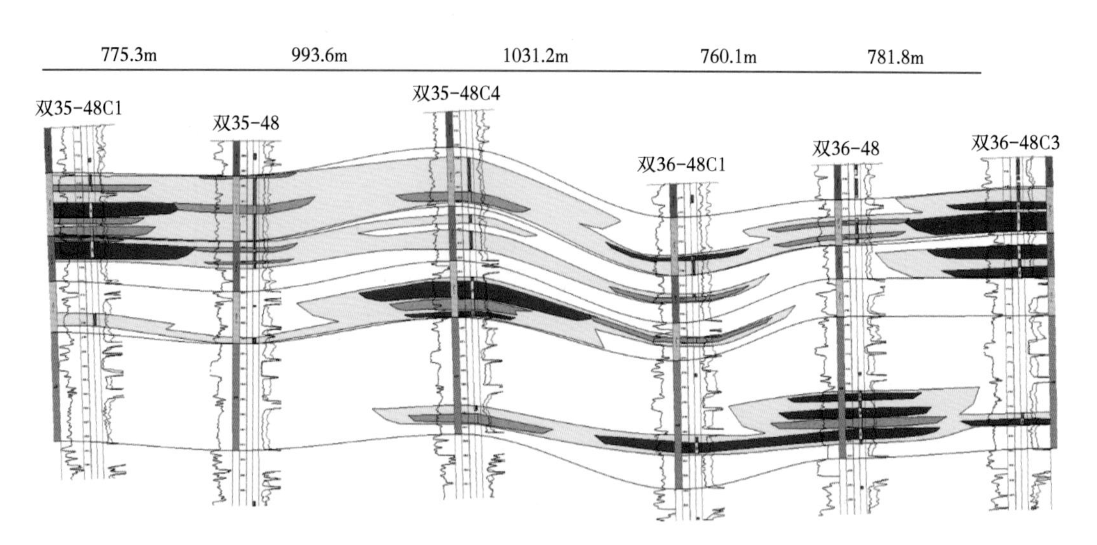

图 4-49 神木气田双 3 井区有效储层对比图

效益储量纵向上多层发育，主力产层不明显，单个小层产气贡献率在 30% 以内。效益储量与高效储量相比较气井产量低，稳产能力弱，单井动态储量小，气井平均 EUR 分布在（2000~3000）$\times 10^4 m^3$。但在鄂尔多斯盆地的致密气储量中，效益储量对应的富集区是致密气当中最优质的储量（图 4-50）。

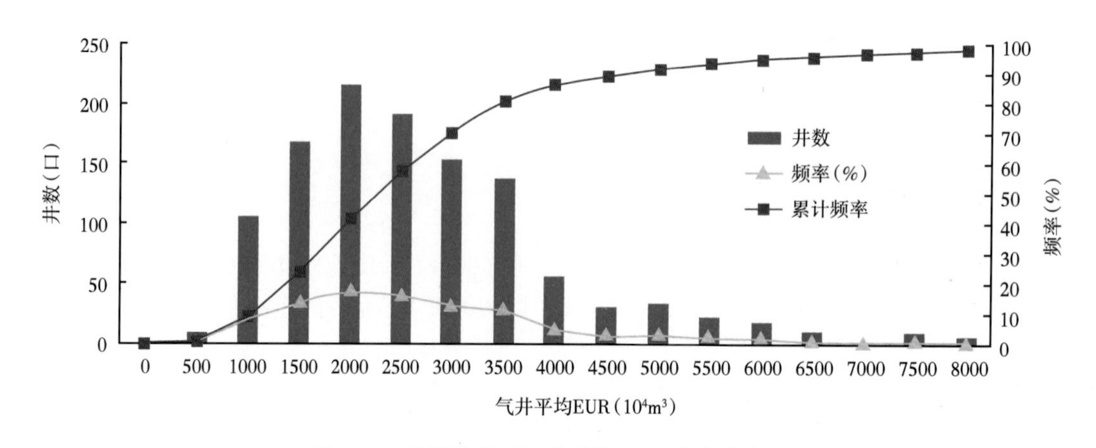

图 4-50 苏里格地区气井平均 EUR 分布直方图

效益储量含气面积大、井网密度差异大、井控范围小，大部分区域井网不完善，初始井网储量动用程度低。

鄂尔多斯盆地长庆油田效益储量主要分布在神木气田与苏里格气田的中区与东南区（图 4-51）。神木气田累计提交探明储量 $3333.89\times 10^8 m^3$，在一期建成 $18\times 10^8 m^3/a$ 产能的基础上，已开展二期产能建设，其建设布置与开发技术对策，基本运用苏里格中区的方案，采取有一定保留程度的井网密度进行开发。两期建设完成后，动用储量大致占总储量的一半。按照井网覆盖面积测算动用储量 $405\times 10^8 m^3$，动用储量占探明储量比例仅为 12.14%，未动用储量 $2928.89\times 10^8 m^3$。

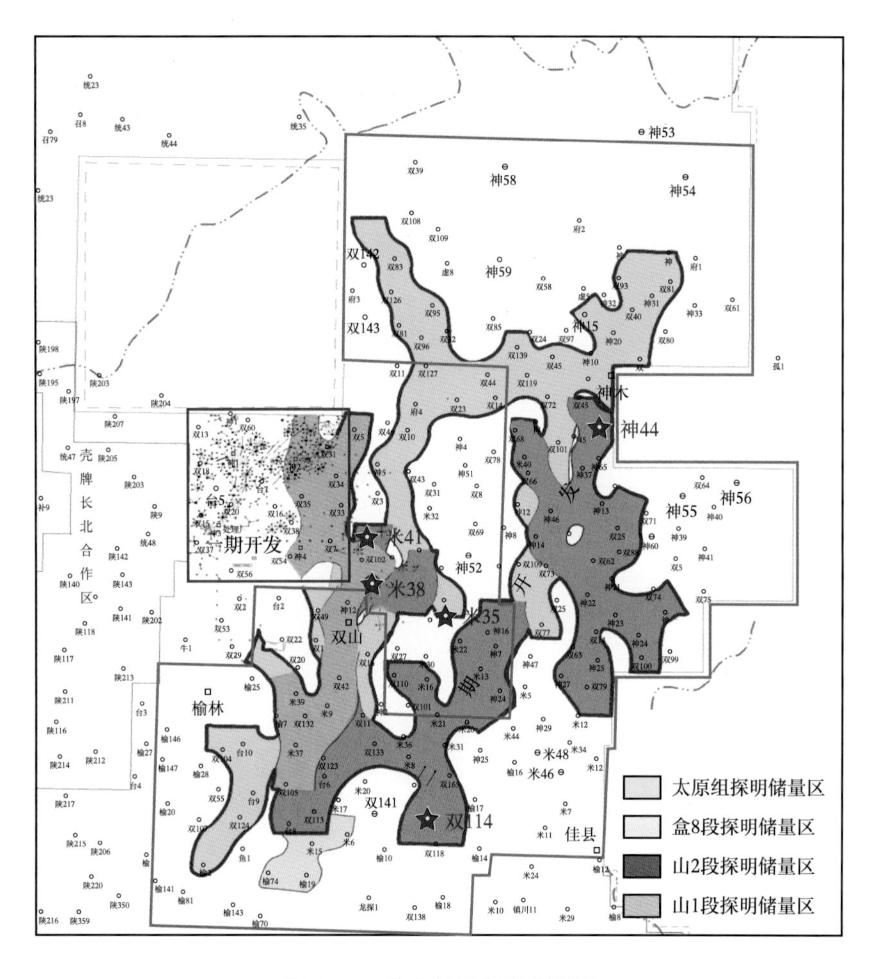

图 4-51　神木气田产建成果图

苏里格地区效益储量虽然是投入开发最早的储量（图 4-52），但由于在开发初期井网分布不均（图 4-53），且对致密气的认识程度不够，并担心更密的井网造成井间干扰，因此储量动用程度较低。通过井控程度测算，动用储量 $5794.7\times10^8m^3$，动用储量占效益储量比例 33.87%，剩余 $11315.7\times10^8m^3$。根据开发井网与储层规模及分布的匹配程度，可将其分为密井网和稀井网两大类。密井网区包括 600m×800m 井网、加密试验区和水平井开发区，覆盖面积 $1623.2\times10^8m^3$，动用储量 $2386.1\times10^8m^3$。稀井网区按照直井覆盖 $0.48km^2$/井、水平井覆盖 $1km^2$ 井测算，动用储量 $3408.6\times10^8m^3$。

未动用储量分布分散，可划分为层间未动用型储量、井间未动用型储量和水相封闭型共三种类型，并以井间未动用型储量为主（图 4-54）。层间未动用型储量包括已开发直井纵向未射孔的薄层或含气层、水平井控制区内纵向遗留的非主力层中的储量（图 4-55）。井间未动用型储量主要包含两部分有效砂体中的储量，一是开发区内井网未控制的孤立含气砂体，二是复合砂体内阻流带控制的未动用含气砂体。井间未动用型储量占未动用储量的 80% 以上，因此，井网加密是提高气区储量动用程度及采收率的最有效手段。水淹滞留型是指生产后期气井水淹形成的滞留储量，在该区并无优势分布。

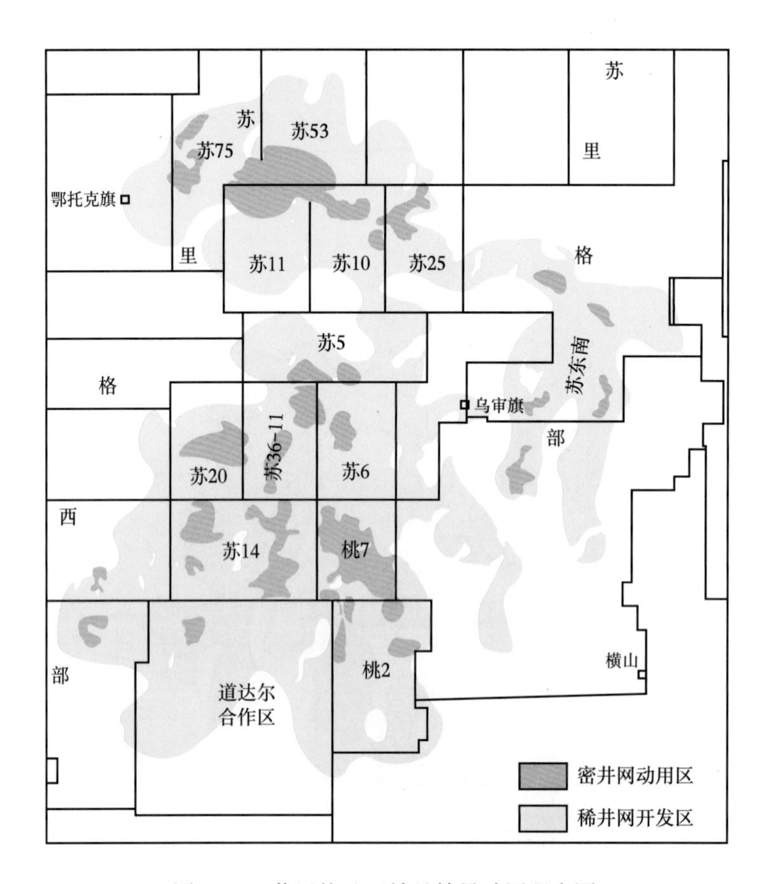

图 4-52　苏里格地区效益储量动用程度图

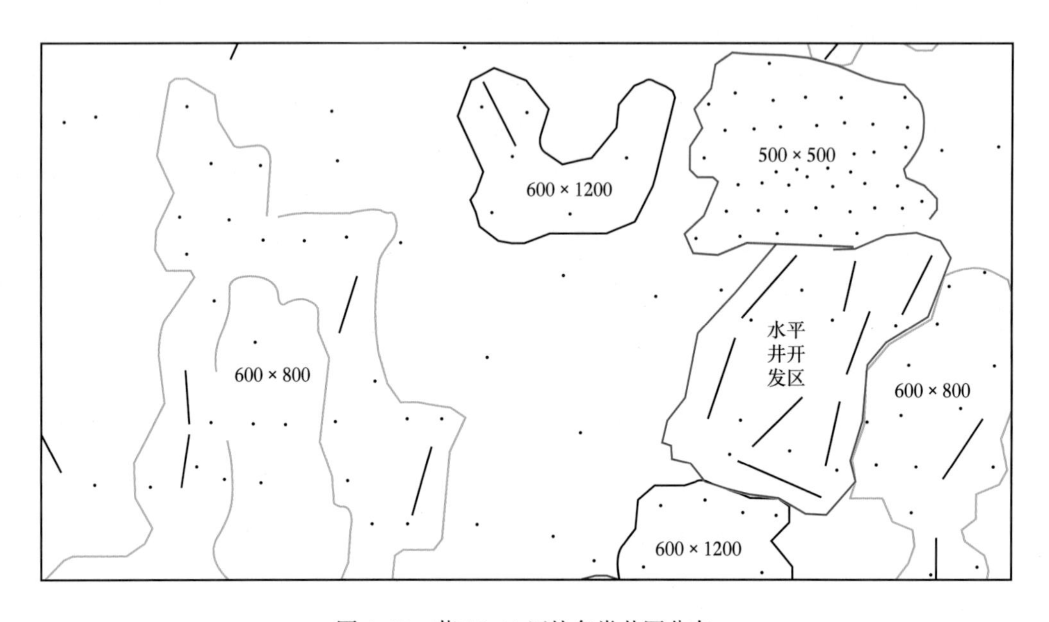

图 4-53　苏 36-11 区块各类井网分布

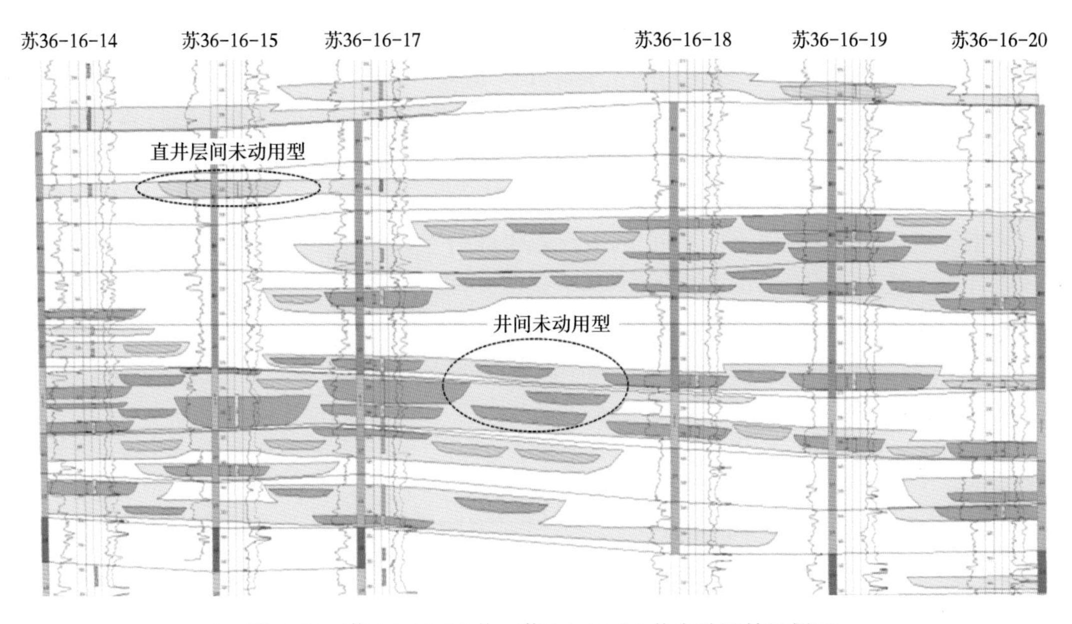

图 4-54　苏 36-16-14 井—苏 36-16-20 井未动用储量剖面

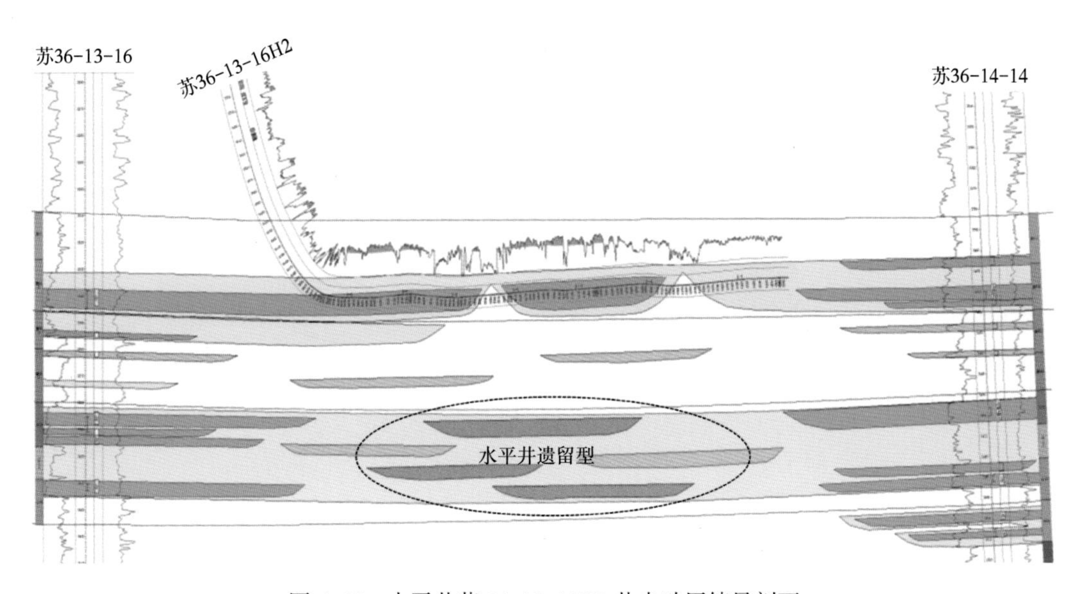

图 4-55　水平井苏 36-13-16H2 井未动用储量剖面

三、开发对策

1. 高效储量开发对策

在鄂尔多斯盆地的四类储量体系中，高效储量是已经发现的气田的最优质部分，对应靖边主体部位的主力产层与榆林、子洲等气田的山 2 段产层，目前这些储量基本已得到了有效开发，后续主要是适度的挖潜，不再成为今后研究与开发的主体。

2. 效益储量开发对策

研究表明，在保证一定经济效益基础上，采用 3~4 口井 /km^2 的加密井网开发，可提高储量动用程度。加密井网开发目标是在经济有效条件下，最大幅度地提高采收率，因此是在满足一定效益的条件下确定井网密度和生产指标。一般来说，随着井网密度的增加，采收率在不断增加，但增加的幅度越来越小，井间干扰越来越严重，单井最终累计产量也不断减小。确定合理的井网加密密度，要同时兼顾单井拥有较高的采气量及区块拥有较高的采收率（图 4-56）。

根据储层结构、井控范围、密井网生产效果评价及数值模拟，开展储量动用程度及经济效益评价，按照 1.15 元 /m³ 的气价测算，提出井网密度生产指标确定必须同时满足三个条件：

（1）保持合理的采气速度，大幅提高气田采收率；

（2）加密井平均累计产量大于经济极限累计产量 $1075 \times 10^4 m^3$，单井不亏本；

（3）加密后所有井平均累计产量大于 $1504 \times 10^4 m^3$，满足内部收益率大于 12%。

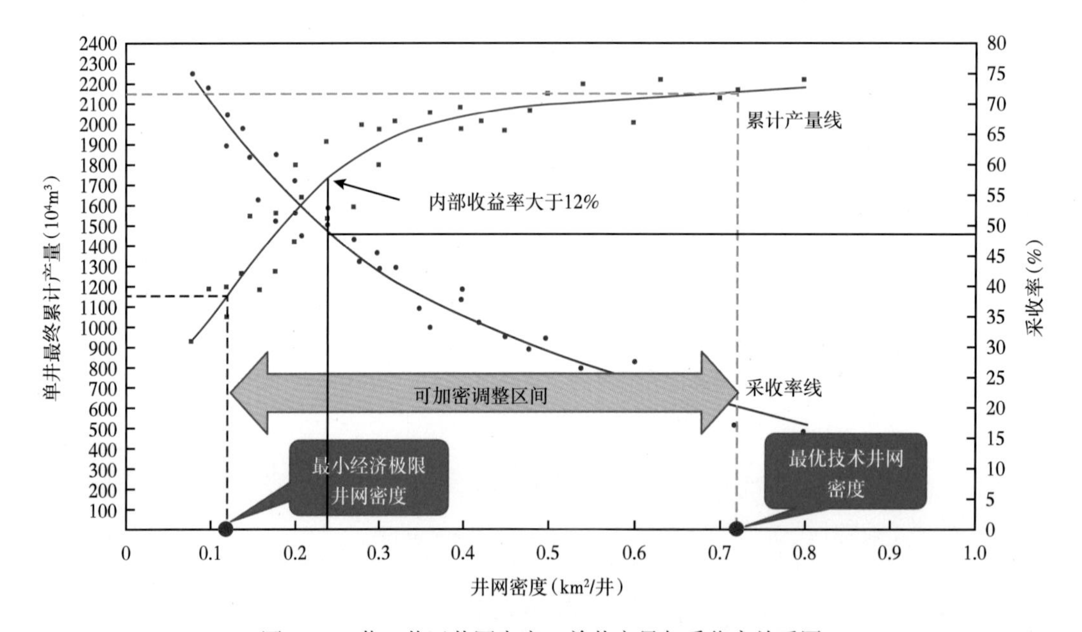

图 4-56　苏 6 井区井网密度、单井产量与采收率关系图

苏里格气田在气田中区开展了 8 个密井网的加密试验。不同储量丰度区密井网试验表明，储量丰度大于 $1 \times 10^8 m^3/km^2$，采用 3~4 口井 /km² 井网开发，平均单井最终累计产量大于 $1500 \times 10^4 m^3$，加密开发经济有效（图 4-56）。

对于致密气的效益储量而言，经济井网密度与技术井网密度是相反的，对于储量分布最高的效益储量而言，由于储量丰度高，单位面积内可以承受更大的井网密度，仍能保持单井的经济有效。同时高的储量丰度对应差较厚的储层厚度与较好的连续性与连通性，较稀的井网密度即可达到较高的采出程度，因此开发过程中要根据开发政策不断调整（表 4-13）。

3. 低效储量开发对策

低效储量区有效储层呈透镜状、多层系叠合分布，储层物性较差，储量丰度较低，通过进一步的精细优选，采用“甜点式”布井的方式进行开发。

表 4-13 苏里格气田 8 个井网试验区开发数据对比表

试验区	储量丰度（$10^8m^3/km^2$）	储量丰度（$10^8m^3/km^2$）	井网密度（井 /km^2）	平均单井累计产量（10^4m^3）	加密井平均单井累计产量（10^4m^3）	井组总产量（10^4m^3）	井组采收率（%）
苏 14 三维地震勘探区试验区 E		2.62	2.8	4293		3.01	45.70
苏 36-11 试验区	＞ 2.0	2.55	7. 7	2249	1248	2.92	68.26
苏 14 试验区		2. 16	3.8	3221	3116	5. 76	55. 92
苏 14 三维地震勘探区试验区 D		1.80	2.5	2603		1.82	36. 22
苏 14 三维地震勘探区试验区 B	1.3~2.0	1.56	2.9	2195		1.76	40. 18
苏 6 试验区		1.46	3.3	1881	1543	2. 45	45.28
苏 14 三维地震勘探区试验区 C		1.36	2.4	1705		1. 19	30.00
苏 14 三维地震勘探区试验区 A	1.0~1.3	1.25	3.3	1562		1.72	41.60

注：苏里格气田单井经济极限产量：$1075\times10^4m^3$（气价 1.15 元 /m^3）。

低效储量规模 $20806.37\times10^8m^3$，主要分布在苏里格东区、南区，靖边上古生界和榆林上古生界，以上古生界盒 8 段—山 1 段的致密砂岩气藏为主。其中苏里格东区储量 $11331.97\times10^8m^3$，储量丰度 $1.1\times10^8m^3/km^2$；靖边上古生界储量 $9474.40\times10^8m^3$，储量丰度 $1.05\times10^8m^3/km^2$（表 4-14）。

表 4-14 长庆气区低效储量构成表（2019 年）

区块	面积	丰度	储量
苏里格东区	10301.79	1.10	11332
靖边上古	8962.85	1.05	9474
合计			20806

低效储量区储层相对致密，有效厚度小，储量丰度低，气井产量低。其中苏里格东区平均孔隙度 6.6%，平均渗透率 0.58mD，井均有效厚度 11m，储量丰度 $1.1\times10^8m^3/km^2$，预测井均 EUR 为 $1381\times10^4m^3$（图 4-57、图 4-58）。靖边上古生界平均孔隙度 6.8%，平均渗透率 0.62mD，井均有效厚度 9m，储量丰度 $0.99\times10^8m^3/km^2$，预测井均 EUR 为 $1450\times10^4m^3$（图 4-59）。

由于苏里格气田开发初期的经济技术条件与“先肥后瘦”的开发技术对策，上古生界低效储量的整体动用程度较低，截至 2018 年底，苏里格东区低效储量累计钻井 2406 口，动用储量 $1270.4\times10^8m^3$，未动用储量 $10061.6\times10^8m^3$。靖边上古生界在近 $9000km^2$ 工区面积内累计投产 150 口井，储量整体未动用，尚处于富集区优选、待开发阶段（图 4-60）。

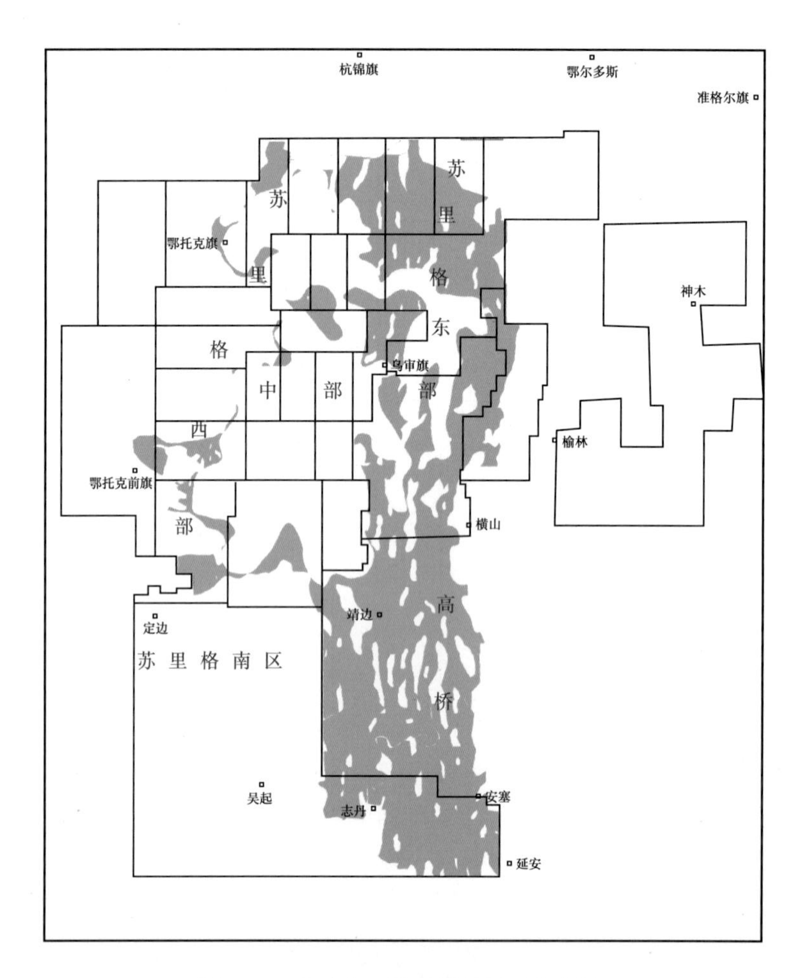

图 4-57 长庆气区低效储量平面分布图

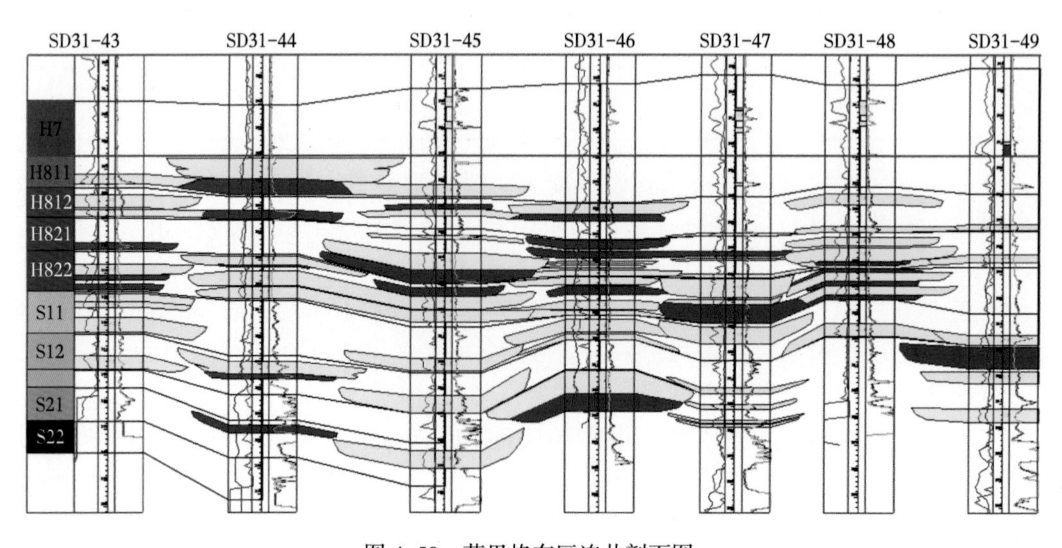

图 4-58 苏里格东区连井剖面图

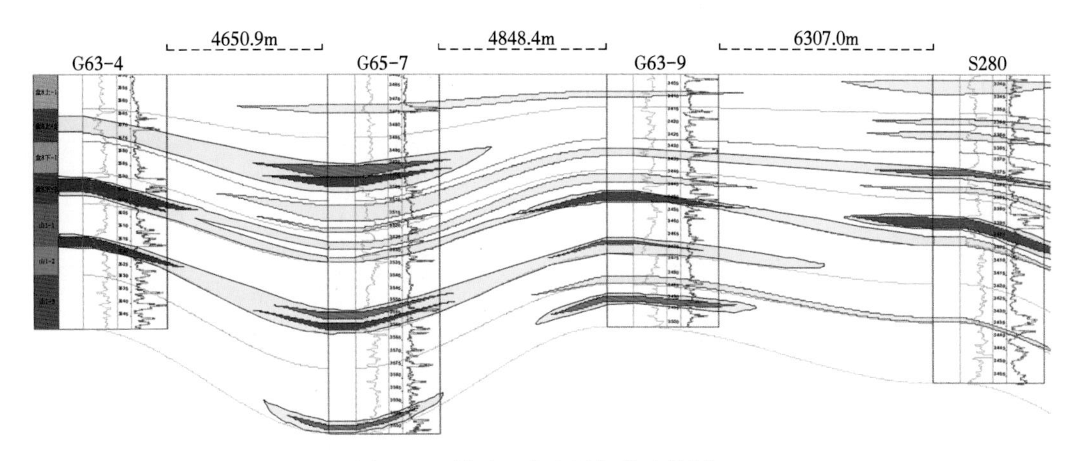

图 4-59　靖边上古生界气藏连井剖面

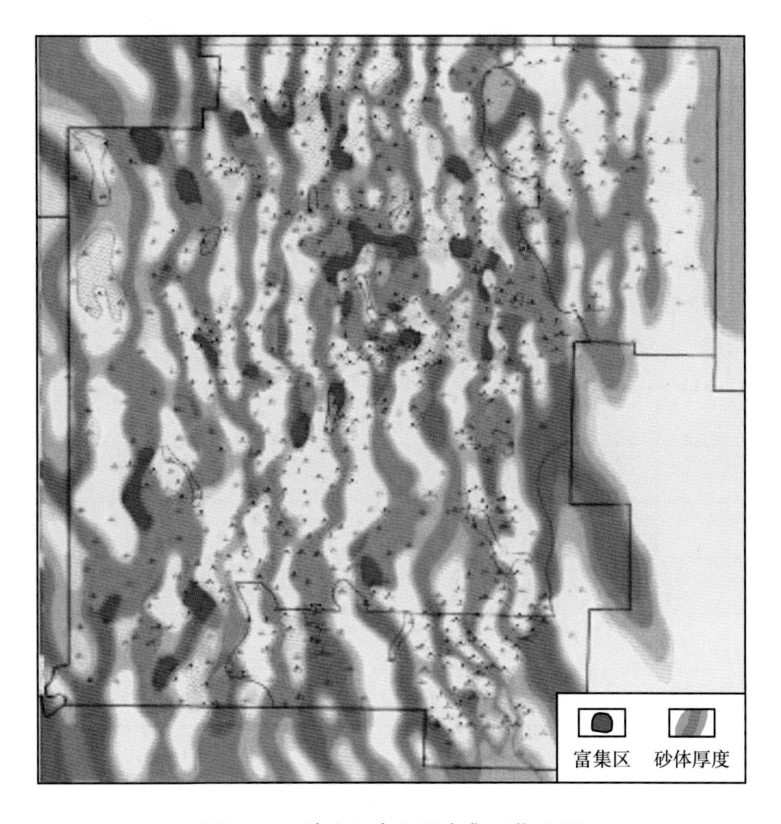

图 4-60　靖边上古生界富集区优选图

低效储量区多数气井预测最终平均累计产量（1200~1500）$\times 10^4 m^3$，在气田开发初期的低气价条件下（2002 年为 0.66 元 /m^3），不具备单独开发与建产条件，随着气价的上升与开发技术的进步，可通过富集区优选，逐步建产，作为气田继续上产或稳产的资源基础。靖边上古生界气藏提交基本探明储量 $9474.4\times 10^8 m^3$，以盒 8 段下亚段为主要开发层系，兼顾山 1 段和山 2 段叠合发育区，扣除已动用储量、保护区、军事区等储量，预计优选富集区储量 $3000\times 10^8 m^3$，作为靖边气田延长稳产期的资源保障（图 4-61）。

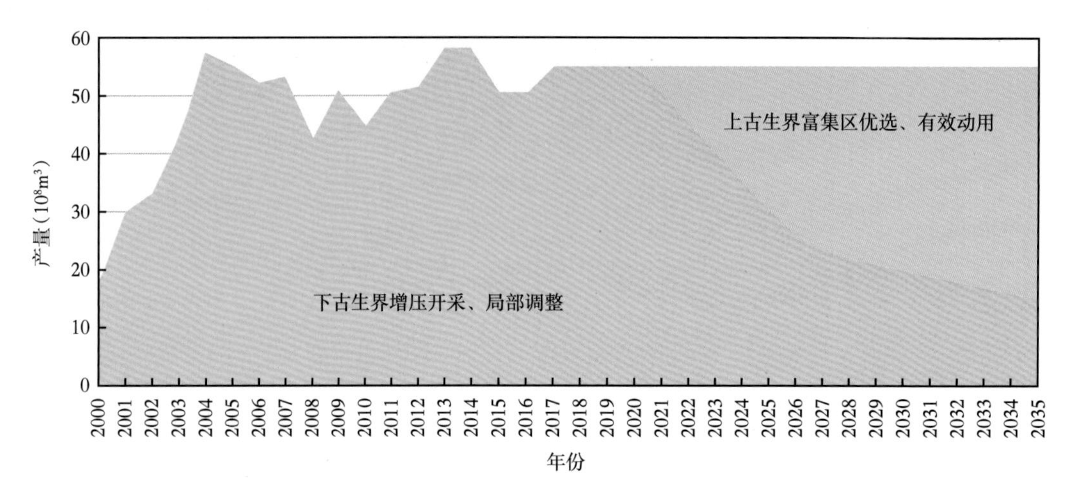

图 4-61　靖边气田依靠上古生界接替稳产剖面

4. 难动用储量

难动用储量主要是受产水或气层条件差的影响，单井产量低，达不到开发效益标准的储量，且目前动用程度极低，缺少有效的开发技术手段。

难动用储量规模 $11186.36\times10^8m^3$，主要分布在苏里格西区（$4891.33\times10^8m^3$）、东二区（$1081.3\times10^8m^3$）和南区（$4855.25\times10^8m^3$），其次在子洲—米脂气田、榆林南区也有少量分布，以上古生界盒 8 段—山 1 段致密砂岩气藏为主，储量构成见表 4-15。

表 4-15　长庆气区难动用储量构成表（2019 年）

区块	面积	丰度	储量
苏里格西区	6038.68	0.81	4891.33
东二区	1442.00	0.75	1081.30
苏里格南区	5258.00	0.92	4855.25
米脂气田	659.30	0.54	358.48
合计			11186.36

难动用储量区以产水井和低产井为主，气井平均最终累计产量不足 $800\times10^4m^3$，仅动用极少量的“甜点”区，在目前的经济技术条件下不具备开发的基础。

苏里格西区普遍含气饱和度低，气水混存，多数气井产水，气水比大于 $1t/10^4m^3$；苏里格南区平均渗透率 0.54mD，气层厚度小，储量丰度低，井均最终累计产量 $795\times10^4m^3$（图 4-62、图 4-63），都是目前不具备开发条件的难动用储量区。

5. 储量动用序列建立

考虑气价和成本的变化，建立气价—成本—单井累计产量图版，预测不同条件下可动储量规模。设定单井综合成本 800 万元，内部收益率为 8%，储量品质由好到差排序，建立不同气价下有效开发储量序列与可动储量规模（图 4-64）。

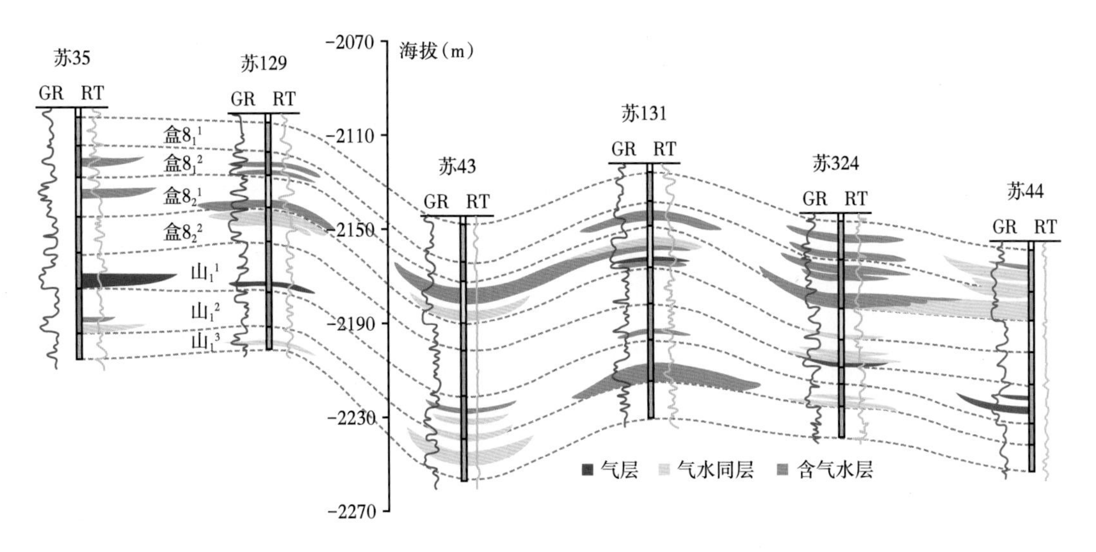

图 4-62 苏里格西区(苏 43 区块)连井剖面图

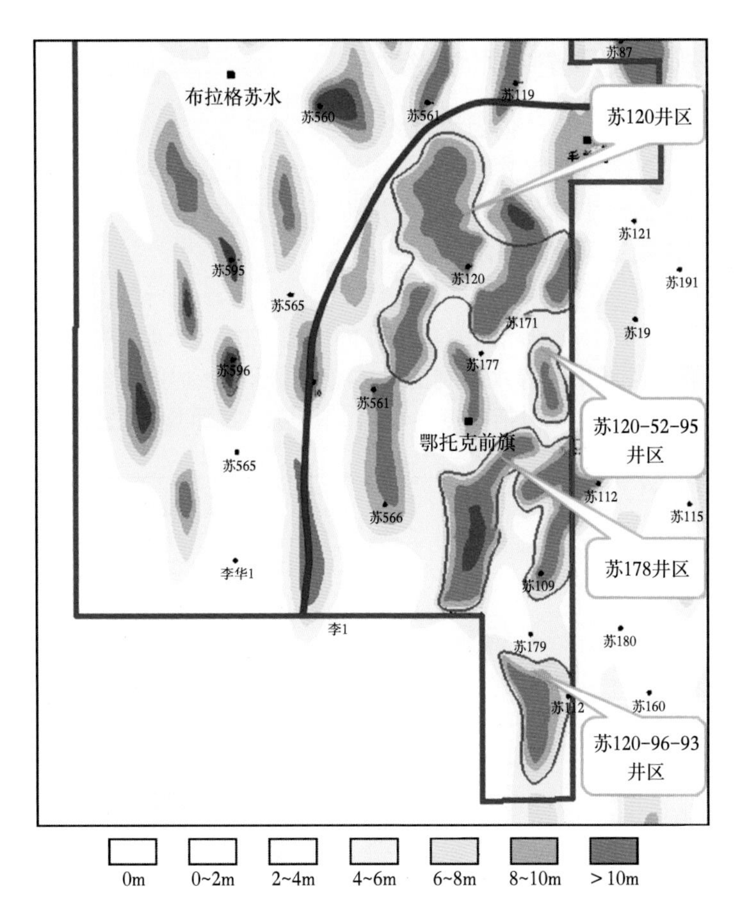

图 4-63 苏里格西区(苏 120 区块)南部气层富集区分布图

按照平均气价 1.15 元 /m³ 计算，目前可效益开发的地质储量为高效储量和效益储量，储量规模约 $3\times10^{12}m^3$。低效储量需要更进一步的经济条件和技术条件才能动用，是气区长期稳产的重要后备资源基础。

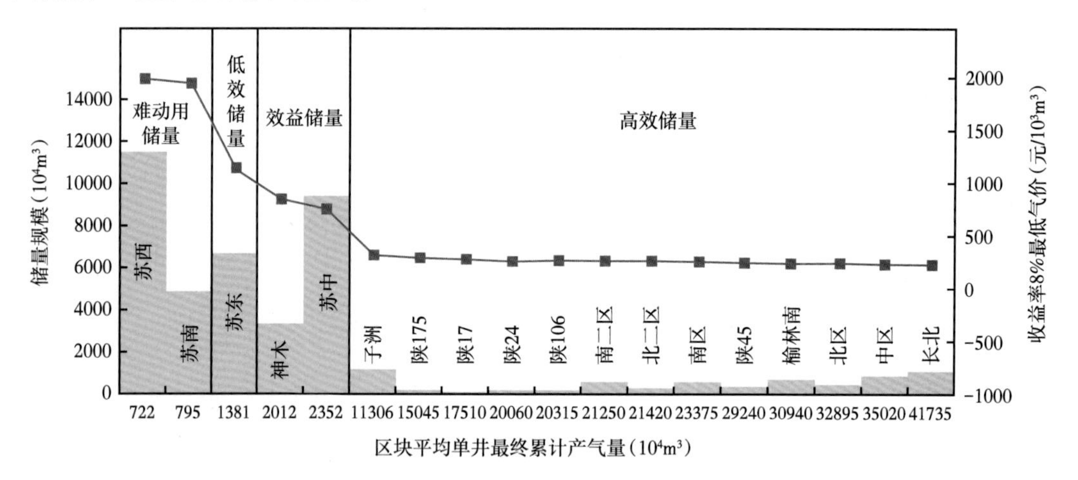

图 4-64 长庆气区基于经济有效性的地质储量动用序列

四、产量干扰约束开发井网优化技术

井间未钻遇砂体和复合砂体内阻流带约束区是苏里格气田剩余效益储量分布的主体，因此优化井网井型、提高当前储量动用程度是提高采收率的主体技术，主要包括直井井网加密提高采收率技术、直井与水平井联合井网提高采收率技术。

1. 直井井网加密提高采收率技术

1）定量地质模型法

定量地质模型法的核心是确定有效单砂体的规模尺度、分布频率，根据有效单砂体的主体规模尺度，评价当前井网有效控制的砂体级别及储量动用程度（图 4-65、图 4-66）。有效单砂体规模尺度分解主要包括厚度、宽度、长度、宽厚比及长宽比等，其中对厚度、

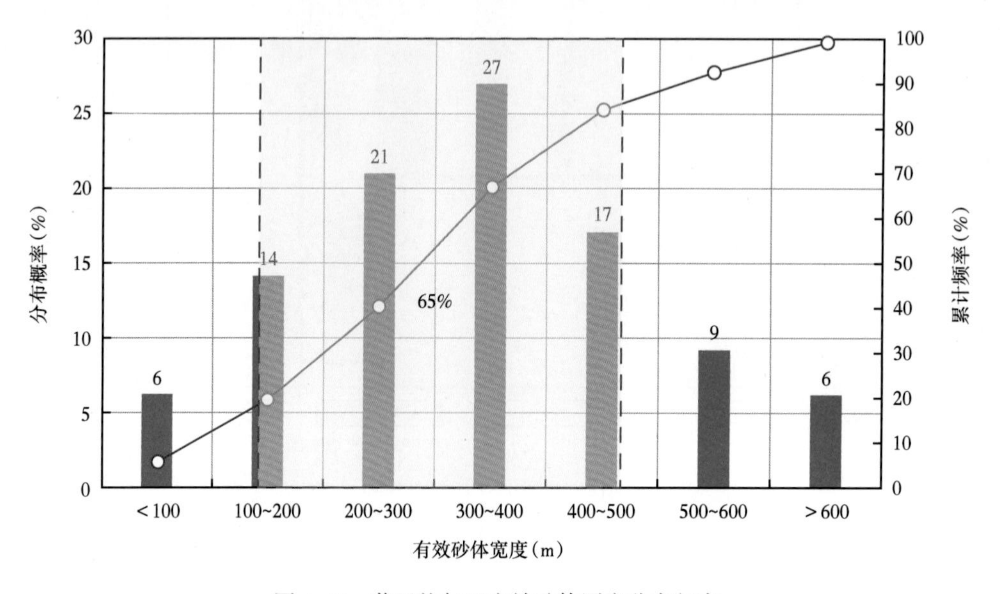

图 4-65 苏里格气田有效砂体厚度分布频率

宽度、长度的分析是关键。岩心精细描述是有效单砂体厚度分析的重要手段，在岩—电关系准确标定的基础上，结合测井资料对非取心井进行有效单砂体厚度解释。

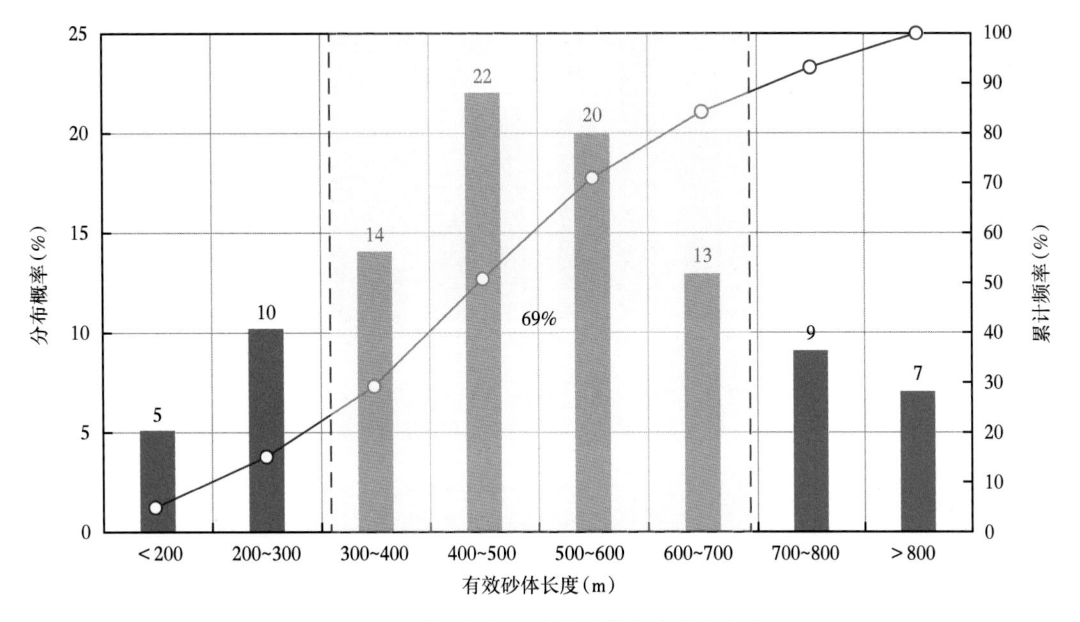

图 4-66　苏里格气田有效砂体长度分布频率

分析表明，苏里格气田孤立型有效单砂体厚度主要范围为 2~5m。依据密井网解剖与野外露头观察分析表明，气田孤立型有效单砂体主要宽度范围为 200~400m，占比 65%；主要长度范围为 400~800m，占比 69%。气田有效单砂体展布面积主要范围 0.08~0.32km^2，平均值为 0.24km^2（贾爱林，2003）。

当前 600m×800m 主体开发井网下，气井覆盖的开发面积为 0.48km^2，是气田有效单砂体的平均规模的两倍，当前井网难以充分控制全部有效砂体，井间遗漏大量有效砂体，因此储量动用程度较低。基于定量地质模型法，气田可通过调整与加密开发井网，提高储量动用程度，目前井网具备进一步加密的科学依据（图 4-67）。

2）动态泄气范围法

动态泄气范围法是通过选取生产时间超过 500 天、基本达到拟稳态的气井，在充分考虑人工裂缝半长、储层物性等参数的基础上，拟合确定气井泄气半径、气井泄压面积等重要指标，统计分析气井泄气范围的分布频率，最终评价当前井网对储量动用程度。苏里格气田气井泄气半径范围为 100~400m，平均值为 250m；泄气面积范围为 0.03~0.50km^2，平均值为 0.27 km^2。结合平均单井泄气面积，每 1km^2 需要 4 口井才能有效覆盖开发区，当前 600m×800m 主体开发井网下井网密度为 2 口 /km^2，储量动用程度总体偏低，分析认为理论上当前井网密度可提高一倍左右至 4 口 /km^2。另外，对于大批生产时间较长的井，可以较为准确地确定单井最终累计产气量，结合储量丰度动用储量的采收率，也可较为准确地计算出单井实际控制面积，经不同的方法计算与相互验证，单井控制面积均在 0.25km^2 左右。

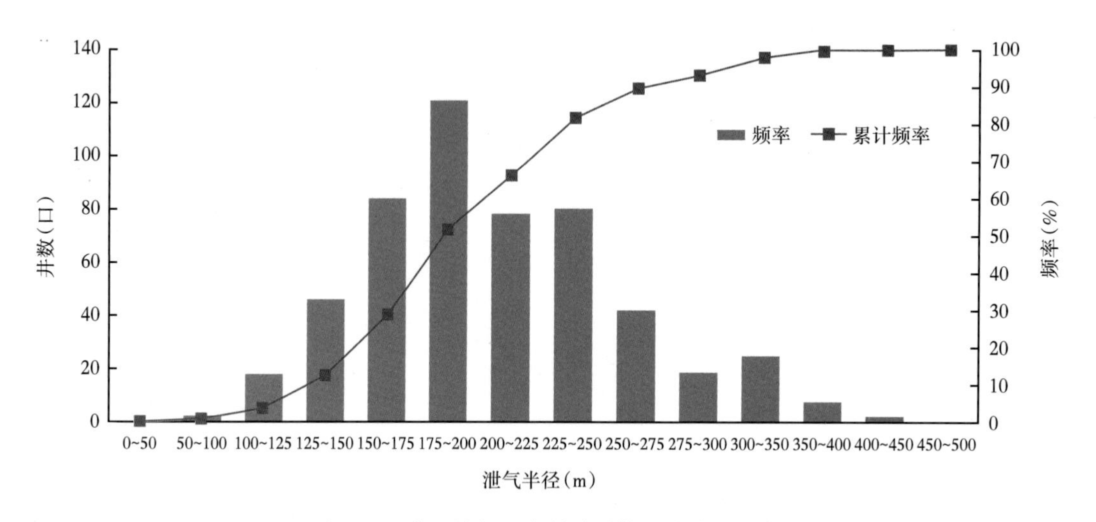

图 4-67　苏里格气田有效单砂体厚度分布频率

3）产量干扰率法

气田生产现场主要根据井间干扰试验是否产生干扰来判断能否进行井网加密。由于干扰试验没有做分层测试，因此不能解决仅有部分层产生干扰的问题。如果井间仅有少部分有效砂体连通，井间干扰试验表现为存在干扰，若以此判断不能加密，则会导致井间大部分储量遗留。针对这个问题，提出“产量干扰率”指标，用以合理评价井网加密的可行性。产量干扰率定义为加密前后平均单井累计产量差值与加密前平均单井累计产量的比值，可以更客观地评价加密井新增动用储量。

$$产量干扰率(I_R)=\frac{加密前后平均单井累计产量差(\Delta Q)}{加密前平均单井累计产量(Q)}\times 100\% \tag{4-1}$$

结合气田 42 个井组的井间干扰试验进行产量干扰率分析，当井网密度达到 4 口 /km^2，约 50% 的气井产生干扰，对应产量减少率不足 20%。苏里格气田在 600m×800m 的井网条件下，平均单井最终采气量为 2300×10^{4}m^3，当进一步加密达到 4 口 /km^2 后，气井平均累计产量约为 1800×10^{4}m^3，仍基本满足开发方案要求的效益指标（表 4-16）。

表 4-16　苏里格气田苏 6 井区加密前后产量预测表

井型	加密前单井累计产量（10^4m^3）	加密后单井累计产量（10^4m^3）	减少量（10^4m^3）	减少率（%）
Ⅰ类	4441	3829	612	13.8
Ⅱ类	2397	2098	299	12.5
Ⅲ类	1375	1227	148	10.8

4）经济技术指标评价法

经济技术指标评价法是结合当前经济技术条件，在气井产能指标评价的基础上，采用数值模拟手段，建立“井网密度—单井最终累计产量 EUR—采出程度”关系模型，明确井间开始产生干扰时对应的最优技术井网密度、最小经济极限产量对应的最小经济极限井网密度，两者之间为井网可调整加密的区间范围，通过确立加密调整基本原则，最终明确合理的加密井网。随着井网密度增加，井间干扰程度愈加严重，单井累计产量降低，采收率增加幅度逐渐降低。井网稀，储量得不到有效动用，采出程度低；井网密，受控于地质条件和产能干扰，影响开发效益。

基于经济技术指标评价法，分析认为苏里格型致密气藏最富集的区域最优技术井网密度约为 1.4 口 /km²，最小经济极限井网密度约为 7 口 /km²，即可调整加密的区间为 1.4~7 口 /km²，根据累计产量线的变化趋势分析，苏里格气田合理的井网密度应为 3~4 口 / km²。现有经济条件下测算，在井网加密到为 4 口 /km² 时，气井开发指标均满足经济条件，采收率可提高到 45% 以上（图 4–68）。

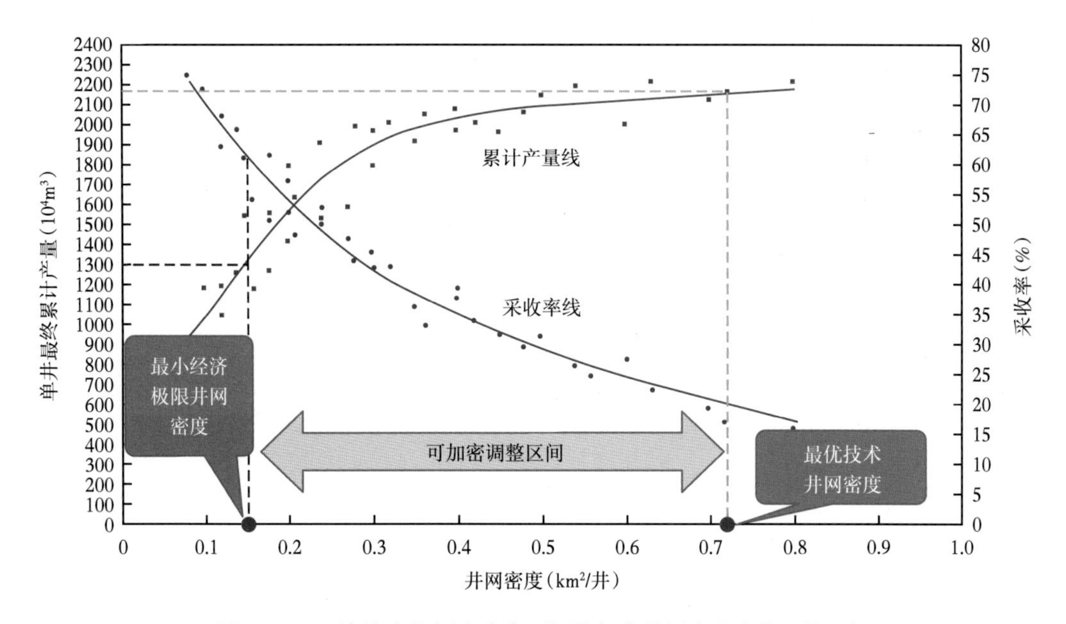

图 4–68　经济技术指标法确定可调整加密井网密度（苏 6 井区）

2. 直井与水平井联合井网提高采收率技术

直井与水平井联合井网提高采收率技术适用于主力气层较为明显的区块（主力气层剖面储量占比大于 60%），可有效发挥水平井突破阻流带、层内采收率较高的优势，节约开发投资，获得更高经济收益。

针对苏里格气田，选取了代表性强、开发时间长、资料齐全、主力气层明显的苏 6 区块三维地震勘探覆盖区作为模拟区（图 4–69）。

研究区面积约为 162km²，地质储量 233.9×10^8m³，平均储量丰度 1.44×10^8m³/km²。研究区位于苏里格气田中部，沉积特征、储层特征具有代表性；是苏里格气田最早开发的区块之一，动态、静态资料较全，为建模和数模提供了较完备的数据基础；钻井井控程度高，模拟结果可靠性强。

按照 600m×1600m 划分 150 个网格单元，优选 42 个单元部署水平井（每个单元 1 口水平井）、108 个单元部署直井（每个单元 4 口直井），形成联合井网。研究表明：采用直

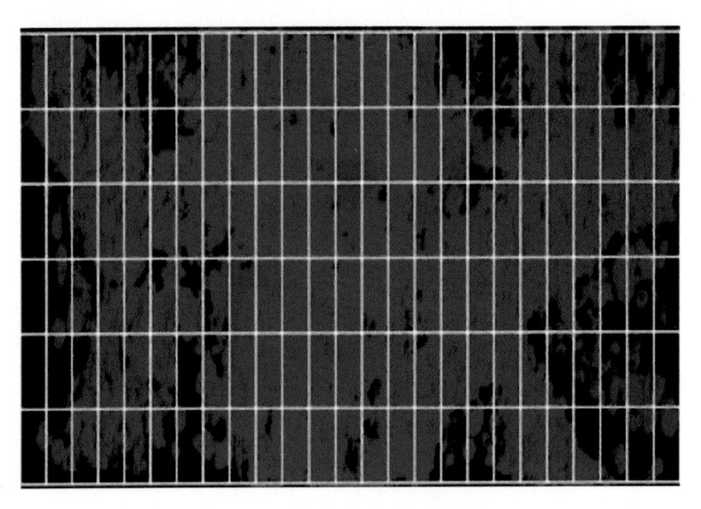

图 4-69　苏 6 区块井网建模区

井加密井网，由 600m×800m 直井基础井网加密到 400m×600m 直井加密井网，单井累计产量由 $2306\times10^4m^3$ 降至 $1801\times10^4m^3$，下降了 21.9%；采收率由 31.94% 提高至 49.89%，提高了 18%，且均能达到经济有效；采用直井与水平井联合井网，采收率指标与直井加密井网基本相当，苏里格水平井投资约为直井的 3 倍，而井控面积为直井的 4 倍。与直井开发方案相比较，直井与水平井联合井网方案由于相同的产能建设减少了井数，可节约一定数量的占地与地面建设投资，但在进行水平井的部署时，一定要考虑单层储量的集中程度，如果储量集中度小于 60% 将会付出采收率降低的代价（表 4-17）。

表 4-17　联合井网与直井加密井网指标模拟对比表

模拟方案	直井数（口）	直井平均单井累计产量（10^4m^3）	水平井数（口）	水平井平均单井累计产量（10^4m^3）	采收率（%）
基础开发井网（600m×800m 直井井网）	300	2306	0	0	31.94
方案一：直井加密井网（$1km^2$ 加密到 4 口直井）	600	1801	0	0	49.89
方案二：联合井网（$1km^2$ 钻 1 口水平井或 4 口直井）	432	1771	42	7932	50.7

五、气田群整体开发指标优化技术

国内低渗透—致密砂岩气藏主体为河流相沉积体系，主要分布在鄂尔多斯、四川和松辽三大盆地，典型气藏有苏里格气田、须家河组气藏、登娄库组气藏等，探明储量规模巨大。鄂尔多斯盆地是唯一一个所有气田均为低丰度气田的气田群。

1. 气田群主要参数特征

1）气藏地质特征

无论是河流相沉积体系形成的上古生界气藏，还是下古生界的碳酸盐岩气藏，储层普遍具有渗透率低、孔—渗关系复杂，储量丰度低、分布面积广、储量规模大，储层非均质性强的地质特征（图 4-70）。

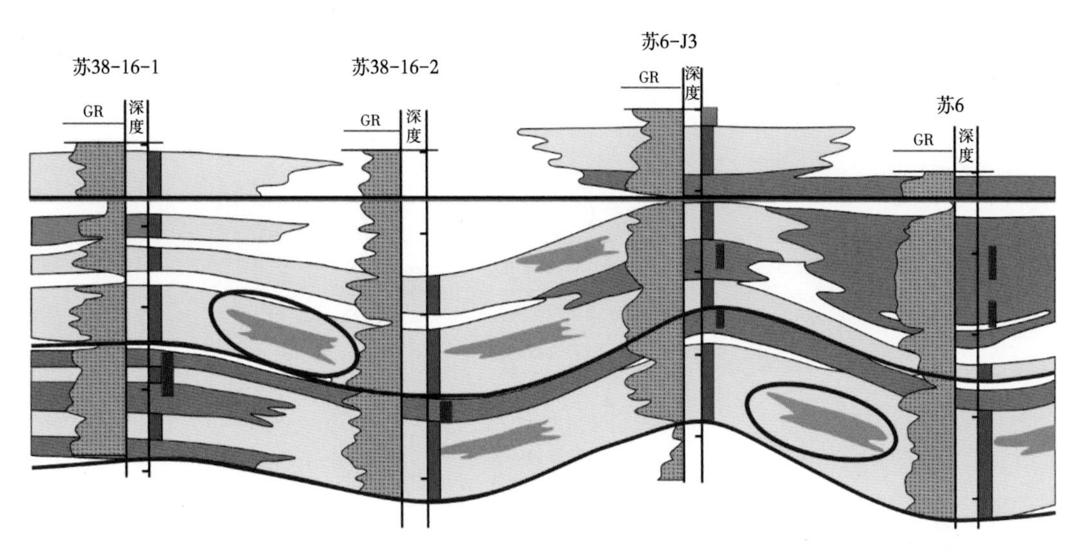

图 4-70　苏里格气田气藏剖面图

低渗透—致密砂岩气藏储集体，具有“二元”结构特征（图 4-71）。以苏里格气田为例，在大面积连片分布的宏观背景上，气藏内部具有较强的储层非均质性。根据砂岩的物性特征，将储层划分为主力含气砂体和基质储层两部分。碳酸盐岩储层主力层段优势明显，是目前已经开发的主要层段。

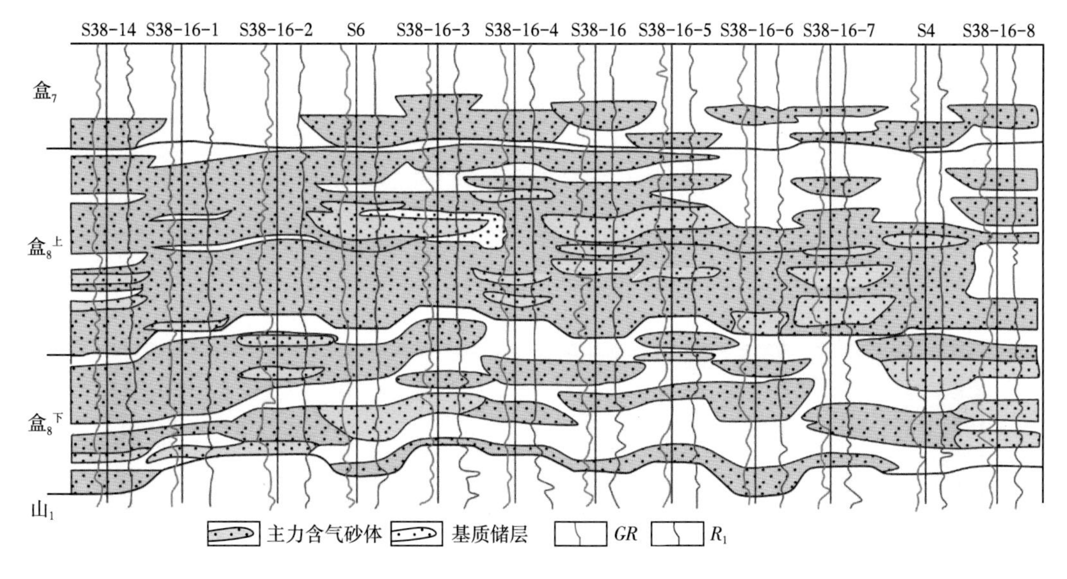

图 4-71　苏里格气田储层“二元”结构示意图

2）气井产能特征

低渗透—致密砂岩储层有效砂体规模小，限制了气井有效控制范围和储量。气井控制面积受储层非均质性和渗透率低的影响，泄流面积有限，控制储量小，导致气井产能低，不同气井差异大（图 4-72，表 4-18）。

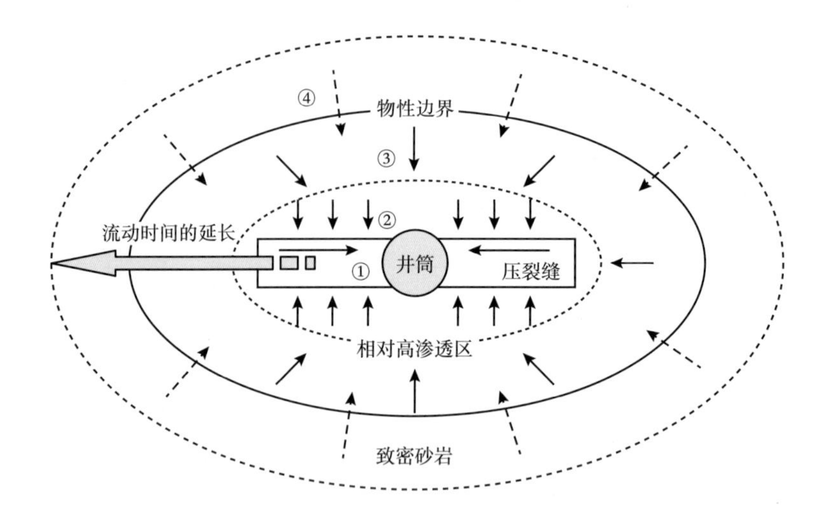

图 4-72 低渗透气井渗流模式及井控面积示意图

①—压裂缝分布区；②—渗透率较高区；③—渗透率较低区；④—致密砂岩

气井产量和压力递减较快，在中后期平面上外围储层对气井生产的贡献不断提高和纵向上次主力层的产能比例不断增加，导致气井的控制储量不断增加。一般采用小井距、密井网开发，采用井间加密或区块接替保持稳产。

表 4-18 苏里格气田单井控制动态储量及控制面积预测表

动态储量范围（10^4m^3）		控制面积（km^2）	
直井	水平井	直井	水平井
2000~2400	7500~8800	0.17~0.2	0.64~0.78

碳酸盐岩储层主力区块单井产量相对较高，单井具有一定的稳产期，直井平均单井累计产气量达（2~3）× 10^8m^3 以上。但在气井进入递减期后，表现出与致密砂岩相似的递减规律。非主力区块或各区块边部各井生产指标明显降低。

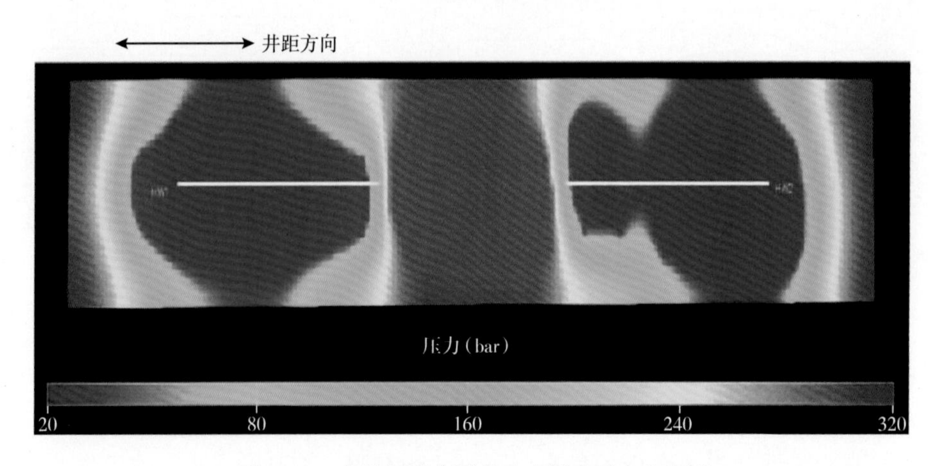

图 4-73 多段压裂水平井生产期末压力分布图

3）低渗气井产量递减规律

气井进入递减期后气井产量递减率大，后期递减率逐渐降低，在较低水平上可保持较长时期的生产（表 4-19，图 4-74）。

表 4-19　苏里格气田早期投产水平井递减规律（2019 年）

分类	井名	递减类型	初始产量（$10^4m^3/d$）	初始年递减率	平均年递减率
Ⅰ	苏平 14-19-09	指数递减	13.46	0.3192	0.213
	桃 7-9-5AH		12.06	0.2880	0.190
Ⅱ	苏 10-31-48H	指数递减	11.24	0.4756	0.346
	苏平 14-2-08		6.35	0.4092	0.256
Ⅲ	苏 10-40-62H	衰竭递减	5.68	0.5320	0.404
	苏平 14-13-36		5.18	0.4980	0.385
	苏 10-30-38H	指数递减	4.03	0.5088	0.299

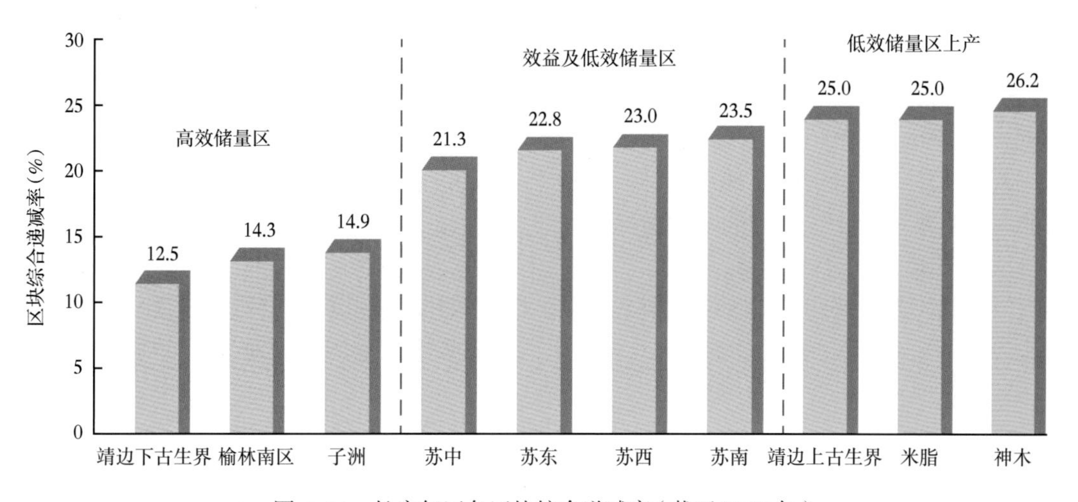

图 4-74　长庆气区各区块综合递减率（截至 2019 年）

2. 气田群开发指标优化

气田地质特征是气田群开发优化的最基础参数，既决定了气田的宏观规模与储层分布模式，又控制了气井的产能特征、递减规律与单井平均累计采气量，同时也影响着开发技术政策的制订与开发方案指标的优化。气井是气田群最小的生产单元，气井的产能特征与递减规律直接影响到区块，气田与气田群各个规模级别的产能特征与递减规律将会影响开发技术政策的制订与接替方式的选择。单井累计采气量决定了在一定的储量规模基础上，是采取少井高产或多井低产的开发技术政策的主要依据。同时，对于一个超大型的气田群而言，内部不同区块与气田的产量匹配、气田群长期的稳定供气及国际国内的能源政策对气田群的产量影响也必须给予考虑（表 4-20，表 4-21）。

表 4-20　苏里格气田递减率计算表（截至 2019 年）

区块	递减率（%）	产量（10^8m^3）	产量权重	气田递减率（%）
中区	21.30	83.2	0.37	
东区	22.83	42.2	0.19	
西区	23.03	43.5	0.19	22.97
道达尔	22.24	19.0	0.08	
南区	23.55	10.3	0.05	
苏东南	22.24	27.4	0.12	

表 4-21　长庆气区综合递减率计算表（截至 2019 年）

气田	年产量（10^8m^3）	综合递减率（%）	产量权重	气区递减率（%）
靖边	58	13.3	0.15	
榆林	55	14.3	0.14	
苏里格	239	22.97	0.62	20.8
子洲	14	15.8	0.04	
神木	20	24.5	0.05	

综合长庆气田群的储层地质特征、储量丰度与品质、产量规模及在国内天然气供应方面的特殊重要地位，气田群的开发指标优化应重点考虑以下参数。

1）采气速度

气田开发的最终目标是经济效益最大化，因此采用经济指标进行采气速度论证是主要方法之一（图 4-75）。通过对不同采气速度下的气田开发产生的累计现金流、内部收益率

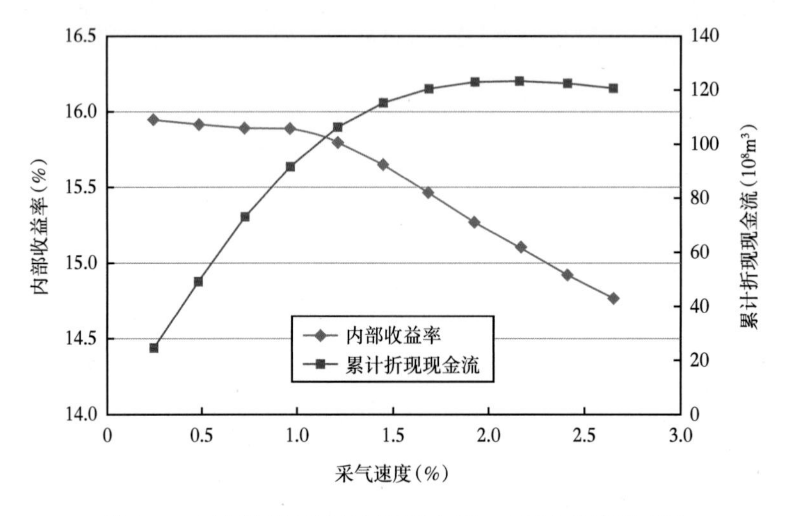

图 4-75　采气速度与累计折现现金流、内部收益率关系图

和动静态投资回收期进行对比，优选出最佳采气速度（图 4-76）。综合论证结果表明：低渗透碳酸盐岩气藏主力区块主力层段的采气速度可适度加大到 2% 以上，致密砂岩气藏合理采气速度为 1%~2%，建产规模和稳产时间应综合储量大小决定（表 4-22）。

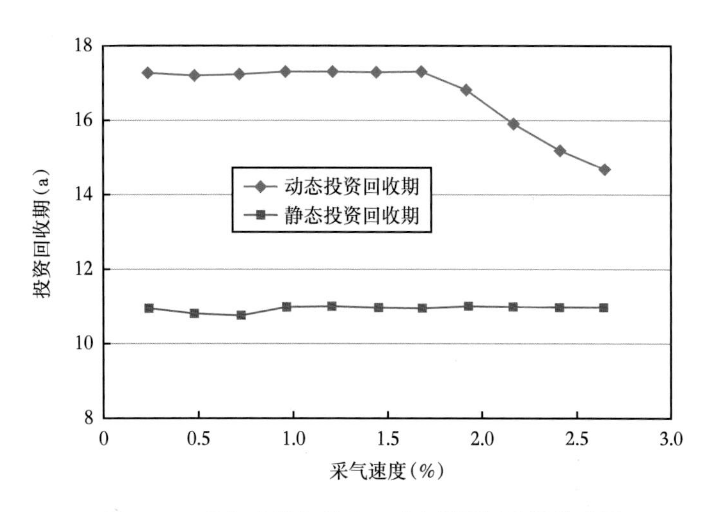

图 4-76　采气速度与静态、动态投资回收期关系图

表 4-22　苏里格气田采气速度优化结果

有效关系	采气速度与内部收益率	采气速度与累计折现现金流	采气速度与动态投资回收期	综合结果
优化采气速度值	1.0%~1.4%	1.9%~2.0%	1.7%~1.9%	1.0%~2.0%

2）稳产接替方式

对于低丰度气田群内部的各气田而言，不同类型气田采收不同的稳产接替模式，低渗与碳酸盐岩气田具有一定的稳产期，在气井开始递减后开始稳产接替。致密气田没有稳产期，气田从一开始就是一个不断投产新井弥补老井递减的过程。对于储量规模小、认识程度高的气田，可以采用区块接替保持稳产；对于储量规模大的气田，储层认识需要一个过程，可以采用区块接替与井间接替相结合的方式，滚动开发，保持稳产（图 4-77）。

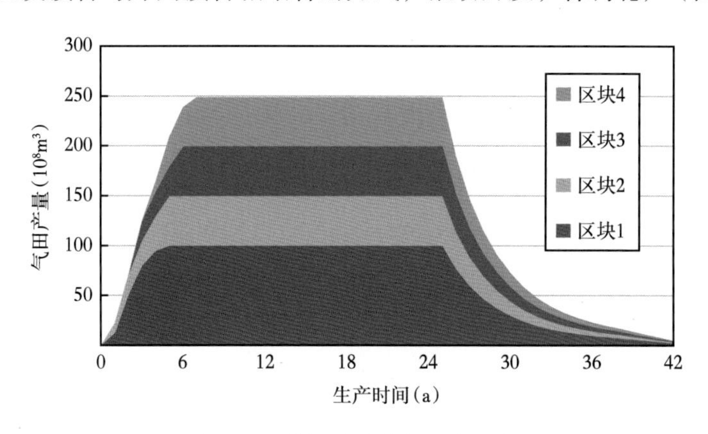

图 4-77　井间接替稳产方式示意图

3）不同气田间的产量匹配

对于长庆气田群而言，目前形成了“一超大，四大，若干中小型”的气田格局，根据中国石油《天然气开发治理纲要》的要求及国内外不同规模与类型的气田的开发经验，总体遵循规模越大，稳产时间越长的原则。

苏里格气田：是致密气的典型代表，也是国内储量与产量规模最大的气田，在长庆乃至全国有举足轻重的地位，考虑到巨大的储量基础，结合开发指标的预测与巨大的挖潜潜力，根据2017年的探明储量应该设计$300\times10^8m^3$的生产规模，稳产30年左右，随着新探明储量的增加，可继续延长稳产期，保障气田群的长期稳产。

靖边气田、榆林气田，这两个气田虽然已开发的主体储层分别是碳酸盐岩风化壳储层与山2段原生孔隙低渗透储量，也是长庆气田储量品质最好的气田，目前均在（50~60）$\times10^8m^3/a$的规模上运行是合理的，但目前主力层段均进入开发中后期，靖边气田通过滚动扩边，内部挖潜与上古生界致密储层的接替开发，稳产时间要保障20~25年。榆林气田通过山2段气藏的内部挖潜与盒8段与山1段的接替目前的产量规模基础上，具备稳产20年的物质基础与技术条件。

子洲气田在各主力气田中不仅规模最小，稳产条件也相对薄弱，通过挖潜调整，努力完成15年的稳产目标。

神木气田一期建设已经完成，二期建设正在进行，虽然储量规模巨大，但储层与气藏的复杂性进一步增强，在方案设计的指标下要达到20年的稳产目标。

鄂尔多斯盆地东缘、陇东、庆阳、青石峁、盐下、铝水层风化壳等都显示出良好的建设条件，这些储量除部分建产达到总体气田产量目标外，其余大部分储量要作为目前已开发气田产量下降后进行弥补建产，保障气田群的长期稳定生产。

4）超大型气田群长期供气策略

长庆气田群产量已接近$500\times10^8m^3$，几乎占全国总产量的1/4，对我国的国民经济和能源政策起着十分重要的作用。超大型气田群长期供气应考虑以下主要因素：

（1）科学的生产规模。

保障气田的长期稳定生产，与常规气藏2.0%~3.5%的采气速度相比较，低渗透—致密储量的总体采气速度设计在1%左右比较合理，对应长庆的储量规模，合理的产量规模在（580~650）$\times10^8m^3/a$。

（2）国家能源安全的考虑。

考虑到一旦使用天然气以后，与原油相比可替代性较弱及与民生关系更加密切的属性，适度控制天然气的对外依存度显得尤为重要，我国2018年前几年，天然气的对外依存度快速上升，在2018年后，随着能源结构的调整与国内天然气产量的不断攀升，对外依存度一直控制在45%以内（图4-78）。

（3）季节性供气差异的考虑。

我国是一个天然气销售季节性差异较大的国家。超大型气田群在调峰供气中也同样起着不可替代的作用，由于长庆气田群总体单井产量偏低，供气高峰期采取放压提采的幅度有限，且比例也呈逐年降低的趋势，因此逐渐由生产井的放压提产转变为放压提产与气藏内部储气库相结合的模式，是该类气田群保障峰值供气的科学模式。

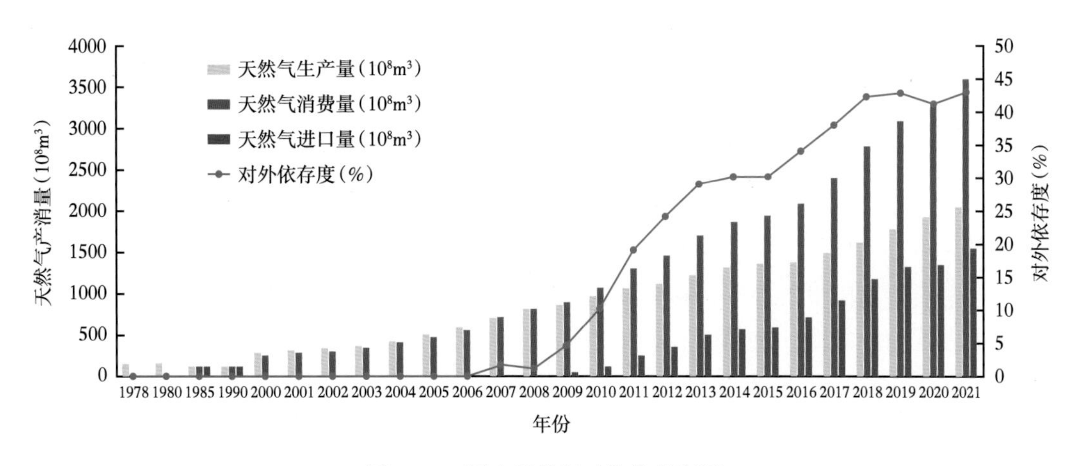

图 4-78　国内天然气对外依存度图

（4）“双碳”目标实现下的生产策略。

能源供应与消费体系十分巨大，天然气仅是这一体系中的一部分，2020 年天然气消费占一次能源结构中的比例为 8.5%，考虑到我国的天然气资源基础与 2035 年前能源总消耗仍将不断增长的现实，天然气峰值消费量占比 10% 左右，绝对消费量（5500~6000）$\times 10^8m^3$ 较为合理，对应的时间节点在 2035—2040 年之间，之后随着能源结构的不断调整和绿色能源技术的不断成熟，化石能源的比例讲不断下降，因此 2035 年之前，在保障气田群开发指标科学合理的基础上，可适当提高生产规模，做好由化石能源向绿色能源转变的桥梁，2035 年以后适应全球“碳中和”目标的实现，生产规模可能将面临适度降低的局面，应该超前谋划天然气由燃料为主向工业原料的转变，促进天然气工业的长期健康发展。

第五章　超深高压气田群开发模式

在特定的地质历史条件下，在盆地的某一构造单元之上形成系列气田，这些气田在压力系统上表现为异常高压的特点，即地层压力系数大于 1.5 或者更高。因此，所谓超高压气藏是指在气藏范围内地层压力系数大于 1.5 的气藏，而不是单纯指地层压力高的气藏。如我国塔里木盆地库车地区，由于特殊的成藏与构造史，形成了系列高压气田。

第一节　超深高压气田群基本特征

在中国，超深高压气田群集中分布在塔里木盆地库车坳陷（图 5-1），区域内探明地质储量超过万亿立方米、年产气量在 $250\times10^8m^3$ 左右，共有十多个气田投入开发或者待投入开发，其中克拉 2、迪那、克深、博孜、大北等气田是目前开发的主力气田，气田群总体处于开发的早中期。

库车坳陷气田储层埋深大，最大埋藏深度超过 8000m；气田压力高，压力系数高达 2.2；基质物性差异大，既有中—高渗透率气田，也有低—特低孔隙度、低—特低渗透率砂岩气田，部分气田裂缝发育；气田多为受断层控制的长轴背斜气田，普遍发育边（底）水。

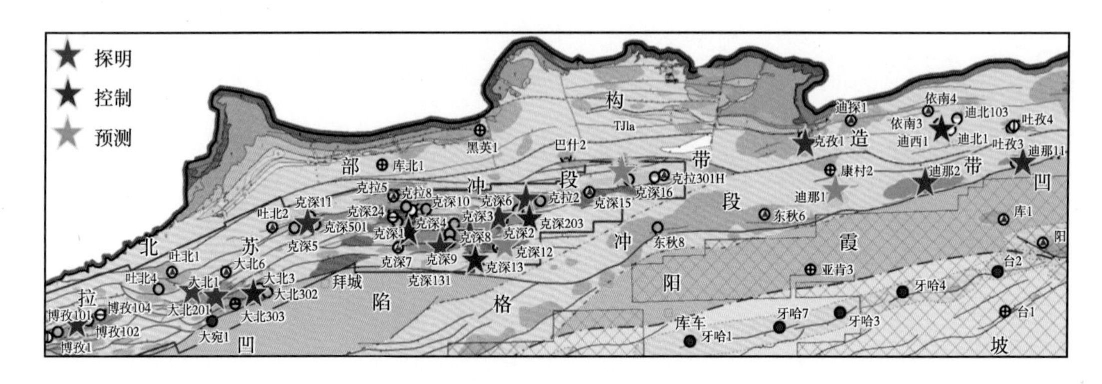

图 5-1　库车地区气田分布图

一、异常高压形成条件

库车坳陷高压形成的原因主要有两个方面，一方面是构造挤压，另一方面是天然气充注，储层中的异常高压是自源型高压和传导型高压两者的叠合。在构造挤压越强烈的地区，断裂和裂缝越发育，充气强度越大，异常压力值也相应地越高。形成这一认识的主要理由如下：一是这些异常高压气田其实并不是绝对封闭的（如克拉2气田北缘发育切穿膏盐层的断层，天然气沿断层泄漏至浅部地层内），只是因为充注的天然气量大于或等于泄漏散失的天然气量，这些气田才具开发价值且仍能保持异常高压的状态；二是在秋里塔格构造带发现的却勒1常压油藏，位于库车中部的冲断带常压—异常高压成藏系统中，且位于库姆格列木群膏盐层之下，应该发育异常高压，但其压力系数仅为1.14。分析认为首先是该区远离南天山，挤压应力相对较弱，盐下层中断层发育较差，由之引起的第二个原因是没有大量天然气的充注，故未能形成异常高压的气田。

二、异常高压气田群基本特征

与常规气田相比较，异常高压气藏在沉积、成岩矿物成分与流体组分等方面，都没有自身的特殊性。分析我国塔里木盆地库车坳陷的系列异常高压气藏，并结合上述异常高压气田的形成原因分析，气藏的构造特征、温度压力系统与水体特征在该类气田群中具有自身的特殊性。

1. 构造特征

库车坳陷位于塔里木盆地北部，北部与天山造山带以逆冲断层相接，南临塔北隆起，是一个以中生代、新生代沉积为主的叠加型前陆盆地。库车坳陷可以进一步划分为四个构造带和三个凹陷共七个次一级构造单元，四个构造带由北至南分别为北部单斜带、克拉苏—依奇克里克构造带、秋里塔格构造带和南部斜坡带，三个凹陷从西向东分别为乌什凹陷、拜城凹陷和阳霞凹陷。

克拉苏构造带是天山南麓拜城凹陷北部的第一排冲断构造带（图5-2）。克拉苏构造带东西长约220km，南北宽约30km，面积约3500km²，南北向以克拉苏断裂为界可划分为北部的克拉区带和南部的克深区带。根据构造特征的差异从东向西可划分为四段：克深段、大417段、博孜段、阿瓦特段。

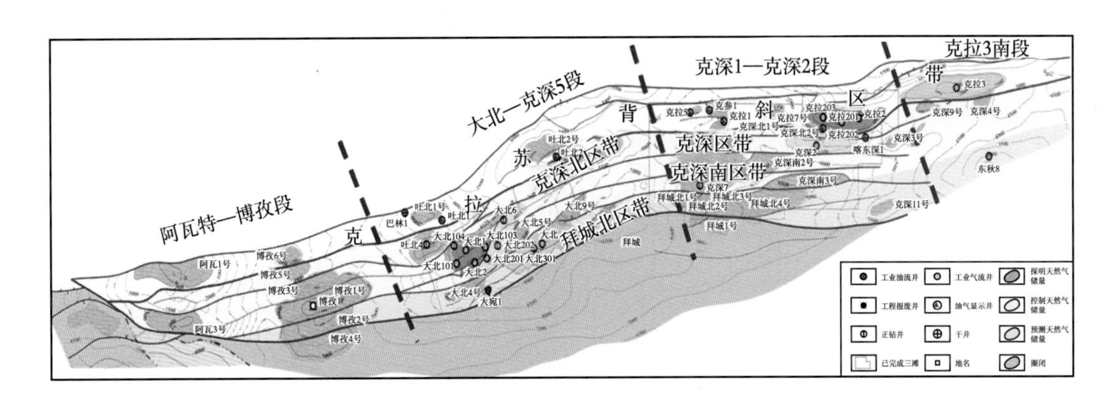

图5-2　克拉苏构造带区带划分图

克拉苏构造带主要受到北部天山造山带自北向南挤压作用，形成一系列逆冲推覆构造，由于推覆前锋一系列古隆起的阻挡作用，导致各断块叠置程度存在一定的差异。古近系膏盐层对垂向上的构造变形起调节作用，导致盐上层和盐下层的变形样式存在较大差异，分盐上、盐层、盐下三个构造层（图5-3）。

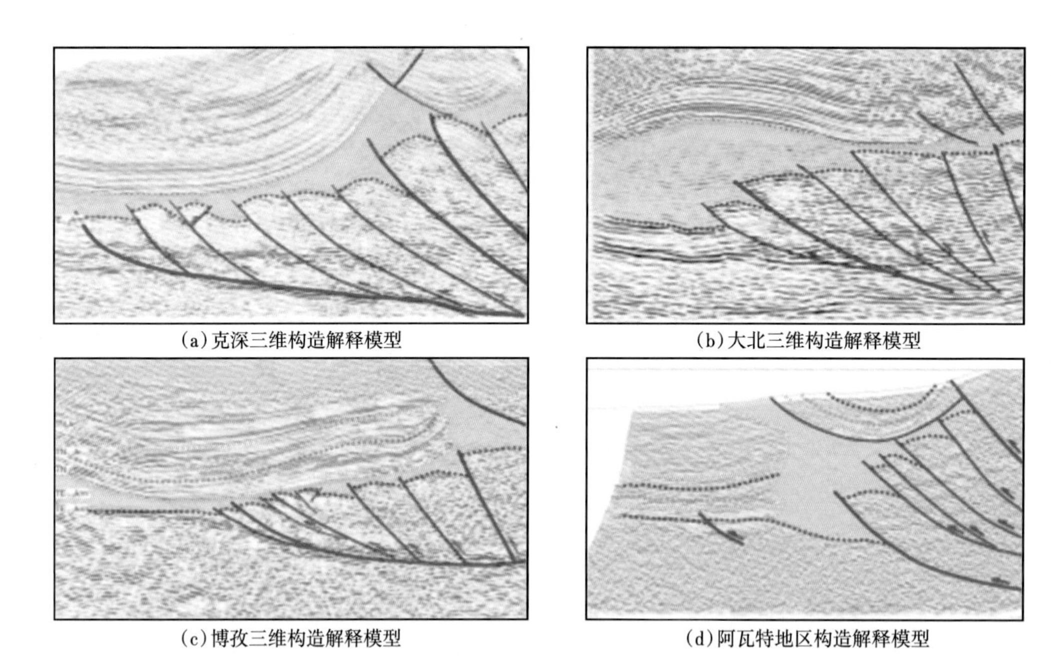
(a)克深三维构造解释模型　(b)大北三维构造解释模型　(c)博孜三维构造解释模型　(d)阿瓦特地区构造解释模型

图 5-3　克拉苏构造带各段地震剖面解释模型

在一系列构造的共同作用下，形成横向成排、纵向成列的构造格架，在多个构造单元内部，形成了一系列大小各异、形态相似的背斜构造，结合适宜的成藏组合，最终在该区形成了系列异常高压气藏。

2. 温度—压力系统

对一般埋藏深度的高压气藏而言，温度系统并没有什么特殊性，库车山前系列高压气藏也是如此，但由于气藏埋深大，气藏内部的绝对温度较高。库车山前气田埋深在3500~6800m，地层温度100~175℃，地温梯度1.80~2.27℃/100m，属正常温度系统；该区最显著的特点是异常高压，构造范围内不同气藏的原始地层压力74~122MPa，压力系数1.70~2.29，属于高压、超高压系统。根据目的层地层厚度及气水界面确定各气田类型（表5-1）。

表 5-1　库车山前气田温度压力气田类型统计

区块	气田埋深（m）	地层压力（MPa）	地层温度（°C）	压力系数	地温梯度（°C/100m）	气田类型
克拉 2	3550	74.35	100.92	1.95~2.20	2.19	块状底水异常高压干气气田
大北 201	6060	95.08	127.79	1.60	2.20	层状边水高压湿气田
迪那 2	5000	106.02	136.20	2.14~2.29	2.26	块状边底水异常高压凝析气田
克深 2	6515	116.22	167.00	1.70	2.20	层状边水常温高压干气气田
克深 8	6718	122.86	174.47	1.77	2.20	层状边水常温高压干气气田
博孜 1	6720	120.42	124.26	1.77	1.80	层状边水常温高压凝析气田
吐孜洛克	1800	23.00	56.00	1.18~1.43	2.27	层状边水常温常压湿气气田

3. 水体评价

水体能量的大小对气田压力的保持、边（底）水的推进速度等起着重要的作用。影响水体能量大小的主要因素有构造形态与大小、储层的连通性、储层物性及平面非均质性、夹层分布及水体倍数等。根据区内各气田类型边界断层、水体连通距离确定不同方向的边界，利用水体倍数为水体与气区的孔隙体积（包括自由气与束缚水两部分）之比计算水体倍数，研究结果表明克拉 2 气田水体倍数 5~10 倍、迪那 2 气田水体倍数 3~4 倍、克深 2 区块水体倍数 3.5 倍、大北 102 区块水体倍数 1.8 倍、大北 201 区块水体倍数 4.2 倍，各气田水体活跃，气田边部井见水较早，普遍存在的边（底）水在该类气田的开发过程中将会对气藏生产动态与开发效果造成不同程度的影响。

三、气田群开发特征

1. 气藏压力及连通性

1）气田群普遍具有高温高压特征

气藏压力系数在 1.6~2.2 之间，其中克拉 2 气田压力系数最高，为 1.95~2.0，大北—克深气田压力系数在 1.60~1.88 之间，均属于异常高压气藏。

克拉 2 气田实测原始地层压力为 74.36MPa，2004 年开始建产，2007 年达到 $111\times10^8m^3$ 的生产规模，高峰期年产量达到 $117\times10^8m^3$。2010 年以前年均地层压力下降 3.06MPa，2011 年以后压力下降速度有较大程度的减缓。地层压力下降放缓的主要原因是由于克拉 2 气田采取保护性开采的政策，采气速度降低，年产气量大幅下降（图 5-4）。

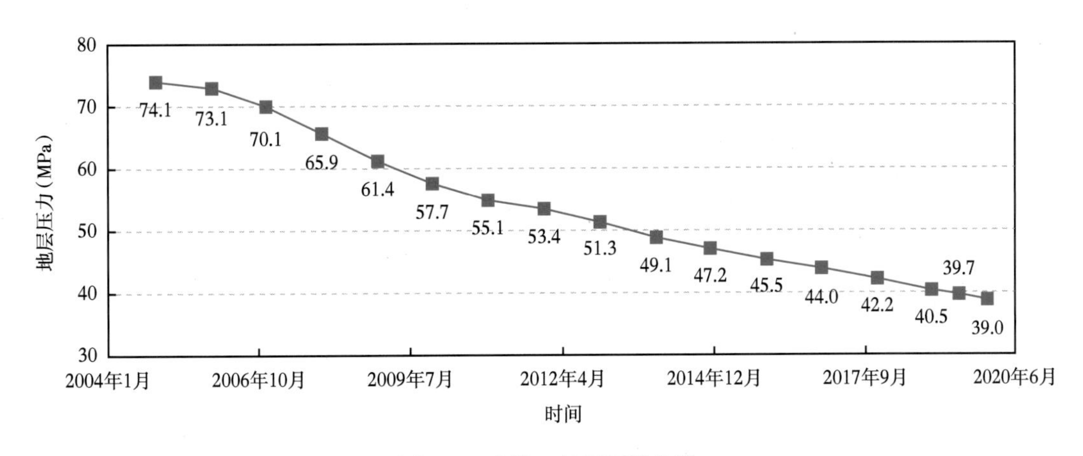

图 5-4 克拉 2 气田压降曲线

克深 2 区块原始地层压力 115.8MPa，2013 年进入产能建设阶段。克深 2 区块投产至今，受基质逐步供气及水侵影响，弹性产率呈逐年上升趋势，2019 年为 $3.38\times10^8m^3/MPa$（图 5-5）。

2）气田平面和纵向连通性好

以录取的井下测试压力及筛选出的可靠井口静压资料为基础，作单井不同时间地层压力剖面图，在气田开发初期历年地层压力均呈现出同步下降趋势，随着水侵的加剧，由于非均匀水侵，导致地层能量补给，单井地层压力出现一定差异（图 5-6）。

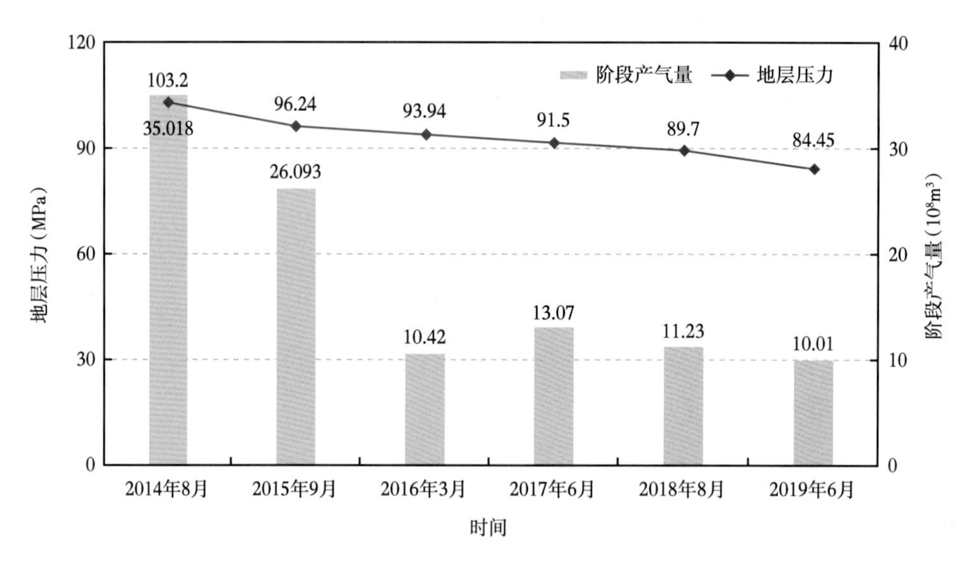

图 5-5　克深 2 区块历年地层压力与阶段产气量关系曲线

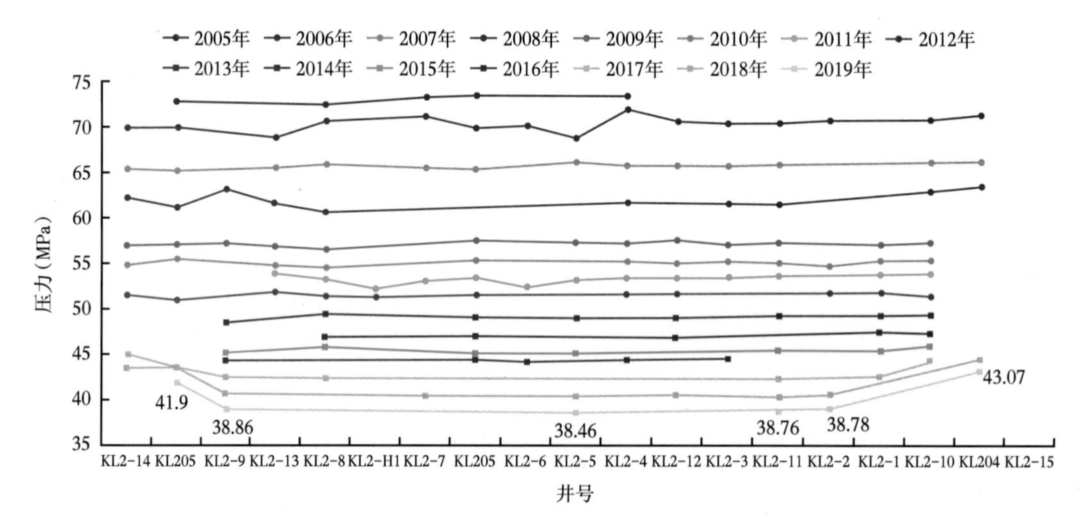

图 5-6　克拉 2 气田单井历年压力监测统计图

克拉 2 气田储层厚度大，储层物性好，隔（夹）层不具备封隔性，储层横纵向上连通性均好。属于由气藏的基础孔渗条件造成的较好连通条件的气藏。

克拉 2 以外的其他各个气藏，虽然沉积条件与克拉 2 气田相似，但由于超强的压实作用与成岩作用，储层物性普遍较低，甚至个别气田基质储层达到致密的程度，但由于后期强烈的构造作用，储层普遍发育不同级次的裂缝系统，造成气藏范围内的储层连续性与压力传导性较好，但由于裂缝是主要的渗流通道，水侵、水窜等现象更容易发生。

克深 2 气田在 2017 年后位于构造高部位的气井陆续见水，从 2017—2019 年气田压力剖面看呈现不均衡特征，分析原因主要是平面开采不均衡、水侵造成气田被严重分隔，不同区域气井的地层压力呈现明显差异（图 5-7、图 5-8）。

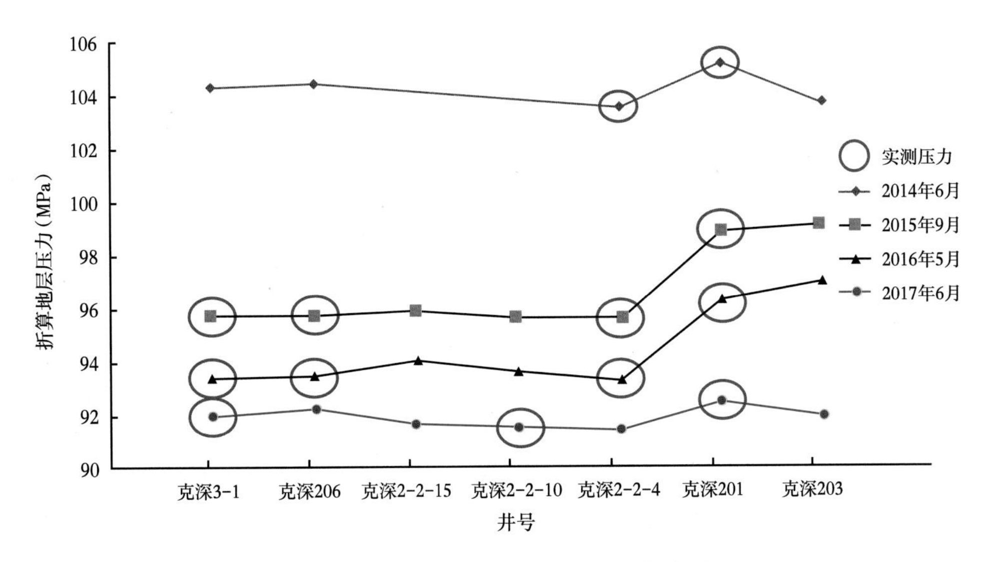

图 5-7　克深 2 单井历年压力监测统计图

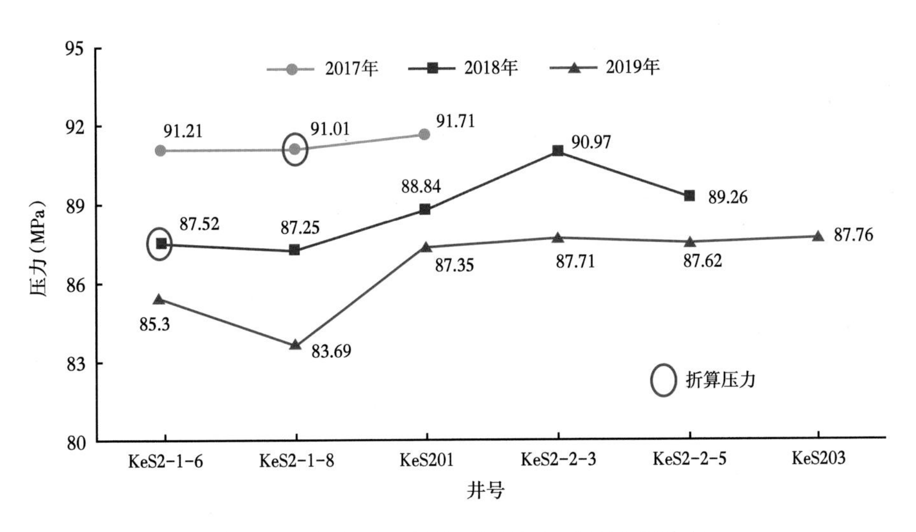

图 5-8　克深 2 区块近三年地层压力变化统计表

2. 产能特征

气藏的异常高压特征，对气井与气藏的产能特征的影响最为直接，就塔里木的两类异常高压气藏（中—高孔隙度、中—高渗透率型异常高压气藏与裂缝型低孔隙度、低渗透率异常高压气藏）而言，总体表现为单井初期配产高、生产能力强的特点，但两类气藏又有各自的特征。

1）中—高孔隙度、中—高渗透率型异常高压气藏

克拉 2 气田是该区唯一的该类气藏，也是该类气藏的典型代表。储层以中孔隙度、中渗透率储层为主；裂缝整体不发育，裂缝密度低（一般小于 0.1 条 /m），仅局部井区、井段发育，对气藏压力传播和流体渗流影响小；气藏单井产量高，稳产能力强，初期平均单

井产量达到（300~350）$\times 10^4 m^3/d$，气藏单位压降产量超过 $50 \times 10^8 m^3/MPa$，个别气井由于产水对产能影响大（图 5-9 至图 5-11）。

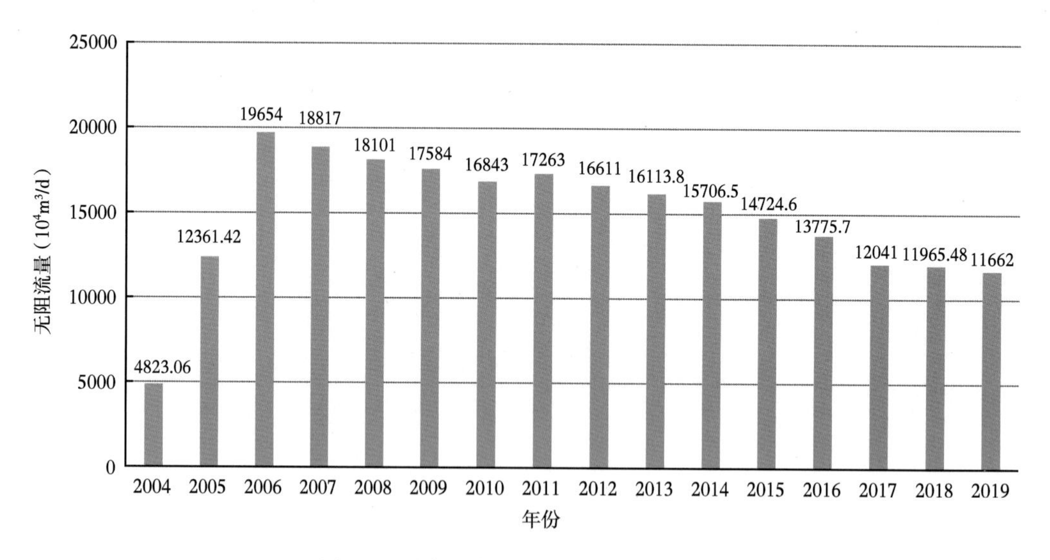

图 5-9　克拉 2 气田历年无阻流量柱状图

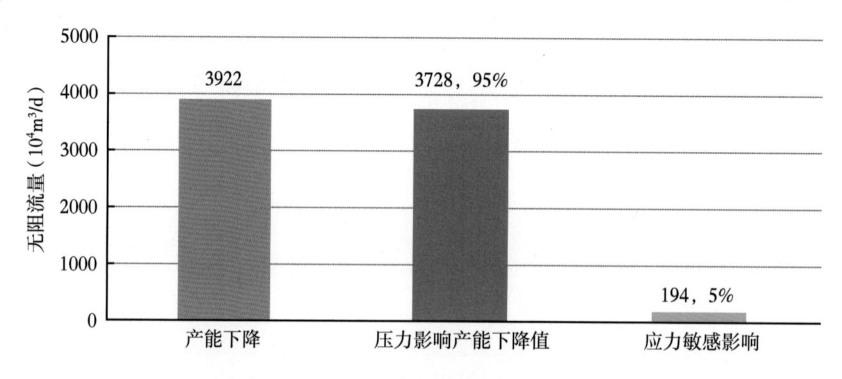

图 5-10　未见水井无阻流量变化情况

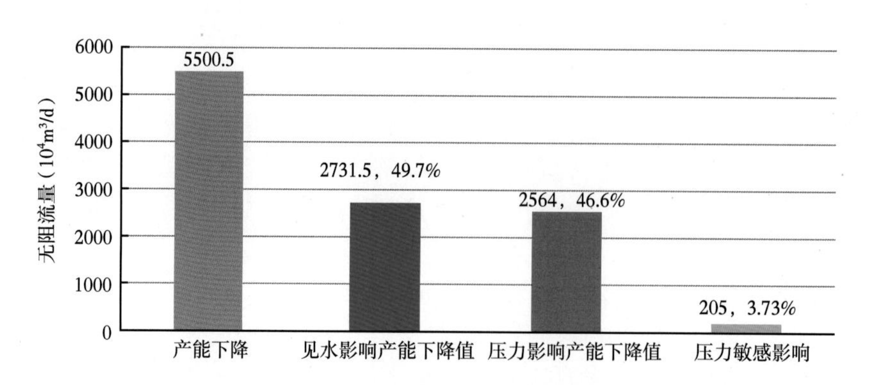

图 5-11　见水井无阻流量变化情况

2）裂缝性低孔隙度、低渗透率异常高压气藏

除克拉 2 气田外，该气田群内其他气田均属这一类型。大北气田与克深 2 气田是两个典型气田，表现为气藏不同部位气井产量差异大。构造高部位的单井产能普遍较高，边部和构造低部分产能相对较低（图 5-12）。气田投产后无阻流量明显下降，产能下降了 $2117\times10^4\text{m}^3/\text{d}$，产能下降原因主要受气井见水影响，其次为井筒异常影响，其中见水井产能下降幅度达到 73.5%，井筒堵塞井产能下降幅度达到 74%，正常井基本上产能保持得较稳定，变化不大（图 5-13）。

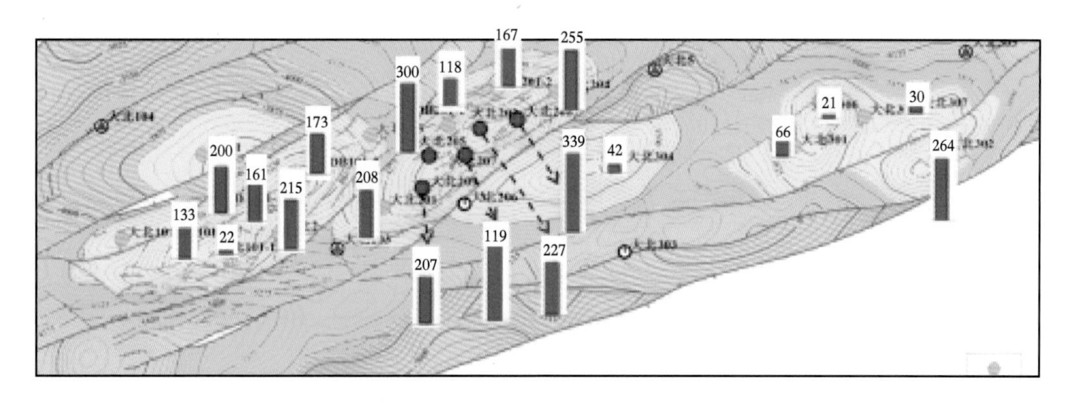

图 5-12　大北区块试油无阻流量分布图

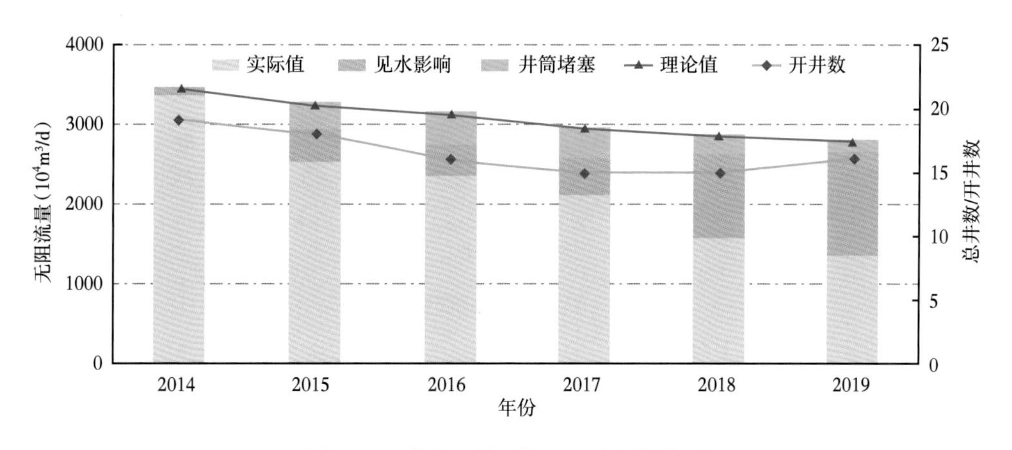

图 5-13　大北区块历年无阻流量柱状图

克深 2 气田表现为单井产能高低与井周裂缝发育程度成正相关关系（图 5-14）。部分井自然产能较高，多数井受裂缝发育和储层伤害影响自然产能低，但改造后单井产能大幅提高，增产约 1.5~6 倍。改造前后各单井产能分布如图 5-15 所示。单井储层改造后气井产能反映井控范围内裂缝发育情况，平面上呈现出主体部位高、翼部相对较高，鞍部致密区较低的特点。气田初期最高理论无阻流量 $4530\times10^4\text{m}^3/\text{d}$，目前全气田无阻流量 $982\times10^4\text{m}^3/\text{d}$，较初期下降 71%，年下降幅度可达 20% 以上；无阻流量下降主要受地层压力下降、井筒堵塞、气田水淹出水三方面因素影响，因井筒堵塞损失的无阻流量占比 41.1%；因出水损失的无阻流量占比 28.3%（图 5-16、图 5-17）。

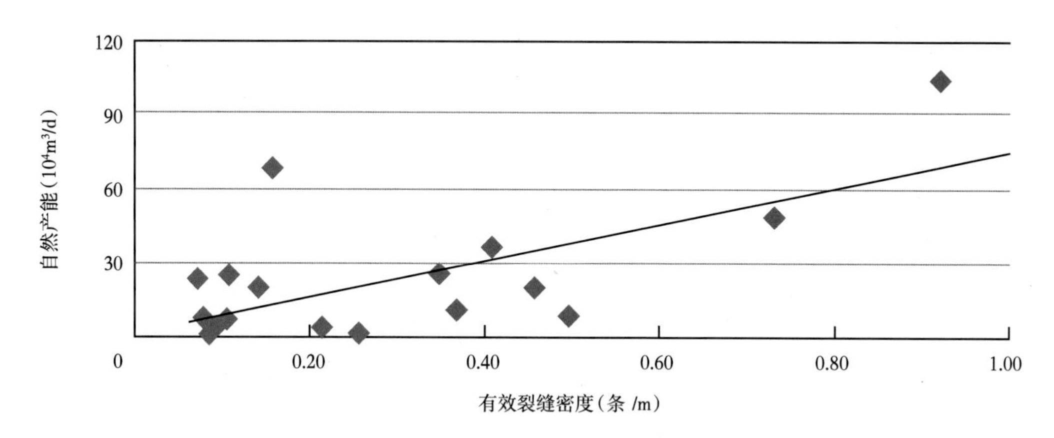

图 5-14 单井自然产能与有效裂缝关系图

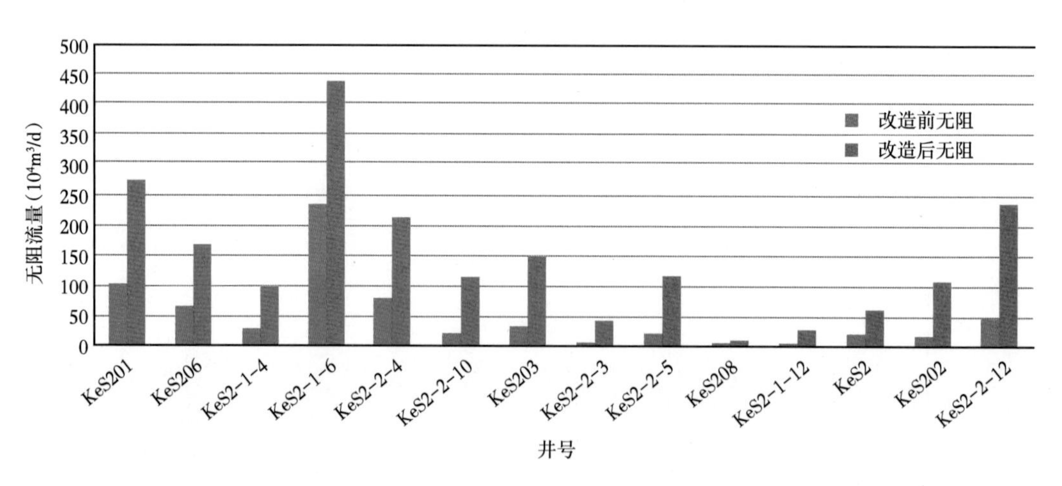

图 5-15 克深 2 单井改造增产效果

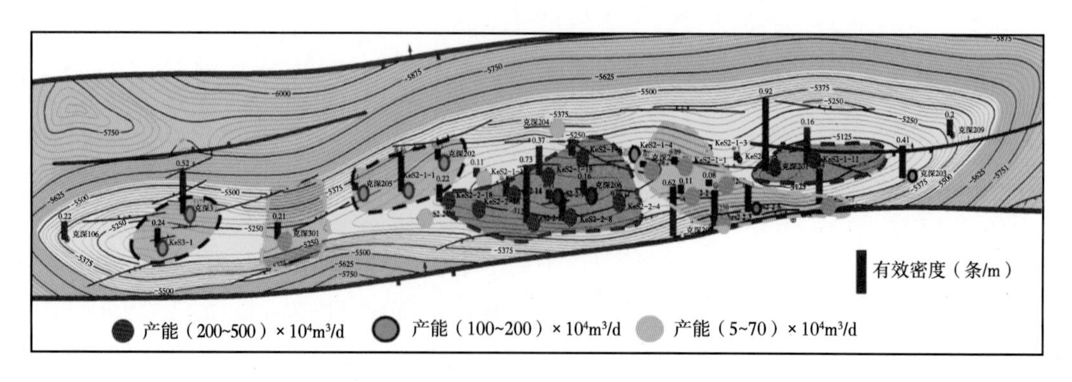

图 5-16 改造后无阻流量区域分布特征

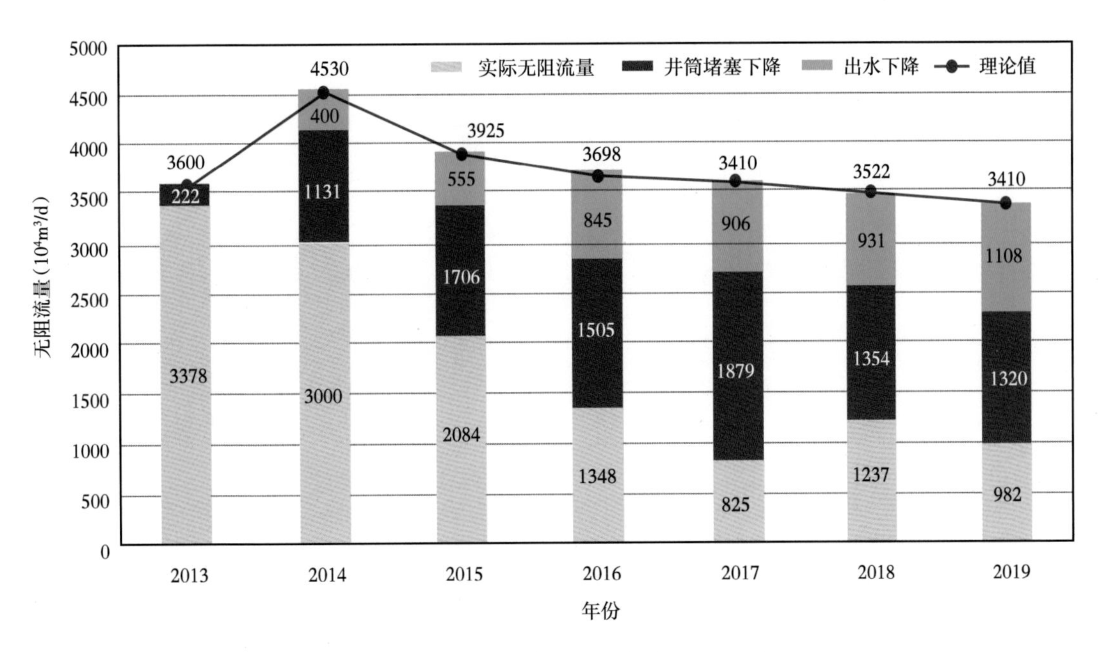

图 5-17　克深 2 区块历年无阻流量柱状图

3. 水侵特征

1）中—高孔隙度、中—高渗透率型异常高压气藏

克拉 2 气田南北两翼受断层夹持，属于封闭有限水体，能量有限，而气田底部水层厚度薄，物性明显变差，同时隔（夹）层发育，水体能量也相对较弱。从水体分布可以看出气田整体表现出东部水体最大，西部水体次之，南部、北部两翼最小的特征（图 5-18、图 5-19）。

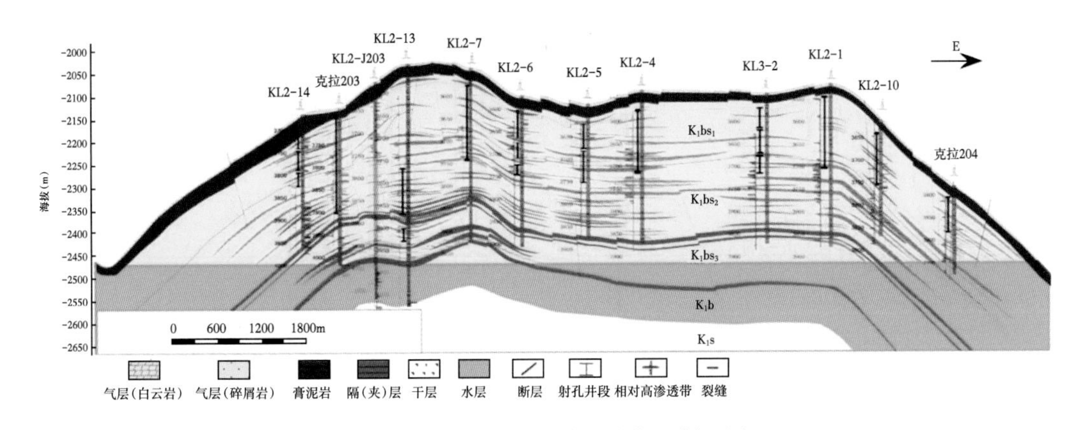

图 5-18　克拉 2 气田东西向气田剖面图

截至 2020 年，克拉 2 气田共有见水井 9 口，带水生产井 4 口，排水井 2 口，关井 3 口。见水井主要分布在构造的东部、西部及北部，见水井为边部井或避水高度较低井，地质条件上见水井周围断裂系统比较发育或发育高渗透条带。气田日产水 317t，最高日产水量 414t，综合水气比 $0.19t/10^4m^3$（表 5-2）。

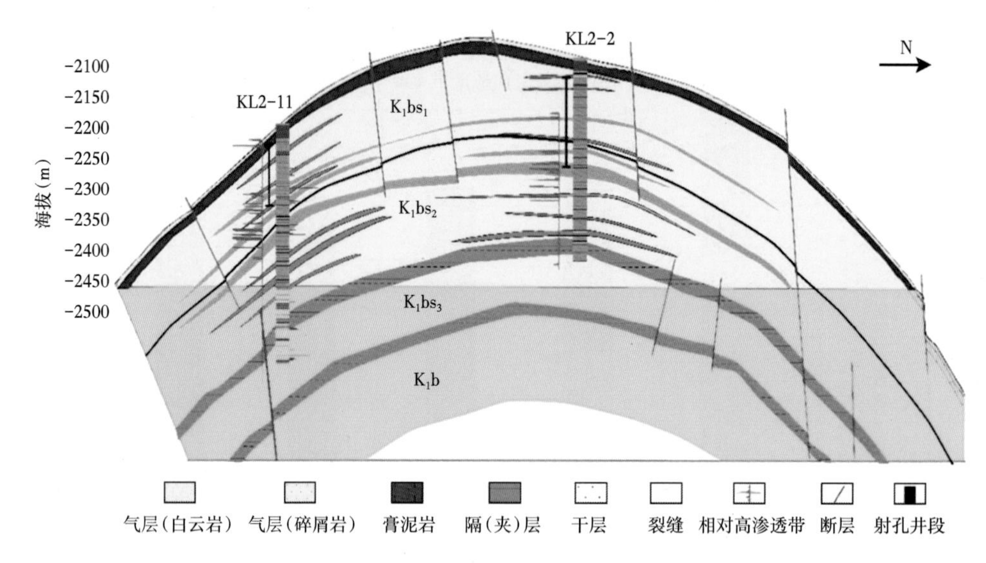

图 5-19　克拉 2 气田南北向气田剖面图

表 5-2　克拉 2 气田单井地面计量数据

井号	测试时间	工作制度	油压（MPa）	产气量（$10^4m^3/d$）	产水量（t/d）	备注（2018 年核水）
KL204	2019.07	34%+31%	7.42	0.67	102	排水井
KL2-10	2019.07	6	6.35	0.41	92	排水井
KL203	2016.04	29%+31%	14.5	8.7	93	排水井
KL2-13	2018.07	6	0.75	0	224	排水井
KL2-14	2017.10	9	2.99	2.85	23	排水井
KL2-12	2019.06	21%+38%	21.7	27.8	186	31.56
KL2-8	2019.05	1%+3%	29.1	40.0	24.39	14
KL2-1	2019.06	3%+1%	31.1	48.3	34	11
KL205	2019.06	1%	30.9	30.4	4	新增见水井

2）裂缝型低孔隙度、低渗透率异常高压气藏

截至 2020 年底大北气田共有低压排水井及带水生产井共 13 口，由于自喷能力不足，产水量 450t/d，水侵形势异常严峻（图 5-20）。分析各单井的构造位置、生产特征情况，总结出大北气田共有两种水侵模式。

（1）边水从低部位沿断层、裂缝上窜。

如图 5-20 所示，该类井主要位于构造较高部位，包括大北 209 井、大北 201-2 井、大北 101-3 井、大北 201 井、大北 204 井，其中大北 201 井、大北 204 井距离原始气水界面在 70m 以内，井旁断层发育，大北 209 井、大北 201-2 井、大北 101-3 井距离原始气水界面 200~300m，同时井附近断层裂缝发育。由于该类井井附近裂缝发育，所以在生产过程中会导致边水沿着断层裂缝上窜至井底。该类井在不同时期生产特征较为明显：①水侵初期，油压下降速度会加快，氯离子含量会逐渐上升，产气量相对稳定，产水量逐步上升；②水侵中后期，由于油压过低无法进系统，氯离子含量与地层水一致，产水量大，基本上无产气量（表 5-3、图 5-21）。

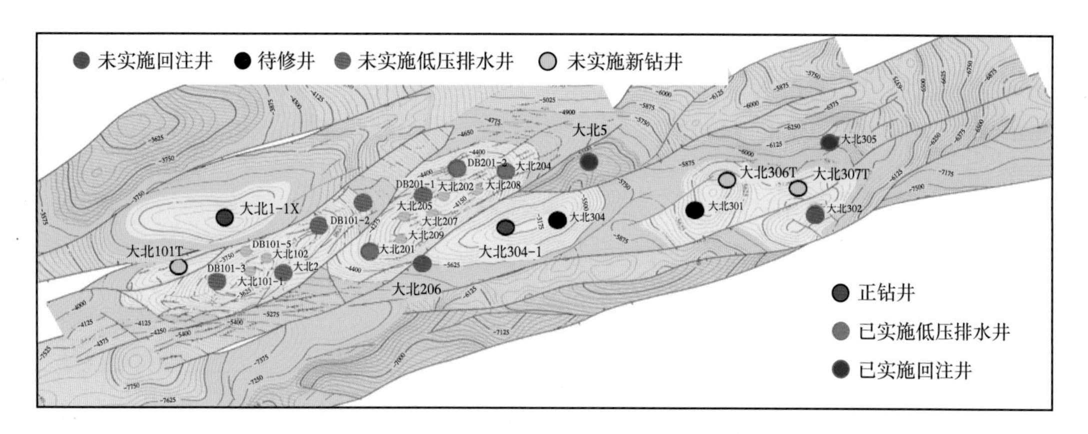

图 5-20　大北气田产水井分布图

表 5-3　大北气田水侵特征（模式一）

水侵模式	水侵阶段	井号	地质特征	生产特征
边水沿断层裂缝上窜	水侵初期	大北 209	距离原始气水界面 200~300m，同时井附近断层裂缝发育	油压下降速度会加快； 氯离子含量会逐渐上升； 产气量相对稳定，产水量逐步上升
		大北 201-2		
		大北 101-3		
	水侵中后期	大北 201	距离原始气水界面在 70m 以内，井旁断层发育	油压过低无法进系统； 氯离子含量与地产水一致； 产水量大，基本上无产气量
		大北 204		

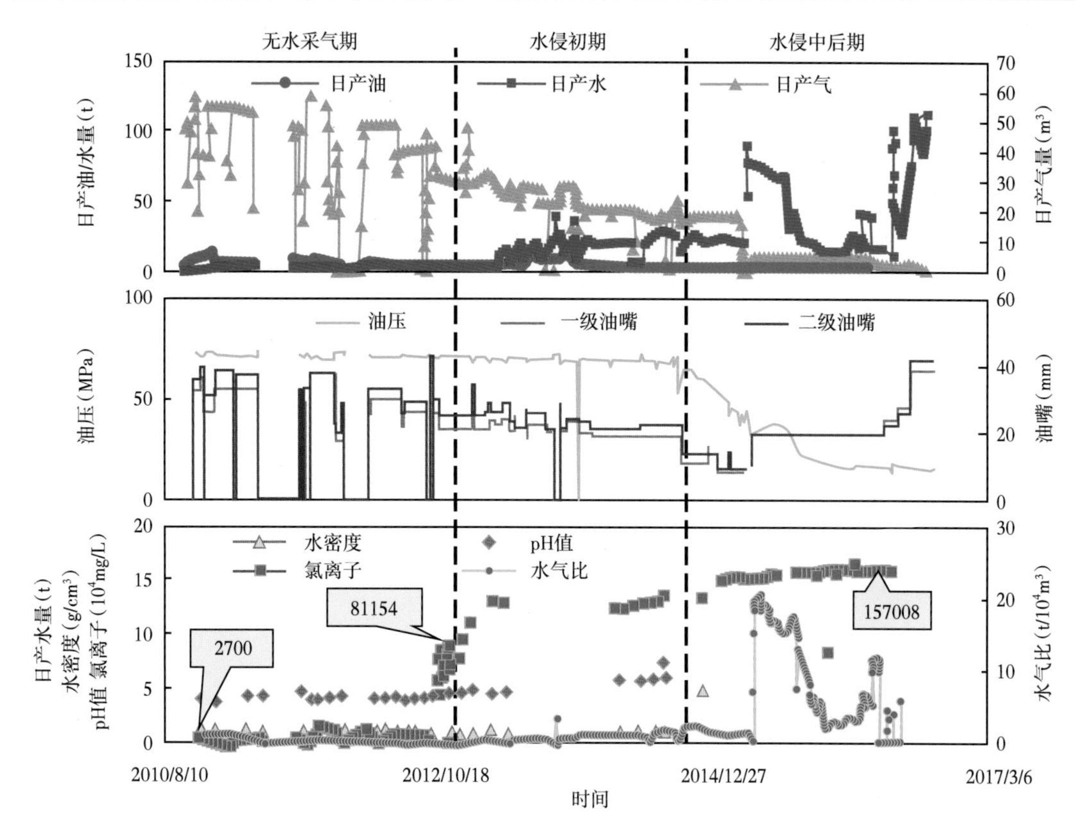

图 5-21　大北气田水侵模式一生产特征图

（2）底水沿断层、裂缝上窜。

该类井主要位于构造的边部低部位，包括大北 2 井、大北 302 井（表 5-4），其中大北 2 井距离原始气水界面在 62.5m 以内，无过井断层，井旁裂缝发育，大北 302 井距离原始气水界面 99m，附近断裂发育，投产井段下部存在厚约 40m 的裂缝不发育段。由于该类井井附近裂缝发育，尽管射孔底界存在一定的避水高度，但在生产过程中很容易沿着断层裂缝上窜至井底，见水时间提前。该类井在不同时期生产特征较为明显：①氯离子含量突然上升；②油压及产气量快速下降，产水量大幅增加。

表 5-4　大北气田水侵特征（模式二）

水侵模式	水侵阶段	井号	地质特征	生产特征
底水沿断层裂缝上窜	水侵初期	大北 2	距离原始气水界面在 62.5m 以内，无过井断层，井旁裂缝发育	氯离子含量突然上升
	水侵后期	大北 302	距离原始气水界面 99m，附近断裂发育，投产井段下部存在厚约 40m 的裂缝不发育段	油压及产气量快速下降，产水量大幅增加

克深 2 区块总井数 30 口，截至 2020 年 3 月底共有见水井 21 口，目前开井数 12 口，均为带水生产井，日产水 582t，日产气 $153\times10^4m^3$，水气比 $3.8t/10^4m^3$（图 5-22）。

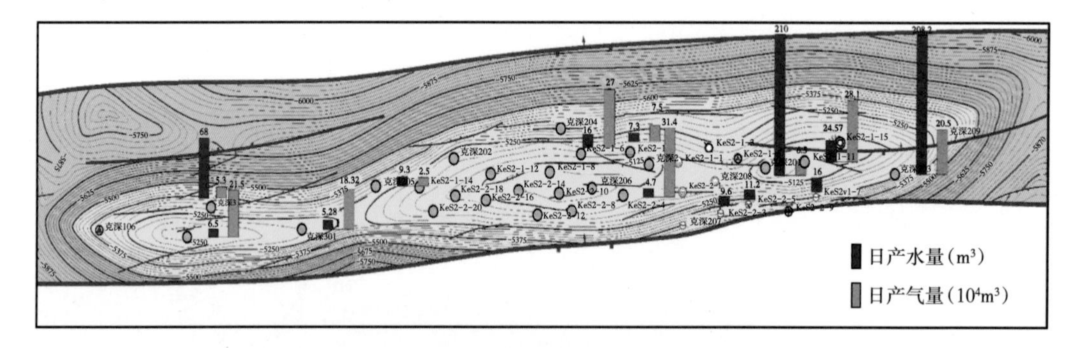

图 5-22　克深 2 区块见水井产量分布图

从目前分析来看认为克深 2 区块水体能量不强，主要有三个方面的证据：①克深 2 区块基质物性差，参照低渗透油藏启动压力梯度与渗透率的关系，气田中水体动用需要较大的启动压力梯度（图 5-23）。因此气田可动水应该是以裂缝内以及裂缝相邻基质内地层水为主；②从东部边部见水井克深 203 井的生产情况来看，该井无水采气期在三年以上、带水生产期超过一年、单井累计产气量超过 $6\times10^8m^3$、产水量缓慢上升等均反映出动用水体有限（图 5-24）；③从克深 201 井区见水井的实测压力看，水层压力在连年下降，说明水层压力释放较快，也进一步表面动用水体有限（图 5-25）。

通过统计发现，克深 2 区块见水有明显的区域特征，与构造位置、裂缝发育、水体大小及生产压差有明显关系。从氯离子含量变化情况及单井见水时间、带水生产时间看，均有一定规律性（图 5-26、图 5-27），大致可分四类：①构造南部底水区水淹井，见水时间和带水生产时间均不超过 200 天；②水侵逐步发生，地面计量开始见水；③构造高部位见水井见水后，基本保持平稳，该类井见水时间晚且可长时间带水生产；④边部见水井，见水时间和带水生产时间鉴于构造高部位出水井和南部水淹井之间。

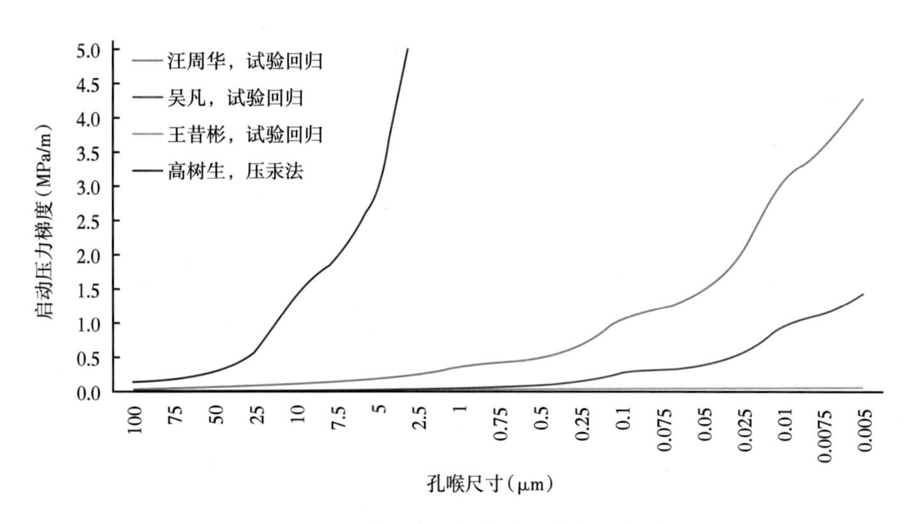

图 5-23　孔喉半径与启动压力关系曲线

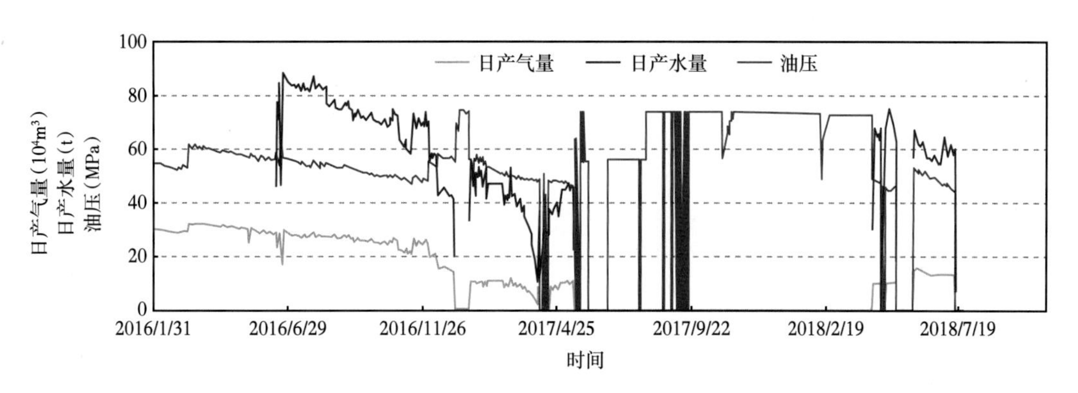

图 5-24　克深 203 井生产曲线

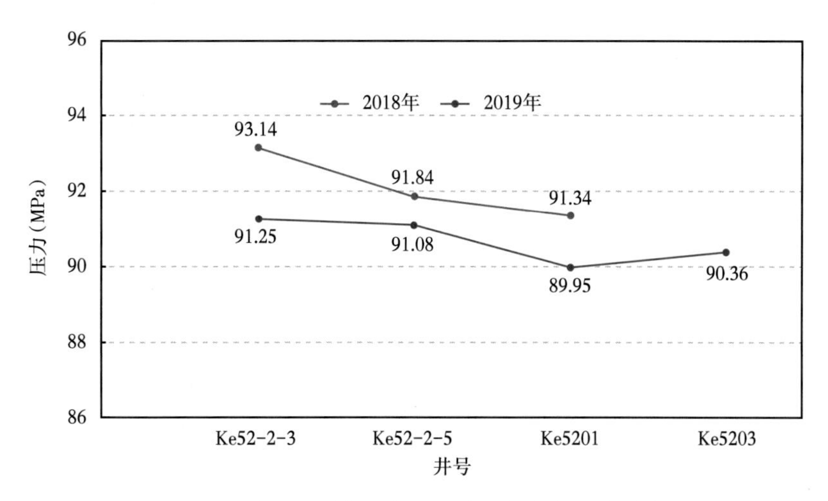

图 5-25　克深 2 区块克深 201 井区见水井压力分布图

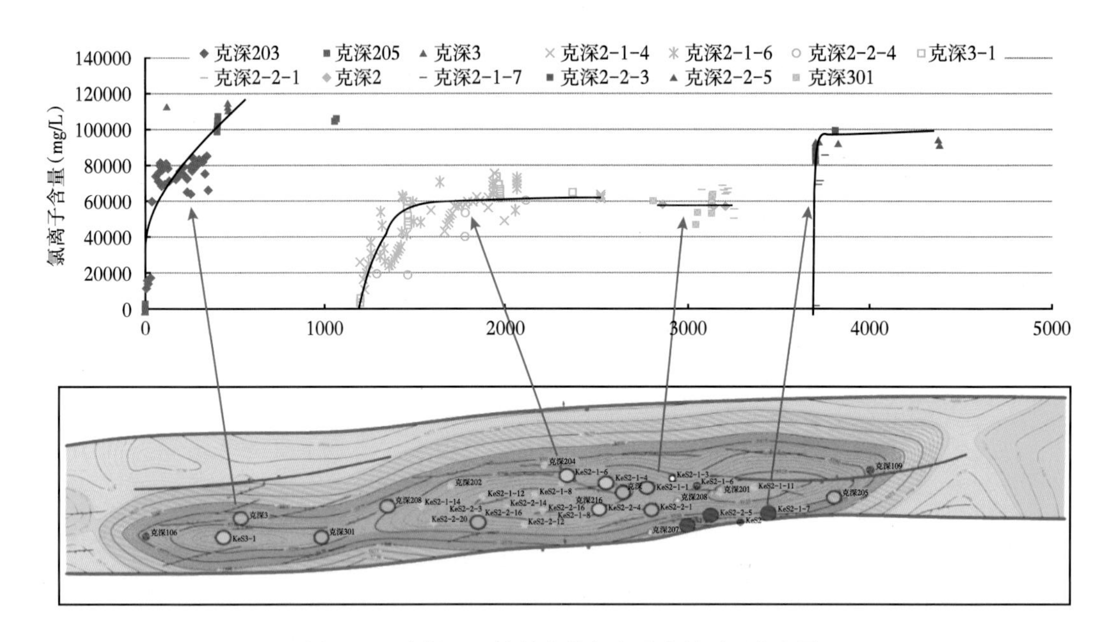

图 5-26　克深 2 区块见水井氯离子含量平面分布图

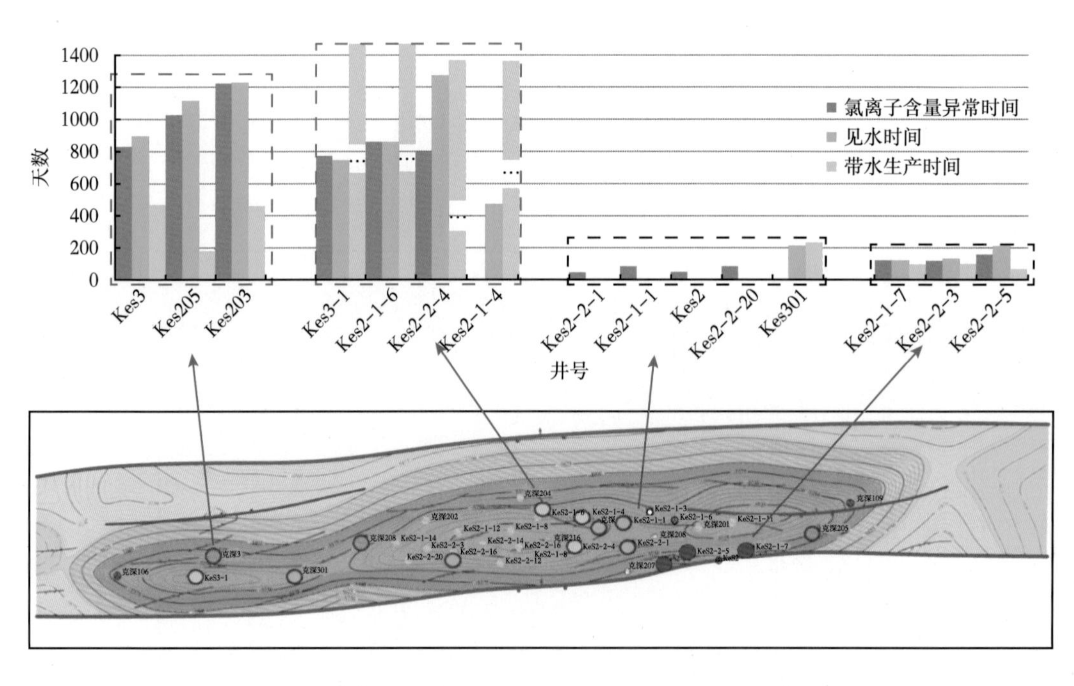

图 5-27　克深 2 区块见水井时间、带水生产时间平面分布图

第二节　超深高压气田开发关键技术

超深高压气藏埋藏深，断裂、裂缝普遍发育，基质物性差异大，气藏高温、高压，流体分布复杂，普遍存在边（底）水，气藏高效开发和安全生产难度大。通过系列开发技术

攻关、探索，逐渐形成了气田开发早期以深化储层及流体分布规律认识、准确评价气井合理产能、制订高效开发技术政策为核心的动静态评价与高效开发系列技术，气田开发中后期以落实气藏动态储量、防水控水治水为核心的稳产和提高采收率技术系列，有力地推动了超深高压气藏群规模、高效开发。

一、气藏开发早期动静态评价与高效开发技术

1. 储层表征技术

1）储层描述技术

超深层储层基质具有沉积背景复杂、砂体岩相变化快、成岩作用复杂、储层非均质性强、储层孔喉细小的特点，针对成岩压实和构造挤压双重作用下裂缝性低孔隙度砂岩储层表征，构建了宏观岩相预测与微观孔喉表征为一体的裂缝性低孔隙度砂岩储层描述技术。宏观岩相预测主要以露头原型模型为指导，通过建立辫状河（扇）三角洲前缘水下分流河道砂体及夹层地质知识库，来指导巨厚砂岩井间对比与基质储层岩相模型的建立。微观孔喉表征主要是在传统孔隙结构研究技术基础上，通过多种新实验手段相结合的描述手段与技术方法，将储层微观特征描述由原来的定性、半定量转变为定量化和图像化，实现了裂缝性低孔隙度砂岩基质储层孔喉特征、分布及孔喉配位关系的定量表征，孔喉配置关系识别精度由 100nm 提高至 10nm。

2）多尺度裂缝静动态表征技术

超深层储层裂缝由于经历构造运动期次多、构造挤压强烈，演化发育规律复杂，呈现“多期、多尺度、多组系、多产状”的特点，为全面评价多期多尺度裂缝发育特征，利用不同的资料基础形成多尺度裂缝静动态表征技术，包括三维激光扫描数字露头裂缝描述、岩心观察及工业 CT 裂缝扫描、显微镜下微裂缝描述、岩—电结合成像测井裂缝识别与有效性评价、裂缝试井及钻井液漏失量评价等。应用该技术通过对克深、大北等多个典型气田的裂缝表征，总结出库车超深层发育“单段叠瓦”和“双断突发”两种构造样式，不同构造样式的裂缝发育规律不同。

3）复杂网络三维地质建模技术

库车山前气藏储层基质致密，断裂裂缝发育，裂缝成因复杂，裂缝控制因素多样且分布非均质，具有明显的“孔—缝—断”多重介质特征，针对常规气藏建模技术难以准确地表征超深层裂缝型气藏储层基质与裂缝特征的问题，攻关形成超深层裂缝型气藏基质—裂缝复杂网络三维地质建模技术。基质孔隙建模采用基于“泥质夹层”目标的基质岩相模拟及相控属性随机模拟技术；断层与大尺度裂缝建模主要采用确定性离散裂缝网络建模技术，准确描述大裂缝和断层的强非均质性；中小尺度裂缝主要采用基于曲率体、与断层距离体等多属性体约束下的裂缝随机建模方法，对该尺度裂缝进行双孔双渗等效，将相关参数等效至裂缝网格。

2. 流体识别与描述技术

1）气藏流体识别技术

库车山前裂缝性致密砂岩储层气藏由于地质特征复杂，依据常规测井技术手段难以实现含水（气）饱和度高低的定性判定（如通用的阿尔奇公式等），造成实际完井测试定性结果与测井解释气水层结果吻合率低。通过探索攻关形成碳酸盐胶结物碳同位素气水层识别

新技术，并建立了克深 2 区块、克深 5—大北区块和克深 8—克深 9 区块气水层识别模板，根据该模板对克深区块、大北区块的 13 口井进行气水层识别，识别结果与测试结果吻合程度高达 90%。

2）水分布主控因素与分布模式

超深层气藏宏观气水分布受控于气藏的基本圈闭条件，如气柱高度、气层厚度、圈闭幅度及溢出位置等。微观气水分布主要受储层物性与孔隙结构控制。由于裂缝型砂岩气藏存在“裂缝”“基质”两套储层与渗流系统，依据裂缝发育模式及其与基质配置关系，总结超深层气藏主要发育大裂缝型和缝网型两种分布模式，缝网型裂缝缝网均质发育，气水过渡带较薄不易识别，具有近似统一的气水界面，典型气藏为克深 8 气藏、大北气藏；大裂缝型局部发育高角度裂缝，气水界面高低不同，无统一气水界面，存在较厚的气水过渡带，典型气藏为克深 2 气藏。

3. 产能评价技术

1）复杂缝网气水两相产能方程建立

与常规孔隙型储层不同，天然气裂缝型气藏由基质和裂缝系统组成，低孔隙度高渗透率的裂缝系统是流体的主要渗流通道，而低渗透率的基质系统是天然气的主要储集场所，其孔喉结构和气水两相渗流机理与常规孔隙型气藏存在明显差异。在采气过程中，气井生产早期，应力敏感对井底压降和稳产期的变化规律影响不大；但是在气井生产中后期，由于地层压力明显减小，导致有效应力增加，从而引起裂缝的闭合与储层渗透率损失，应力敏感作用增强，窜流系数越小，应力敏感对压降的影响越早表现出来，对稳产期的影响也就越大。根据超高压裂缝性气藏的不同裂缝分布模式，建立四种不同的物理模型，并由渗流理论推导相应产能方程，可得不同裂缝模式下的气井 IPR 曲线，从而预测气井产能，不同模型的主要特点如下：（1）裂缝—基质型，地层水先经过大裂缝储层再经过基质储层流入井底；（2）基质—裂缝型，地层水先经过基质储层再经过大裂缝储层流入井底；（3）裂缝型，高角度大裂缝直接将井底与水体连通，地层水经过大裂缝储层直接侵入井底；（4）裂缝—微裂缝型，地层水经过微裂缝储层流入井底。

2）优化配产技术

裂缝型气藏开发过程中如果气井与边（底）水之间存在裂缝沟通，边（底）水会沿裂缝快速向井筒突进，同时水在裂缝过程中，储层基质会渗吸一部分水，基质渗吸水后减少或封堵气相渗流通道，从而增加储层基质气相渗流阻力，降低气藏稳产能力和最终采出程度。因此，为了延长裂缝型有水气藏无水采气期、提高气藏采收率，需要优化气藏配产，实现防水、控水的目的。

边（底）水发育对气藏开发具有双重影响，一方面可以弥补因采气过程中压力下降而损耗的地层能量；另一方面由于裂缝的沟通和疏导作用，容易发生快速水侵，严重影响气田的开发效果。因此，在气田开发过程中需要在两者之间建立一种动态平衡，合理优化气田采气速度，控制合理压降，延缓水侵速度，以实现气藏控压控水。气井水侵具有不可逆性，采气速度过快，气井弹性产能下降明显，严重制约气藏高效开发，因此在开发早期应该严格控制采气速度。对于大北、克深 2、克深 8 这些裂缝—孔隙型气藏，基质致密，具有一定厚度的气水过渡带，裂缝非均匀水侵严重，边（底）水沿裂缝快速水侵，开发过程中需要根据水侵前缘动态不断优化采气速度，同时考虑裂缝分布、水体能量等因素进行差异化气井配产，实现气井与气藏之间动态均衡开发。构造高部位见水气井按照临界携液流量配产带水生产，降低裂缝水窜风险；无水采气井兼顾气藏采气速度进行合理配产，延长气井无水采气期。针对库车坳陷克深8气藏，构造高部位压差小于6MPa，高配产；构造低部位小压差2~3MPa，低配产，以实现气藏均衡开发。

4. 动态监测技术

1）投捞式温压监测技术

克拉苏深层气藏埋藏深度达8000m，地层温度超过190℃、地层压力可达144MPa，井筒状况复杂，资料录取难度大。目前已形成一套适用于超深超高气井投捞式温压监测技术，在超深超高压气井推广应用超过200井次，实现井深8000m、井下压力110MPa、井下温度180℃条件下井下温压资料安全、准确录取，打破了国内气田安全测试井深记录、最大承压记录和最高耐温记录。

2）产气剖面监测技术

克深气田除高温、高压外，还存在生产管柱内径较小、井筒积砂结垢等问题，对仪器的耐温压、抗腐蚀、最小通过能力、最大作业深度均有较高要求，现有的产气剖面测井仪器和工艺不能满足需求。通过测试仪器、电缆、井口防喷设备及工艺流程等方面的优选和改进，实现了超深井产气剖面资料的准确录取。

3）压力监测技术

为满足气田压力永久监测的需要，形成了一套毛细管永久压力监测技术，可以完成稳定试井和不稳定试井工作，具有长期、连续、直读测取油气层压力的特点，适用于长期压力监测，为及时调整油气产量，分析油气层生产状况，提供直接和精确的压力数据。

5. 优化布井技术

库车坳陷深层—超深层气藏具有地表地下双复杂构造、强地应力、强非均质性等特点，构造幅度、断裂组合、裂缝空间预测难度大，严重制约了气藏开发井位部署。为实现精准布井和高效开发，在气藏构造、储层精细描述基础上，建立了超高压、中—高孔隙度、中—高渗透率气藏与超深裂缝型低孔隙度砂岩气藏精准布井技术系列。对于克拉2型的超高压中—高渗透率气藏布井，开发评价初级确定的沿构造顶部布井，避开构造边部与气水界面的布井原则，目前来讲仍然是非常科学的。对于裂缝型高压低渗透率气藏，经过不断的开发实践与经验积累，建立了突发构造、逆冲叠瓦两种典型构造样式下的高效布井及井深优化设计原则：突发构造布井原则为“占高点、沿长轴、避杂乱、避边水”，叠瓦冲断构造布井原则为“占高点、沿长轴、打前锋、避低洼、避杂乱、避边水、避叠置”，筛选“构造落实、有效裂缝发育和避水条件好”的区域部署，由“面积布井”转变为“沿轴线高部位集中布井”，确保了少井高产和稳产。

二、气藏开发中后期优化调整与稳产技术

1. 动态储量评价技术

基于超高压气藏储层及流体特性，建立了适用于超高压气藏的物质平衡方程，采用传统解析方法对物质平衡方程进行了求解。此外，还建立了二次方形式的物质平衡方程，并

用 Anderson L 定容封闭气藏生产数据进行了数据计算分析。

1）高压气藏物质平衡方程建立

对于埋藏较深的高压气藏，在其投产后，随着天然气的采出，气藏压力不断下降，必将引起天然气的膨胀、储气层的压实和岩石颗粒的弹性膨胀、地层束缚水的弹性膨胀及周围泥岩的膨胀和有限边水的弹性膨胀所引起的水侵。这几部分驱动能量的综合作用，就是高压气藏开发的主要动力，膨胀作用所占据气藏的有效孔隙体积，应当等于气藏累积产出天然气的地下体积量。基于这一认识与理论基础，建立了考虑高压气藏特征的物质平衡方程。

$$G_pB_g = G\left(B_g - B_{gi}\right) + GB_{gi}\left(\frac{C_wS_{wi}+C_f}{1-S_{wi}}\right)\Delta p + W_e - W_pB_w \qquad (5-1)$$

式中 G——气藏在地面标准条件下的原始地质储量；

G_p——气藏在地面标准条件下的累计产气量；

B_g——天然气的目前体积系数；

B_{gi}——天然气的原始体积系数；

C_f——由气层压实和岩石颗粒膨胀共同作用的岩石综合弹性压缩系数；

C_w——气藏内地层束缚水的弹性压缩系数；

S_{wi}——地层束缚水的饱和度；

W_e——由泥岩的再压实作用对气藏的累计水侵量；

W_p——气藏的累计产水量；

B_w——地层水的体积系数。

2）高压水侵气藏多项式物质平衡分析

（1）物质平衡储量计算。

表 5-5 为克拉 2 气田实际生产数据，用最小二乘法回归。通过最小二乘法与二项式方法的计算结果对比，最小二乘法得到的结果为 $G=1859.8\times10^8\text{m}^3$，远低于方案设计时的地质储量，储量的减少也一定程度上解释了压力下降快、生产井见水的问题，但用最小二乘法计算的储量接近于动态储量比探明储量规模有一定幅度的减少也是正常的。

表 5-5 克拉 2 气田实际生产参数

p（MPa）	Z	G_p（10^8m^3）	W_p（10^4m^3）	p/z	B_g（m^3/m^3）	p_D
74.114	1.4487	0	0	51.157	0.002714	1.0000
73.760	1.4444	14.227	0	51.066	0.002721	0.9982
73.310	1.4389	22.715	0	50.948	0.002728	0.9959
73.290	1.4387	34.610	0.02	50.943	0.002728	0.9958
72.220	1.4257	72.903	0.08	50.654	0.002743	0.9902
71.190	1.4134	92.392	0.16	50.366	0.002759	0.9845

续表

p（MPa）	Z	G_p（10^8m^3）	W_p（10^4m^3）	p/z	B_g（m^3/m^3）	p_D
68.070	1.3771	175.89	0.27	49.429	0.002812	0.9662
67.230	1.3676	193.150	0.46	49.159	0.002827	0.9609
64.780	1.3404	265.855	0.88	48.329	0.002875	0.9447
62.490	1.3157	312.710	1.29	47.494	0.002926	0.9284
59.860	1.2884	380.450	1.71	46.461	0.002991	0.9082
58.758	1.2772	425.703	2.12	46.005	0.003021	0.8993
56.796	1.2578	486.609	2.54	45.156	0.003078	0.8827
55.877	1.2489	519.201	2.95	44.742	0.003106	0.8746
54.441	1.2352	568.684	3.37	44.075	0.003153	0.8616
53.895	1.2301	589.966	3.78	43.815	0.003172	0.8565

（2）驱动指数及水体能量分析。

根据储量计算结果可以计算出累计产量所对应的岩石及束缚水驱动指数、水侵指数、天然气弹性驱动指数。

根据克拉 2 气田岩石应力敏感曲线对驱动指数进行分析（图 5-28）。实验结果表明岩石压缩系数相对较大，根据实验结果计算岩石及束缚水弹性驱动指数达到 0.0482，相应水驱指数为0.1521，累计水侵量为$7687.34\times10^4m^3$，水体储量$177718\times10^4m^3$，水体倍数为2.3倍（图 5-29）。

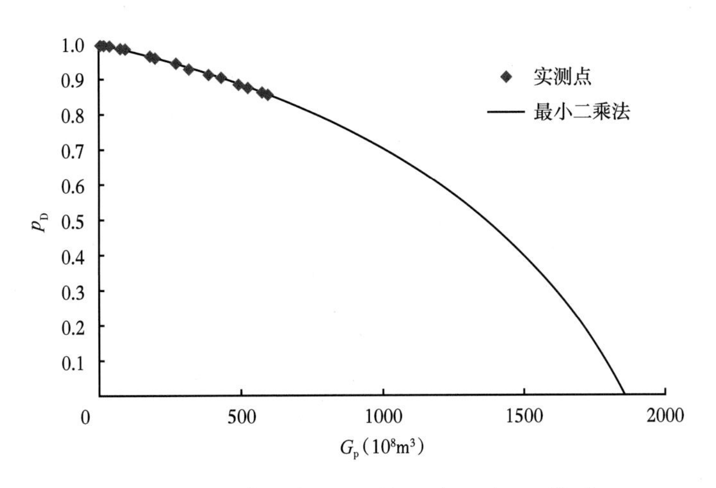

图 5-28 克拉 2 气田无量纲压力 p_D 与 G_p 关系

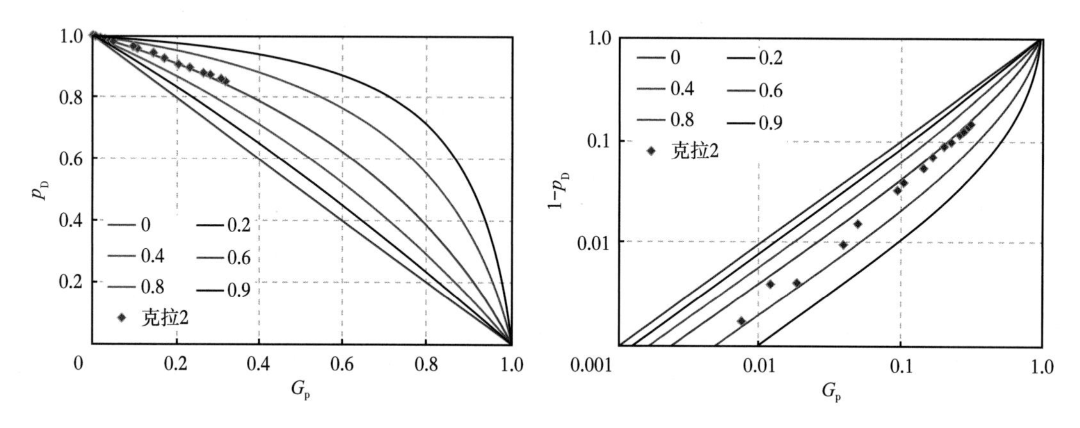

图 5-29　克拉 2 气藏实际生产参数与图版对比

（3）单井控制储量分析。

由于不需要首先计算水侵量，以上方法同样可以方便地应用于单井控制储量的计算，计算时所需的参数是单井静压、累计产气量及相应的偏差系数。特别要说明的是，像克拉 2 气藏这样储层物性极好的大型优质气藏，单井控制储量不是一个定值。全是与气藏开发阶段开发井的数量有关的，井数越多，单井控制储量越小，这与致密气等其他类型气藏在发生井间干扰前，单井控制储量一个定值是不同的，因此该类气藏的压力传导是全气藏范围的。

以 KL2-4 为例来分析动态储量计算，图 5-30 为二项式方法得到的物质平衡曲线，得到控制储量为 $220.9\times10^8m^3$，图 5-31 为通过最小二乘法得到的物质平衡曲线，控制储量为 $147.67\times10^8m^3$。

从图 5-30、图 5-31 中可以近似看出其水侵指数比较大。考虑岩石压缩系数随压力变化的条件下，该井水驱指数达到 0.3，累计水侵量 $1239.2\times10^4m^3$，单井对应水体储量为 $2.9\times10^8m^3$，水体倍数为 5.01。

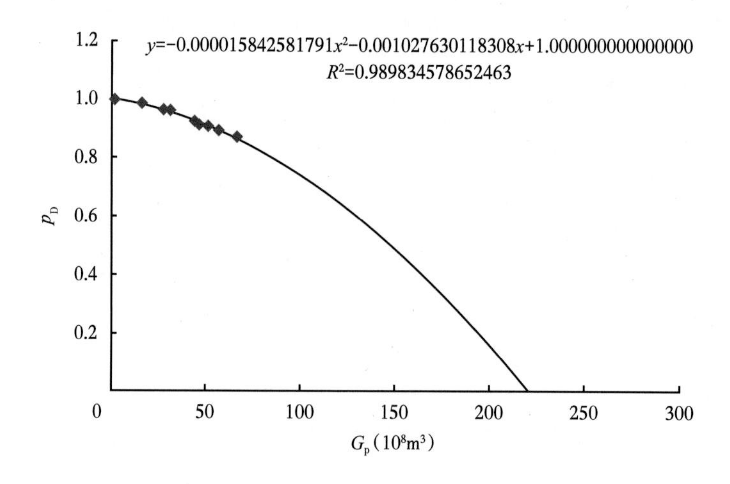

图 5-30　KL2-4 井二项式物质平衡分析

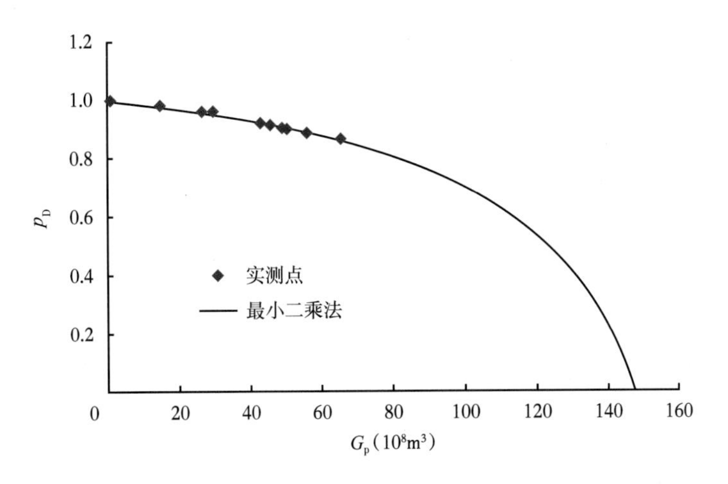

图 5-31　KL2-4 井最小二乘法物质平衡分析

2. 防水控水及稳产技术

1）裂缝性气藏水侵预警综合判别技术

在裂缝型有水气藏开发中，如何对气井水侵阶段进行判别，综合多种动静态参数评价气井见水风险，并对气井见水做出准确预警，从而提出针对性的措施提前防水控水，对于该类气藏的开发至关重要。

首先根据气井产量及井口压力数据，建立单井水侵阶段识别图版，准确识别单井所处的水侵阶段。水侵对气井的生产动态影响较大，未水侵时气井未得到任何的压力补充，气井的生产动态表现为封闭气藏的特征。水侵初期气井受到水体能量补充，产量稳定情况下压力会下降的比未水侵时慢。水侵中后期时尤其边（底）水突进到井周围，气体流动明显受到阻力，相同产量情况下气井生产压差明显增大。因此，需要总结水侵不同阶段的生产动态特征及曲线特征。

超深层裂缝型低渗透砂岩气藏由于储层埋藏深、气藏压力高，井底压力测试及流体取样困难，加之单井气水分离计量成本高，因而气藏动态分析、水侵判断及预测难度大。采用现代气井生产动态分析方法，利用气井日常生产数据求得气井不同时间的产气指数曲线，根据其变化特征判断气井水侵动态。通过对典型气井产气指数曲线变化特征的分析，可将超深层裂缝型低渗砂岩气藏产水气井生产划分为四个阶段：第一阶段为清井期，持续时间较短，一般为 1 至 6 个月，气井在此阶段逐渐返排出漏失的钻完井液，近井地带物性得到改善，产气指数持续增大；第二阶段为无水侵期，由于基质物性低且裂缝发育，气井表现出裂缝型线性流动特征，处于不稳定渗流阶段，产气指数自然递减；第三阶段为水侵初期，气井因获得外围水侵能量补充，产气指数有明显增大；第四阶段为气井产水期，地层水突破井底后，产出水气比与绝对产水量都快速上升，随着产水量增大，气井产气指数大幅下降（图 5-32）。

超深层裂缝型低渗透率砂岩气藏具有深埋藏、高温、高压及高产的特征，导致动态监测在井下实施困难，同时由于单井气水分离计量成本高，流体取样困难，因此气藏水侵动态分析难度大。根据气藏流动物质平衡原理，由气井生产动态数据求得不同时间的产气指数，通过对典型气井产气指数曲线变化特征分析，可对气井产水进行预警（图 5-33）。另外一种预警方法是压力曲线法，当气井严重水侵后，井口静压曲线、p/Z 曲线形态会出现异常，由此判断气井即将出水（图 5-34）。

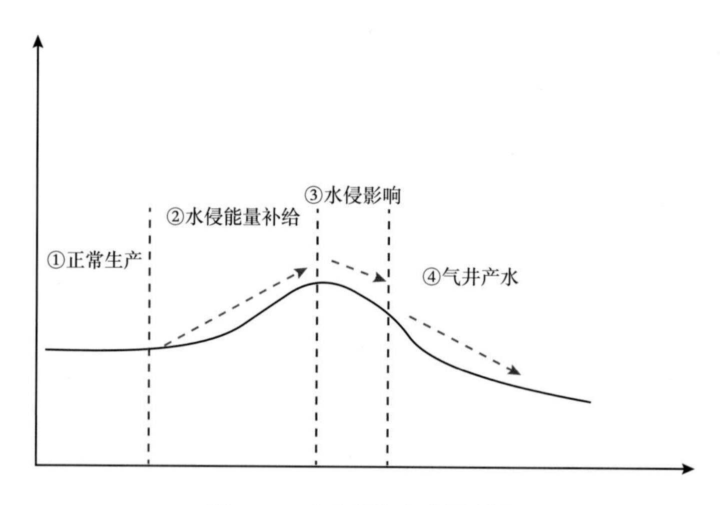

图 5-32　生产指数曲线示意图

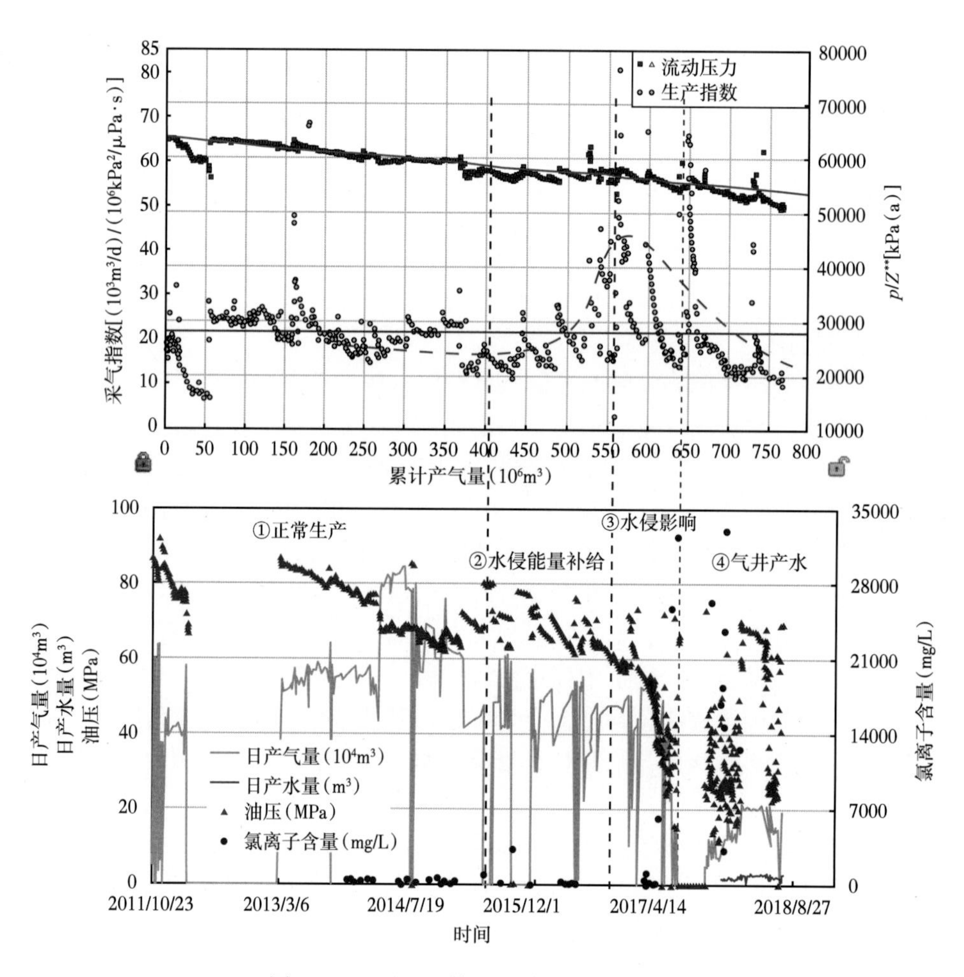

图 5-33　KeS201 井 2017 年 7 月产水预警

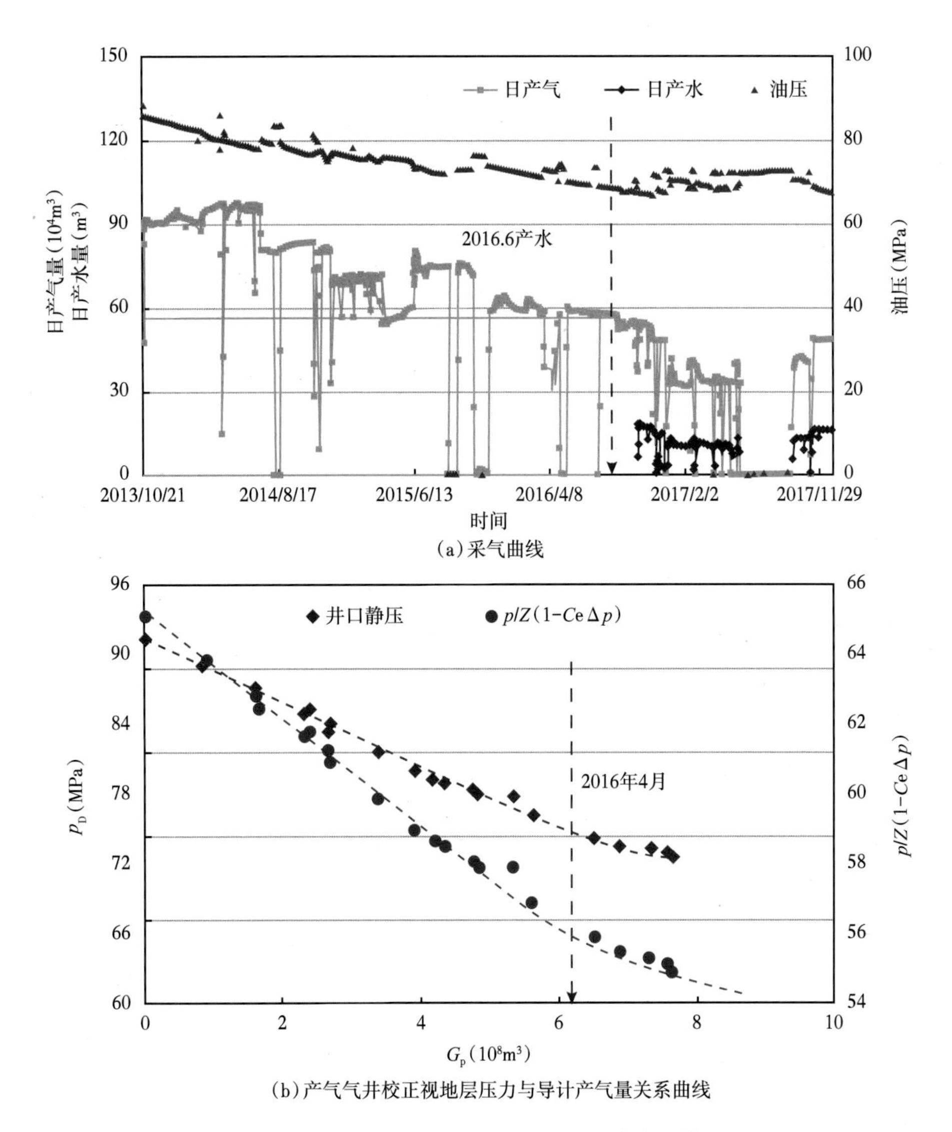

（a）采气曲线

（b）产气气井校正视地层压力与导计产气量关系曲线

图 5-34　KeS2-2-4 井 2016 年 4 月产水预警

2）气藏水侵影响因素分析

对于克拉 2 气田而言，不同区域水体活跃程度、水体运移通道、应力变化情况是导致水侵抬升高度差异的主要原因。构造西南翼为断裂破碎带，构造东部断层较为发育，北翼高渗透条带发育，南翼大断层阻隔边水运移；应力随地层压力的变化也同样发生变化，特别是对断层的封堵性方面起着至关重要的作用。从克拉 2 气田的分析入手，认为高压气藏的水侵控制与影响因素如下。

（1）水体的体积和气水层间物性决定水侵速度。

气藏南北两翼受断层夹持，属于封闭有限水体，能量有限，而气藏底部水层厚度薄，物性明显变差，同时隔（夹）层发育，水体能量也相对较弱。从水体分布可以看出气藏整体表现出东部水体最大，西部水体次之，南部、北部两翼最小的特征（图 5-35、图 5-36）。

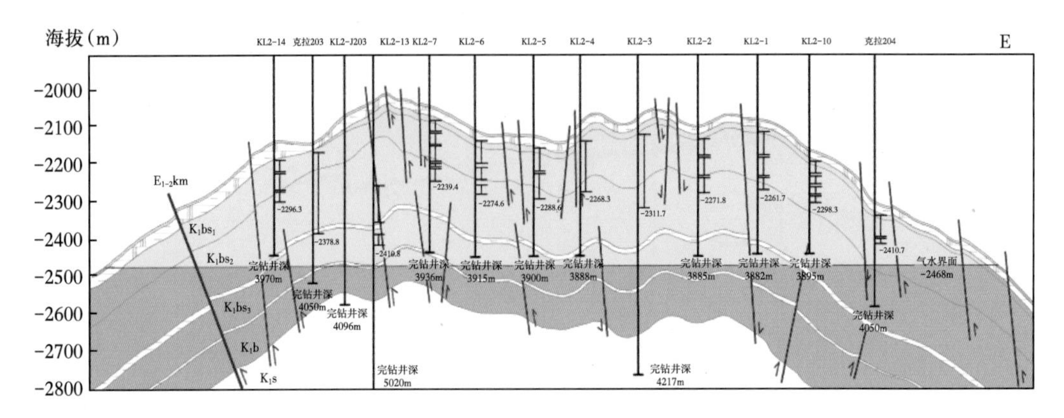

图 5-35　克拉 2 气藏东西向气藏剖面

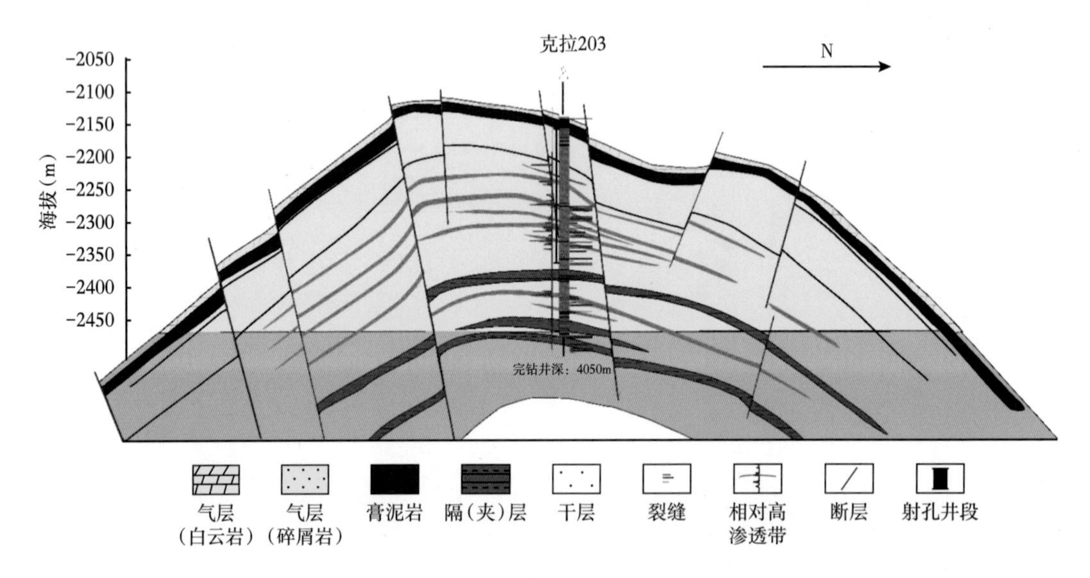

图 5-36　克拉 2 气藏过克拉 203 井南北剖面

气藏南部水体体积小，且断层两侧井压力差别较大（表 5-6），断层封堵性好，具备遮挡作用，因此气藏南部水侵最慢，南部的 KL2-11 井气水界面抬升 89m，平均速度为 7m/a。

表 5-6　南部断层两侧井 MDT 实测水层压力

时间	井号	测压方式	折算至 -2468m 压力（MPa）	备注
2015 年 2 月	KL2-J203	MDT	50.00	和同期气藏压力相差不大
2015 年 5 月	克深 604		47.60	
2015 年 6 月	克深 603		47.00	
2018 年	克深 605		62.51~54.94	比气藏压力大 14~22MPa

北部水体体积略大于南部水体，水侵速度也大于南部，北部的 KL2-12 井抬升约 142m，平均抬升速度 11m/a。气藏东部水体体积最大，且东部物性好，表现出水体能量强，水侵速度快，平均速度 19m/a（图 5-37、图 5-38）。

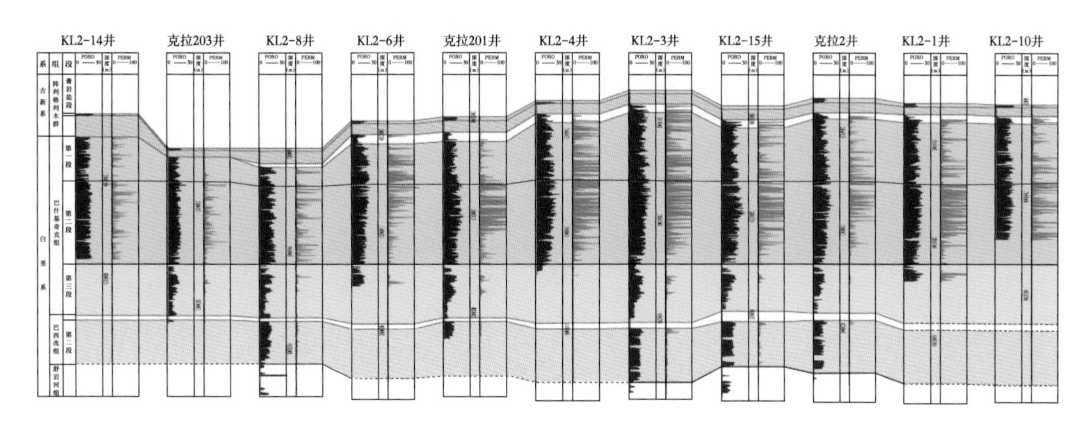

图 5-37　克拉 2 气田白垩系储层物性解释剖面图

气藏西南翼的水淹高度历年均是克拉 2 气田最高的，水侵速度最快，水侵速度平均为 23m/a，新资料证实，西南翼构造变陡，且距离水层更近，加上断层和裂缝的影响，导致气水抬升速度快。

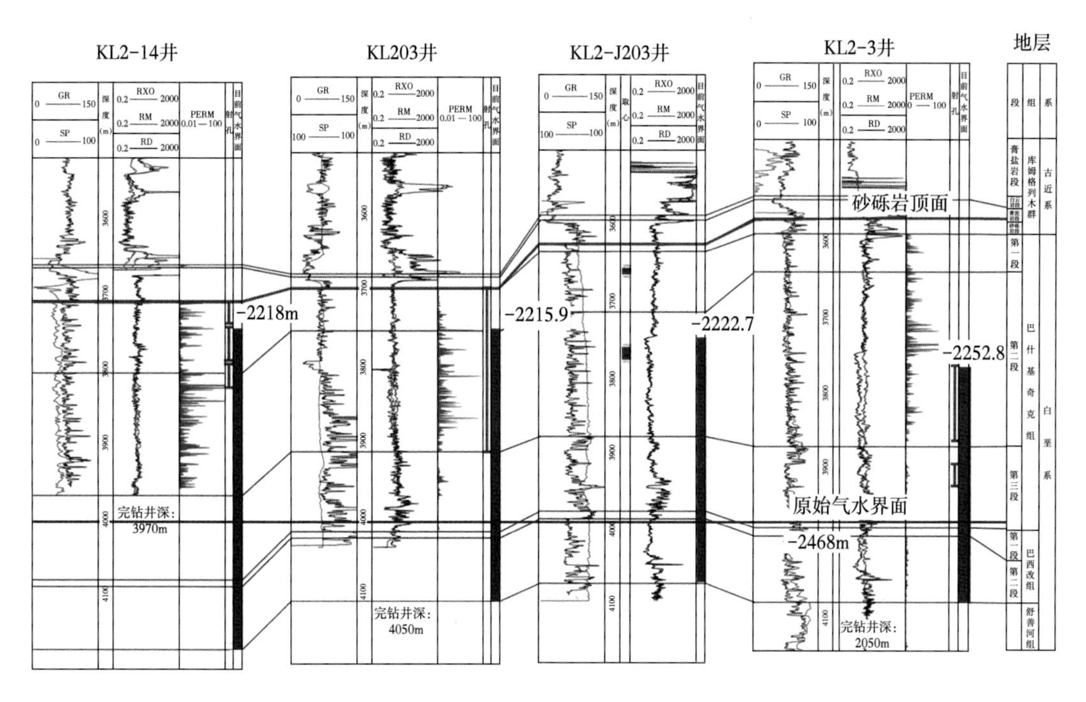

图 5-38　克拉 2 气田西南翼气水界面抬升剖面图

气藏西南翼被南部断层封隔，水体体积小，储层物性差，水侵呈现先强后弱的特点，KL2-14 井、克拉 203 井、KL2-13 井水淹后，KL2-8 井自 2016 年见水至今生产稳定（图 5-39），进一步说明水体能量不强。

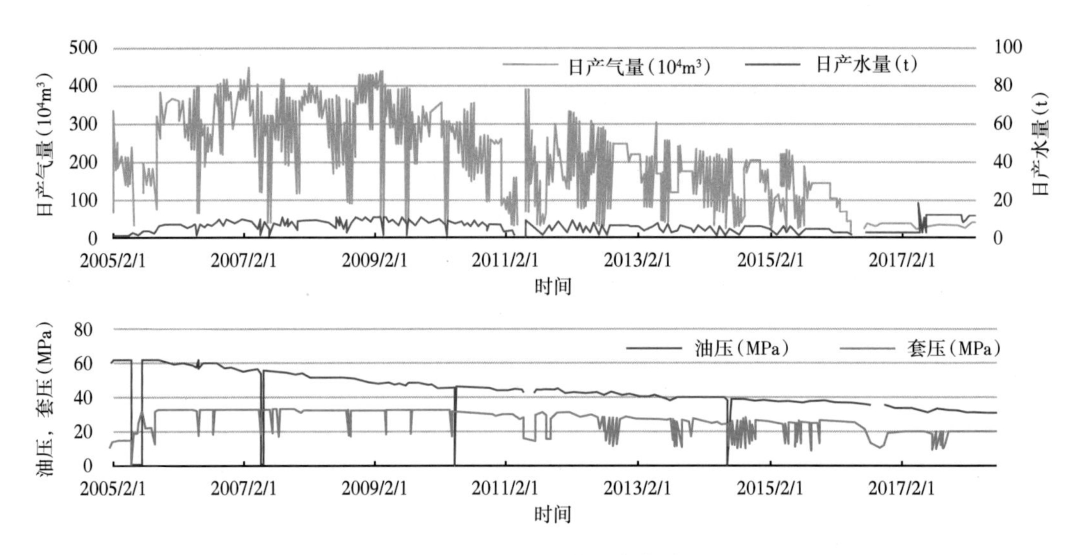

图 5-39　KL2-8 井生产曲线

（2）非均匀水侵受地质体本身和生产制度共同影响。

水侵非均匀性和储层非均质性呈正相关关系。气藏西南翼共有四口见水井，克拉 203 井、KL2-13 井、KL2-14 井、KL2-J203 井的气水界面抬升高度基本一致，但局部水淹程度存在差异，其中 KL2-14 井物性最差，裂缝最发育，其非均匀水侵最为明显（图 5-40）。

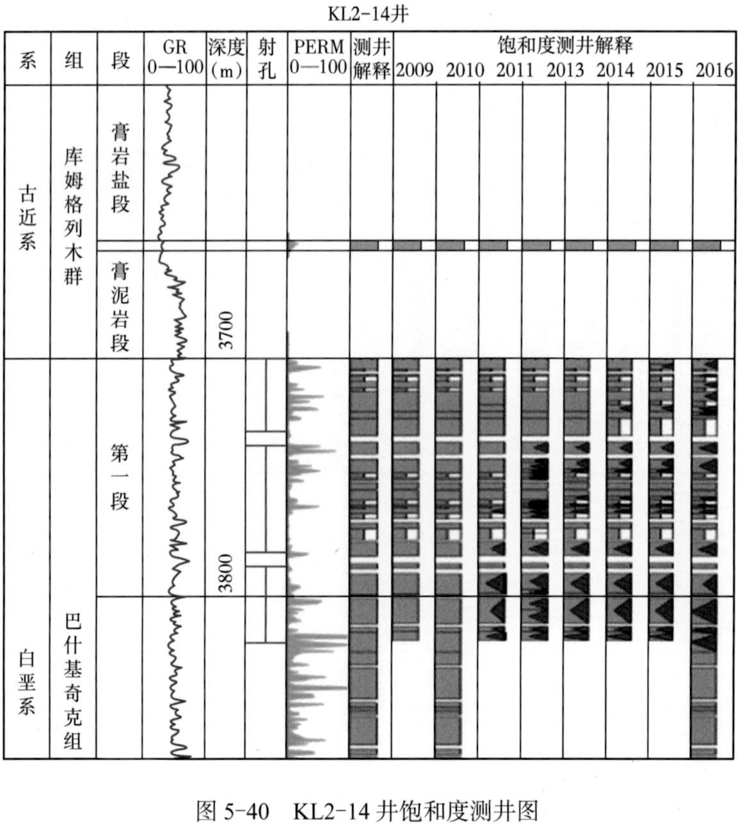

图 5-40　KL2-14 井饱和度测井图

非均匀水侵与水体的强弱呈正相关关系。根据水体分布研究可以看出气藏整体表现出东西两翼水体强、南北两翼及底部水体弱的特征，水体大小来看，构造东部大于西南部大于南北翼，通过水侵特征及水侵速度分析来看，东部水侵最不均匀，南北两翼水侵相对均匀，西南翼水侵非均匀性居中（图 5-41）。因此，东部和西南翼都是治水的重点区域。

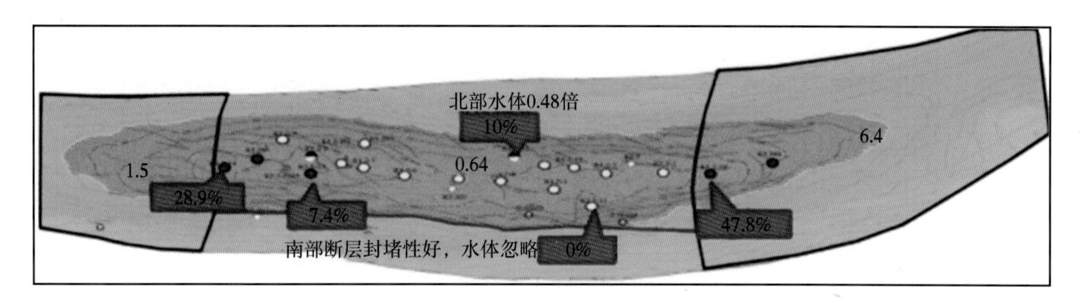

图 5-41　克拉 2 气田各见水井非均匀水侵状况分布图

较大的生产压差会加剧非均匀水侵。为充分论证不同生产制度对水侵的影响，利用数值模拟开展机理研究，论证不同生产压差下水的推进情况，通过对比可以看出，生产压差 1MPa 时非均匀水侵状况不明显，生产压差大于 1MPa 时都会存在不同程度的非均匀水侵状况（图 5-42），随着生产压差的逐渐增加，水侵速度快速增加。

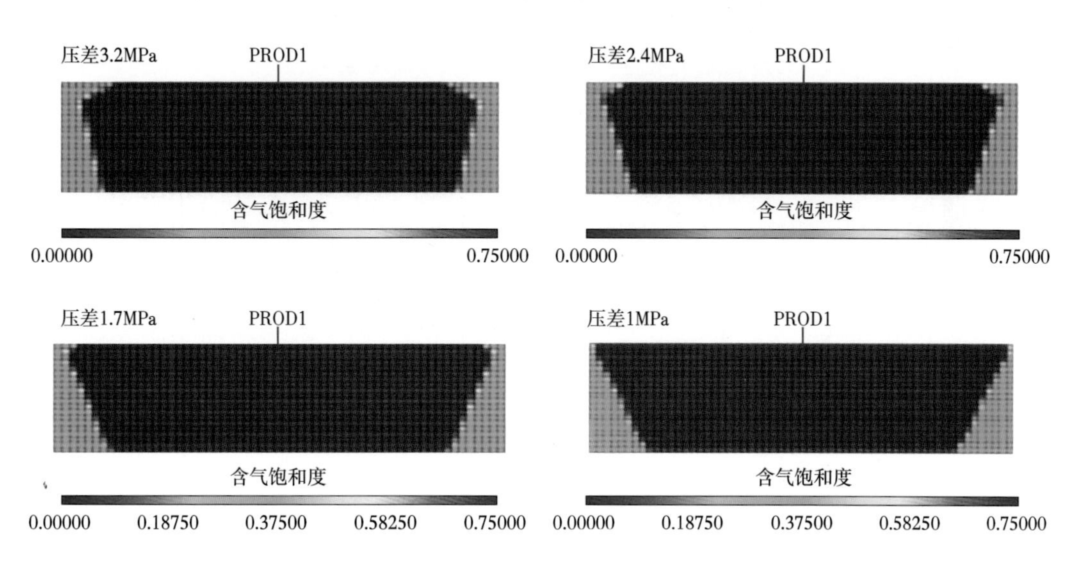

图 5-42　不同生产压差下水侵状况模拟图

3）水侵阶段判别方法

对于水驱气藏而言，气田开发过程中发生水侵是很普遍的问题，水侵初期，水体可以起到维持地层压力、保持气井产量的正面作用。但当水侵入气藏后会导致气体相对渗透率大幅降低，严重影响气井产能；此外，由于地层水沿裂缝及高渗透条带窜入气藏后，会造成气藏分割，严重影响气藏最终采收率；同时会在气井井筒中形成积液影响气井的连续性开采。所以加强对水侵模式和水侵特征研究，做到水侵的提早预警，对于气藏开发具有重要的意义。

（1）产量不稳定曲线的水侵特征。

根据已见水井的生产动态特点，可以发现已见水井在产量不稳定分析典型曲线及流动物质平衡曲线上均有反应，其典型曲线及流动物质平衡曲线分别如图 5-43、图 5-44 所示。

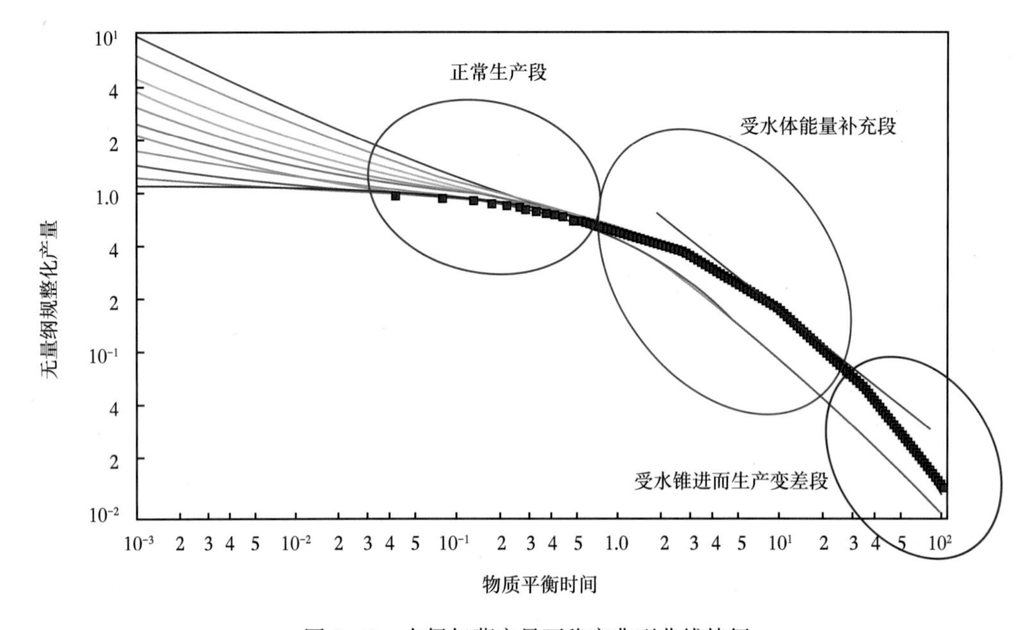

图 5-43 水侵气藏产量不稳定典型曲线特征

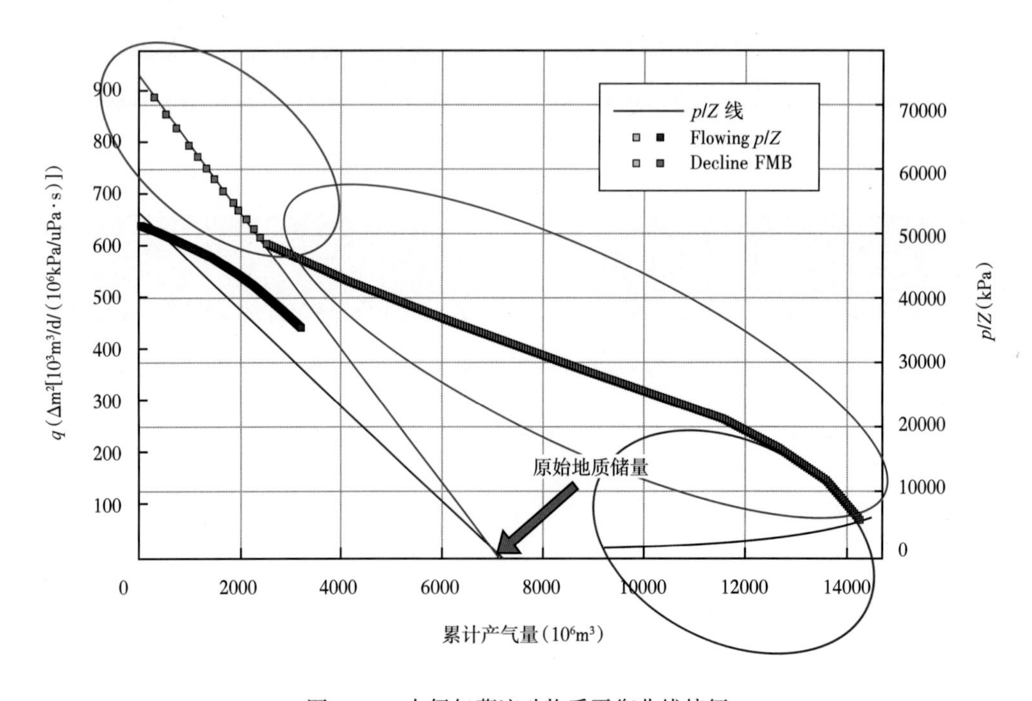

图 5-44 水侵气藏流动物质平衡曲线特征

由图 5-43 可以看出，有水气藏单井生产动态呈现三段性：正常生产段、受水体能量补充段、受水锥进而生产变差段。这三段在产量不稳定分析曲线及流动物质平衡曲线上表现的特征分别为：

①正常生产段：产量不稳定曲线与某典型曲线吻合、流动物质平衡曲线初期为直线段；

②受水体能量补充段：产量不稳定曲线向右上偏离边界控制流动直线段、流动物质平衡曲线向右上偏离初期直线段；

③受水锥进而生产变差段：产量不稳定曲线向左下偏离边界控制流动直线段、流动物质平衡曲线向左下偏离初期直线段。

（2）单井水侵类型判别。

综合单井产量、压力特征及产量不稳定分析曲线特征对水侵类型进行了分类（表 5-7），共划分为两大类、四小类。这四种类型的产量、压力及产量不稳定分析曲线上的特征明显不同。

表 5-7　气田单井水侵类型判别

序号	类型		生产动态特征	产量不稳定分析曲线特征
1		未水侵型	产量：稳定 压力：降低趋势较一致	典型曲线：与某条典型曲线吻和 FMB 曲线：直线
2	未见水型	有水侵特征	产量：稳定或有升高 压力：目前降低速度小，低于前期	典型曲线：后期数据点偏离典型曲线向右上偏移 FMB 曲线：后期偏离直线上翘
3		水侵特征明显	①产量稳定，目前压力降低速度高于前期 ②目前产量逐渐降低，压力降低趋势一致	典型曲线：后期数据点偏离典型曲线向左下偏移 FMB 曲线：后期偏离直线下掉
4	已见水型	已产水型	产量：逐渐减低 压力：后期压力有所上升	典型曲线：数据点先向右上偏移后向左下偏移 FMB 曲线：先偏离直线上翘后下掉

未水侵型井的产量、压力变化特征及产量不稳定分析曲线特征如图 5-45 所示。

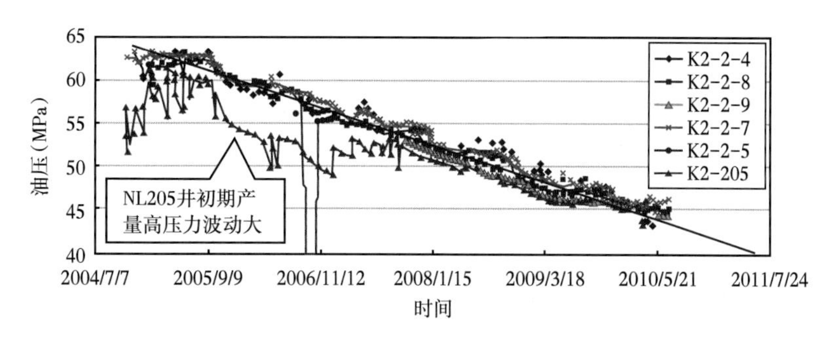

图 5-45　未水侵型生产动态特征及产量不稳定分析曲线特征

水侵初期型井产量、压力变化特征及产量不稳定分析曲线特征如图 5-46 所示。

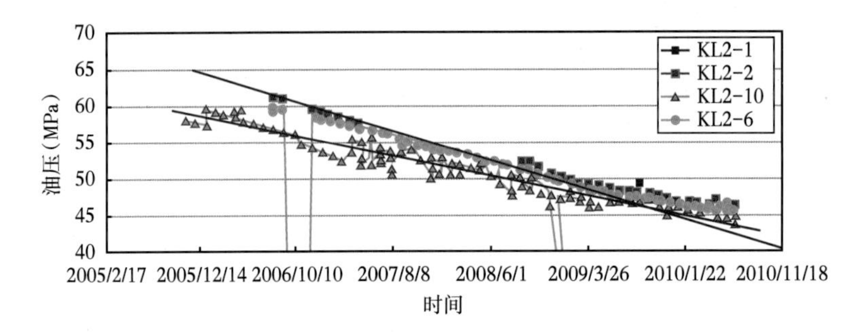

图 5-46　水侵初期型生产动态特征及产量不稳定分析曲线特征

水侵中后期型井产量、压力变化特征及产量不稳定分析曲线特征如图 5-47 所示。

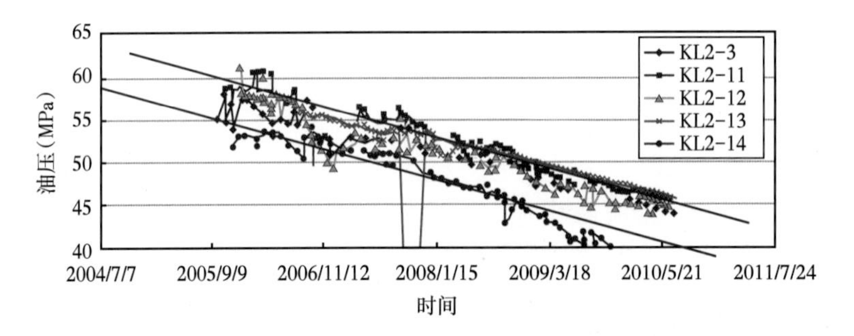

图 5-47　水侵中后期型生产动态特征及产量不稳定分析曲线特征

已产水型井产量、压力变化特征及产量不稳定分析曲线特征如图 5-48 所示。

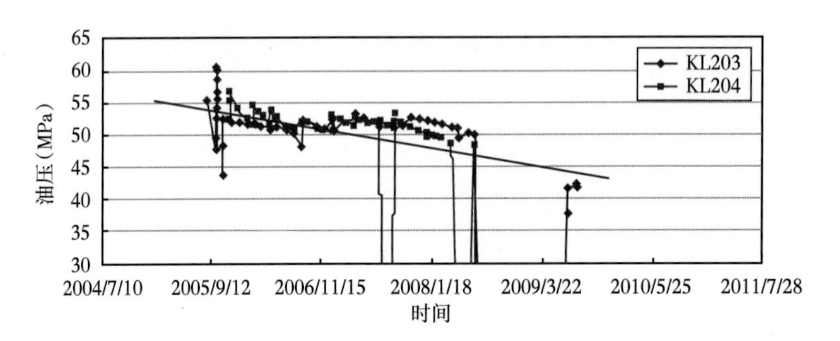

图 5-48 已产水型生产动态特征及产量不稳定分析曲线特征

（3）单井水侵水侵模式判断方法。

通过已见水井水侵机理分析，形成了单井见水时间预测及水侵类型判别方法（图 5-49），为单井合理配产及合理技术政策的制定提供了依据。该技术路线的具体思路如下：

①首先利用断层距离及封闭性、裂缝发育程度、初期距边（底）水距离及固井质量评价等静态资料对气井初步进行见水预测判断；

②根据产量、压力变化特征对水侵类型进行评价，分为未水侵型、水侵初期型、水侵中后期型和已见水型；

③根据水锥极限产量评价方法可确定底水推进距离的动态变化；

④根据试井分析动态评价断层封闭性及边（底）水推进距离；

⑤通过产气剖面测试资料及饱和度测井分析进一步落实边（底）水推进情况。

综合以上结果可以对单井进行水侵类型判断和见水时间预测，并为单井合理开发技术政策的制订提供依据。

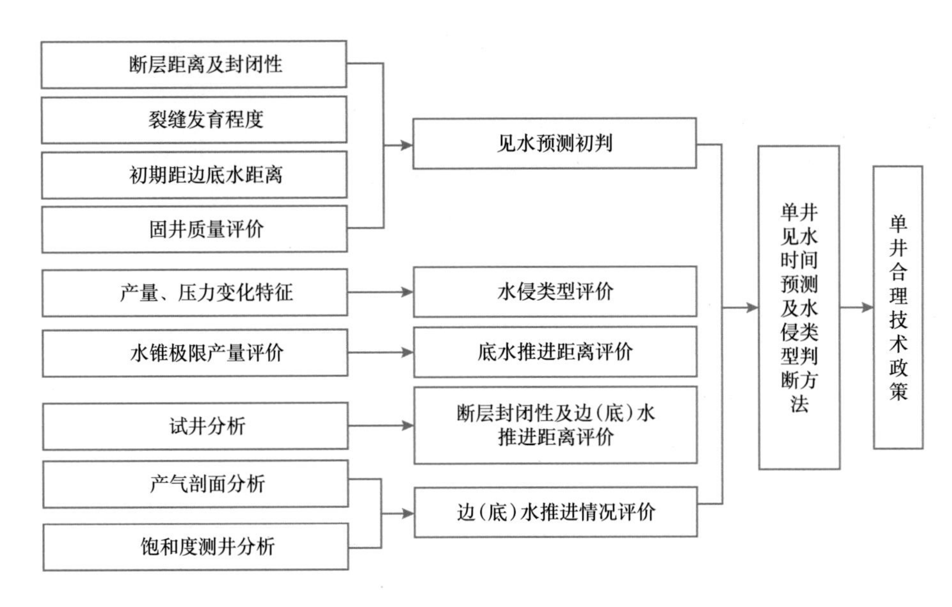

图 5-49 边（底）水气藏单井水侵规律研究技术路线

4）防控水与稳产技术

为提高裂缝型有水气藏采收率，要在气藏开发全生命周期内采取系统防水、控水和排水措施。重点开展以下三个方面的研究：强化储层气水分布规律认识，优化部署井位；充分利用地层能量，制订合理生产工作制度；适时进行井网调整，避免水侵形成水封，从而整体上延长气井无水采气期、自喷采气期和措施有效期，有效降低开采成本，提高开发效果。

（1）精细化地质研究，优化布井，延长气藏无水采气期。

克深气田地表主要为山地和戈壁，相对高差大，地下发育巨厚塑性膏盐层，构造结构复杂。在井位部署中，始终坚持在准确构造刻画的基础上，“沿轴线高部位集中布井”的部署思路，通过在裂缝发育、远离边（底）水的轴线部位集中布井，有效规避了构造偏移风险和水侵风险（图 5-50、图 5-51），实现了高效布井。

（2）差异化气井配产，气藏整体降速控压控水，实现水驱气藏均衡开发。

单井配产必须重点考虑水侵风险与基质供气能力两个因素。超深层大气田储层基质物性一般较差，裂缝相对发育，尤其是双孔单渗型边（底）水气藏，不同尺度下渗流能力差异较大。当气井配产过高时，存在明显的基质供气能力不足现象，地层压力下降速度过快，易发生快速水淹，将严重影响气藏的稳产期与采收率，难以实现方案设计指标（图 5-52 至图 5-54）。国内多数气田单井配产一般为气井无阻流量的 1/6~1/4，对于超深层大气田，在进行单井合理产量技术界限论证时，必须加强储层非均质性研究，实时跟踪气田生产动态，重点考虑水侵风险和供气能力两个关键因素，满足方案设计稳产年限、气藏采收率最大化和最优经济效益的要求。

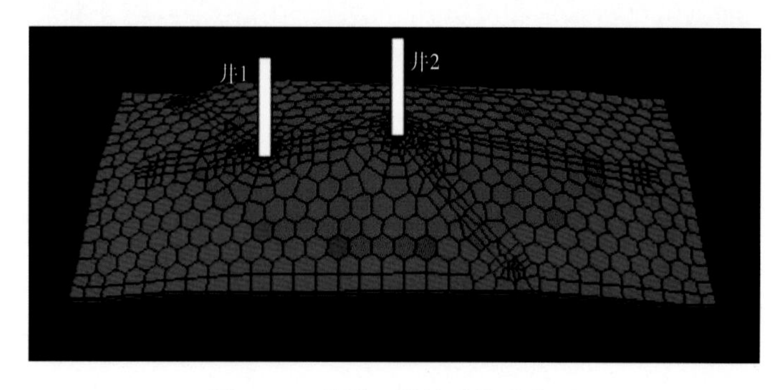

图 5-50　基质—裂缝系统示意图

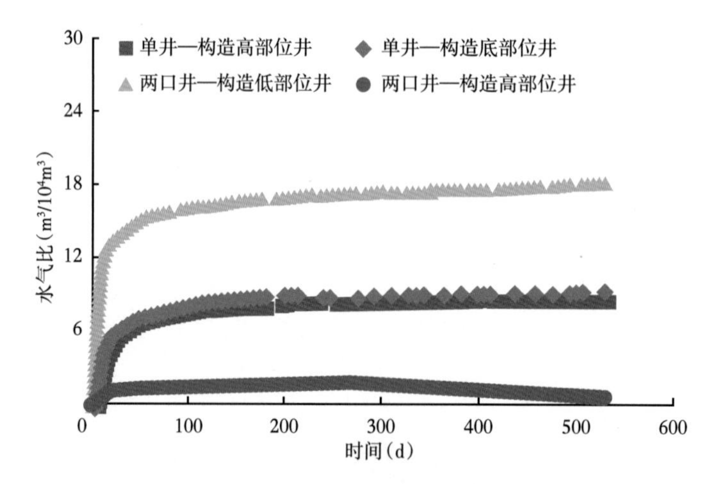

图 5-51　基质—裂缝气藏数值模型

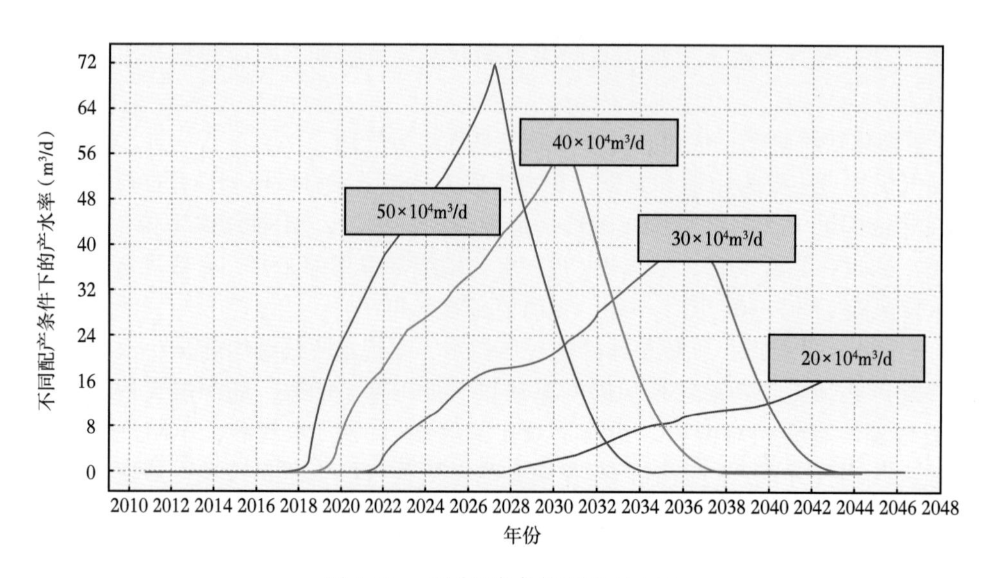

图 5-52　不同配产条件下的产水量

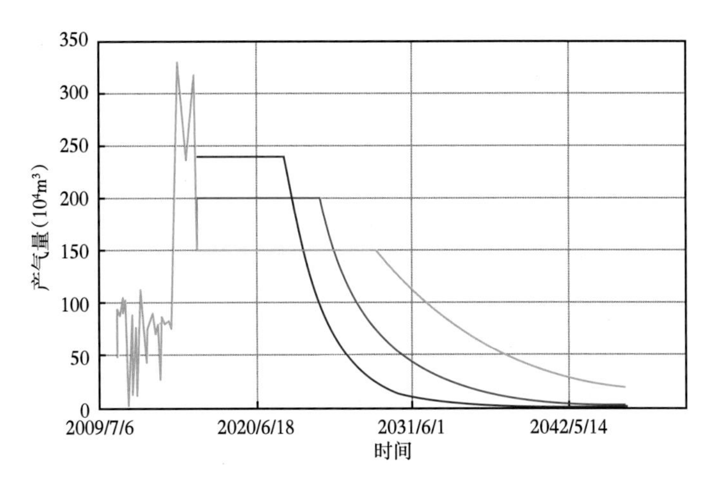

图 5-53　不同配产条件下的稳产时间

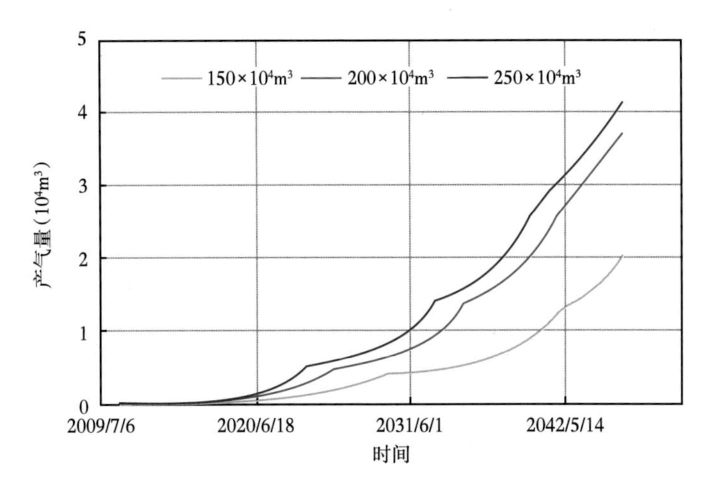

图 5-54　不同配产条件下的累计产气量

（3）系统化水侵监测，气藏边部水淹井强排，延缓递减提高气藏采收率。

前苏联奥伦堡气田碳酸盐岩试验表明，当气体发生膨胀，占据 50% 以上的孔隙空间时，被封闭的气将会流动。由此得出重要结论：气藏部分气井水淹后，继续降压开采，使被水封闭的天然气不断膨胀，冲破水封，进入生产井底。该气田实验表明，提高有水气藏采收率的方法是从水淹井中强化排水采气，地层能量逐渐消耗后，借助压力差和水在基质孔隙的渗吸驱气作用，使“死气区”的天然气逐渐“复活”释放，能一定幅度地提高气藏采收率。

克深 2 气田开发后，构造边部、构造底部位气井快速见水。为控制边（底）水侵入速度，采取主动排水措施，利用构造边部、构造底部位水淹井强排水，降低水区与气区的压力差，从而达到降低水侵量，延长见水时间，降低废弃压力，提高采收率的目的。通过数值模拟优化设计了治水方案，与见水关井相比，通过利用边部位老井排水（合计排水 $800m^3/d$），明显延长了高部位井见水时间，采收率提高了 6.22%。

通过对该类气藏几十年的开发实践及借鉴国外同类气藏的开发经验，我国四川、塔里木、青海等气区均形成各有特色的防水，控水与治水技术对策，目前的开发策略已在逐渐前移，由见水治水到主动防水和开发评价与方案设计中就要有针对性的转变防水治水对策。

第三节　超深高压气田群稳产模式

库车地区超深高压气田群，从建产模式来看，属于主力气田优先模式。克拉、迪那、克深三个特大型气田为主力气田，三个主力气田地质储量占比超过60%，产量占比超过80%，其他气田等均为卫星气田。且克深气田仍处于评价阶段与上产阶段，应当妥善做好主力气田评价工作，主力气田内部做好开发排序。

一、超深高压气田开发基本原则

超深高压气田主要为大中型、中高丰度、中高产气田；普遍具有埋藏深、高温超高压、气藏具有边（底）水等特点，具有构造控藏、断裂控水侵等特征，开发过程中气藏具有整体连通、井间干扰明显等特点。气井普遍产量高，稳产能力强，开发过程中产能变化相对平稳；部分气井早期产量偏高，压降不均衡，导致气井见水较普遍。该类气田的开发，关键是合理的采气速度与井网密度，井网优化部署需要立足于提高储量动用程度与最终采收率；以均衡开采为目标，论证合理的井型和井距，优选开发井网，采用合理的布井方式部署开发井位。

根据气田地质特点与开发要求及地面条件，确定合理的井型；根据气田构造、储层物性与非均质性、储量丰度、流体分布等因素确定合理的井网；根据储层及储量分布特征，单井控制储量，试气、试井和试采资料，采用类比法、数值模拟法，结合经济评价等手段，综合确定气田合理的井距。

超深高压气藏普遍为边（底）水气藏，该类气田的均衡开采至关重要，针对储层非均质性和气水两相流动差异性造成的气田非均匀水侵现象，以控制边（底）水使其均匀推进为目标，需要动态优化采气速度和气井配产，最大限度地延长气藏无水采气期，提高有水气田的采出程度，均衡开采需要统筹考虑区域均衡、平面均衡和纵向均衡。在实际井位部署时，主要采用非均匀布井、不规则形态或不同井网密度等方式部署开发井网，同时考虑到气藏开发过程中沿裂缝系统水窜，气田的布井方式必须充分考虑水体的影响，遵循占高点、沿轴线的布井原则，沿构造轴线部署开发井位，生产井占据相对高的构造部位，边部井应在气水边界控制的构造以内，最大限度地减少气井见水风险，保证构造两翼的井有足够高的气柱高度，以利于提高气井产量和延迟见水时间，延长无水稳产期；生产井布井最大限度地适应平面非均质性特点，适当加大控制面积，提高平面动用程度；生产井布井要考虑先期防水治水的需要，明确部分井后期担当采水（排水采气）任务，确保内部井长期高产、稳产。

二、气田群产量构成

2020年库车气田群产气量超过$250\times10^8m^3$，其中2018年前投入开发气田实现$209\times10^8m^3$稳产，包括克拉2气田$60\times10^8m^3$、迪那2气田$45\times10^8m^3$、大北气田—克深气田$92\times10^8m^3$、迪那1气田和吐孜气田$12\times10^8m^3$；2019年新建气田$41\times10^8m^3$稳产，主要是克深5、克深13等区块$30\times10^8m^3$，博孜及周缘$11\times10^8m^3$；2020年在秋里塔格等新区

上产 $2\times10^8m^3$ 等，整体保证了库车气田群 $250\times10^8m^3$ 以上的产量规模。

其中，已开发主力气田保持 $185\times10^8m^3$ 稳产（图 5-55）。克拉 2 气田通过均衡开发和提高采收率技术，采气速度控制 2% 以内，2020 年产气 $60\times10^8m^3$，克深 6 区块接替持续稳产。迪那 2 气田通过控排结合，减缓水侵速度，加快迪北接替区块产建步伐，2020 年产气 $45\times10^8m^3$。大北气田—克深气田通过综合治水、区块接替，减缓水侵速度，优化克深 8 气田开采节奏，2020 年产气 $80\times10^8m^3$。

其他新区建产 $43\times10^8m^3$。克深 5、克深 13、博孜 1 等区块 2019 年产量 $26\times10^8m^3$，攻克快速钻井，提高井筒完整性，2020 年产量 $41\times10^8m^3$。加快新区勘探开发工程一体化评价，秋里塔格构造带中秋 1、迪西、吐东等区块，新增落实探明储量，2020 年产量 $2\times10^8m^3$。

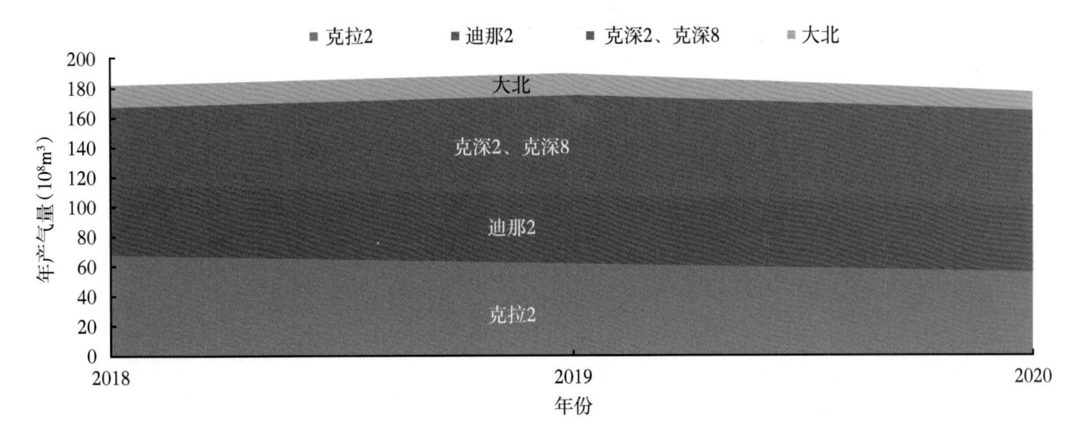

图 5-55　库车地区已开发气田 2018—2020 年天然气产量分布图

三、主力气田开发特征与稳产潜力

1. 克拉 2 气田

克拉 2 气田是在塔里木发现的第一个大型整装异常高压气藏（1998 年），于 2004 年投入开发，2006 年方案设计新井全部投产，达到设计产能规模初期，初期平均单井产能高达近 $300\times10^4m^3/d$，气田高峰期年产量 $117\times10^8m^3$，保持 $70\times10^8m^3/a$ 规模稳产 13 年，目前仍然以超过 $50\times10^8m^3$ 的年产规模生产，气田累计产气量超过 $1200\times10^8m^3$。克拉 2 气田的成功开发，直接推动了西气东输工程的建设，也拉开了库车气田群天然气勘探开发的序幕。

克拉 2 气田在开发过程中，底水抬升速度逐渐加快，气田中部高产井见水风险增大。围绕水侵对气田开发的影响，在排水治水等方面开展了大量工作，并取得了较好的成效。以 KL2-11 井为例（图 5-56），表现出底水不断抬升的特点，平均抬升速度为 7.52m/a，但是历年监测资料对比表现出逐渐加快的趋势。构造中部检查井 KL2-J3 井测井资料证实气水界面抬升 86m，与南翼的 KL2-11 井基本一致，仅差 15.5m。按照该界面预测，气水界面距离构造高部位的 KL2-3 井射孔底界仅为 60m 左右，构造高部位见水风险增大。

从气田开发潜力来看，克拉 2 气田水侵整体控制较好（图 5-57），没有出现对气田的分割破坏，截至 2019 年 12 月，气藏采出程度达到 48.65%。剩余纯气区地质储量 $883\times10^8m^3$，仍具备较高水平的稳产能力（图 5-58）。

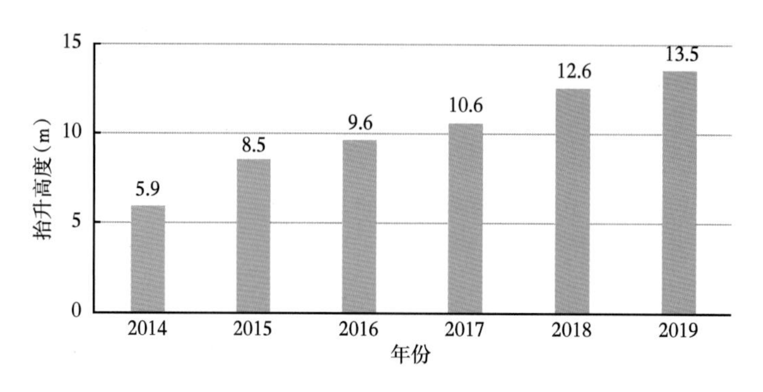

图 5-56　KL2-11 井气水界面历年抬升高度柱状图

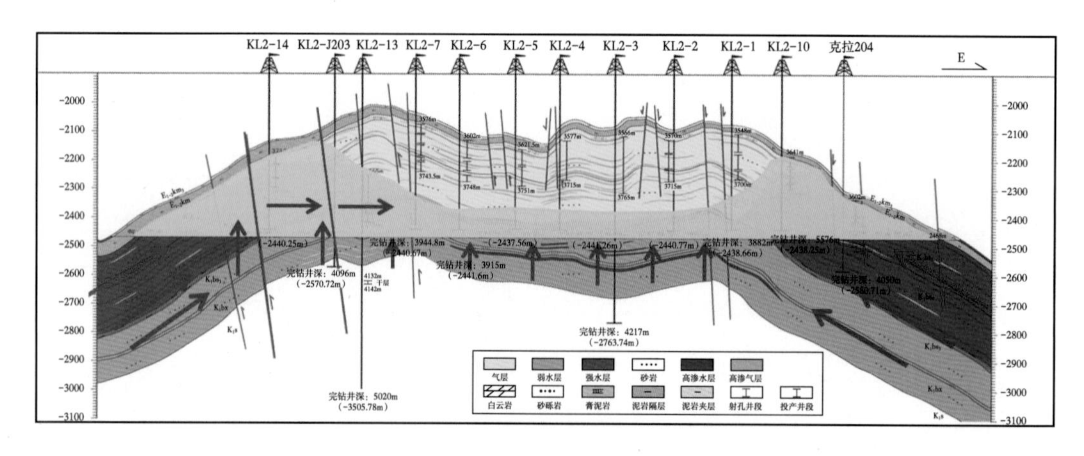

图 5-57　克拉 2 气田水侵示意图

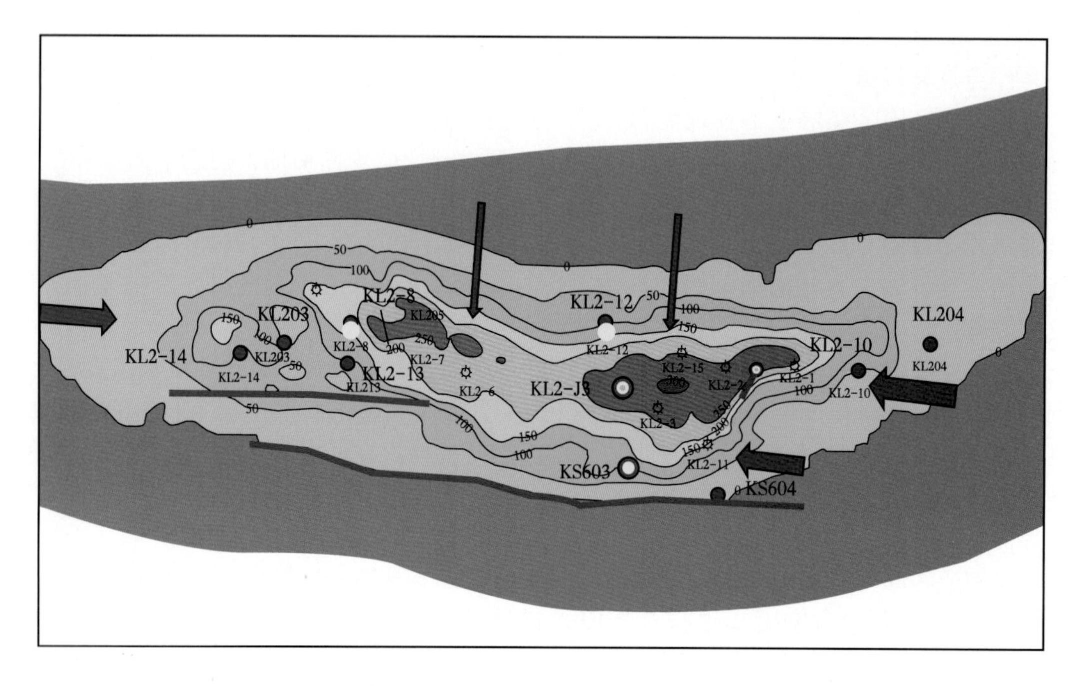

图 5-58　克拉 2 气田目前剩余气柱高度图

针对非均匀水侵的矛盾，制定了控产 + 完善井网 + 排水的主体开发调整技术政策。完善平面井网，控制产能规模和生产压差，实现气田均衡生产；优化采气速度，适当调整开发规模，适度降低采气速度。气藏采气速度越高，非均匀水侵更明显，残余气饱和度高，通过综合对比指标，优选采气速度 2.2%，年产气规模 $52\times10^8m^3$（表 5-8）。经过 20 余年的开发，由于气藏的地质特征及开发过程的影响，目前气藏主要表现为边（底）水的非均质水侵，平面的非均匀动用程度和气藏局部水侵严重，针对这些矛盾的开发技术对策如下：

表 5-8　不同方案开发指标对比表

采气速度（%）	年产量（10^8m^3）	稳产期（a）	稳产期累计产气 量（10^8m^3）	累计产气量（10^8m^3）	气采收率（%）	废弃压力（MPa）
2.5	60	2020.06	1185. 79	1543. 16	65. 13	32.0
2. 2	52	2020.12	1199. 81	1591.83	67. 18	32.4
1.9	45	2021.06	1208. 29	1555. 78	66. 56	32.8

（1）针对平面非均衡动用的矛盾，通过在低渗透层部署水平井，提高储量动用程度，抑制非均匀水侵；利用老井增加平面产气点提高采收率，克深 603 井上返投产白垩系；KL2-J3 井投产后，可减轻 KL2-4 井和 KL2-5 井的生产压力，减小生产压差，从而实现气田均衡生产，预计可提高采收率 1.2%（表 5-9、图 5-59）。

表 5-9　开发指标预测结果表

方案	年产规模（10^8m^3）	稳产时间	累计产气量（10^8m^3）	预测期末采出程度（%）	废弃压力（MPa）
目前井网开发	52	2020 年 12 月	1591.8	67. 18	32. 4
新增 3 口井开发	52	2022 年 3 月	1621	68.41	31.5

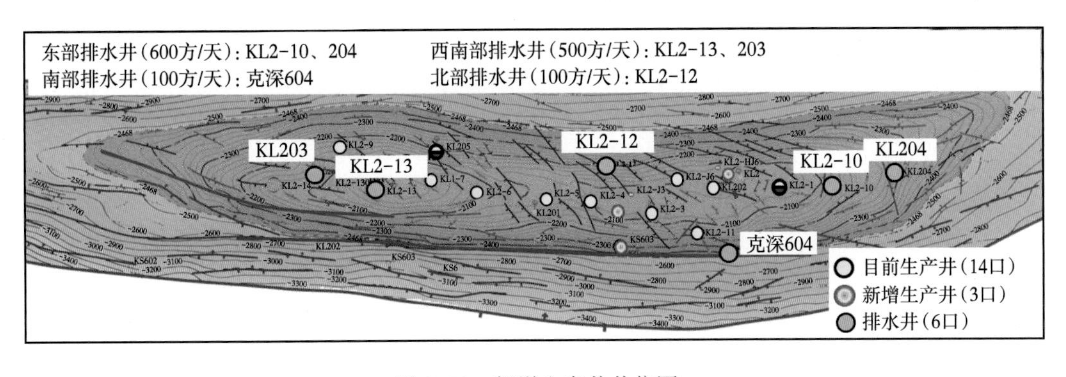

图 5-59　新增生产井井位图

（2）针对气藏局部水侵严重的矛盾，气田边部主动排水，延缓气田水侵，提高采收率（图 5-60）。对于水体弱的西南部、北部和南部利用见水井和过路井有效排水延缓水体向气田内侵入。对东部强水体区域，针对高渗透层排水，虽然不能完全抑制水侵，但能有效减缓水体沿高渗透层突进，实现水侵较均匀推进，降低水封可能，可降低气田整体废弃压力，提高采收率。

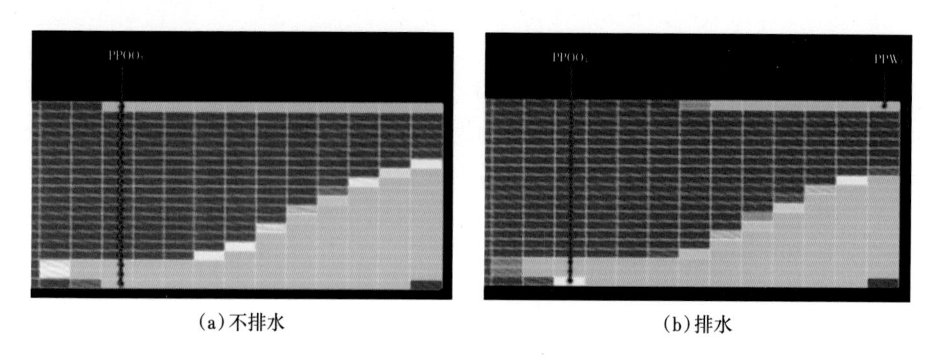

(a)不排水　　(b)排水

图 5-60　排水效果机理图

从KL2-10产出剖面测试表明该井主要产水层位顶底高渗透层，以顶部高渗透层为主，因此该井排水即是利用高渗透层在排水(图 5-61)。通过东部两口井排水量与KL2-1井氯离子含量变化对比曲线可以看出，初期KL2-10井排水，邻井KL2-1井氯离子含量下降。KL204井于2019年6月排水，KL2-1井氯离子含量也有下降的迹象。因此对高渗透层加大排水量排水，对延缓中部井水侵有一定效果(图 5-62)。

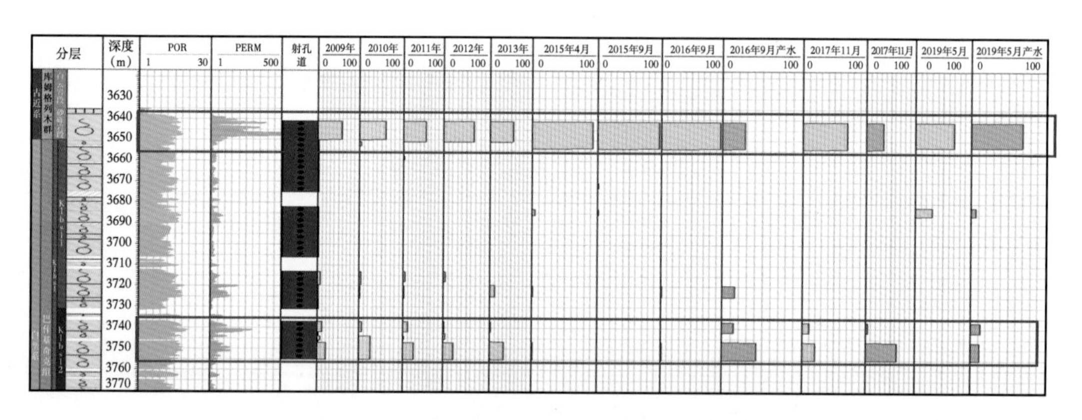

图 5-61　KL2-10井历年产出剖面对比图

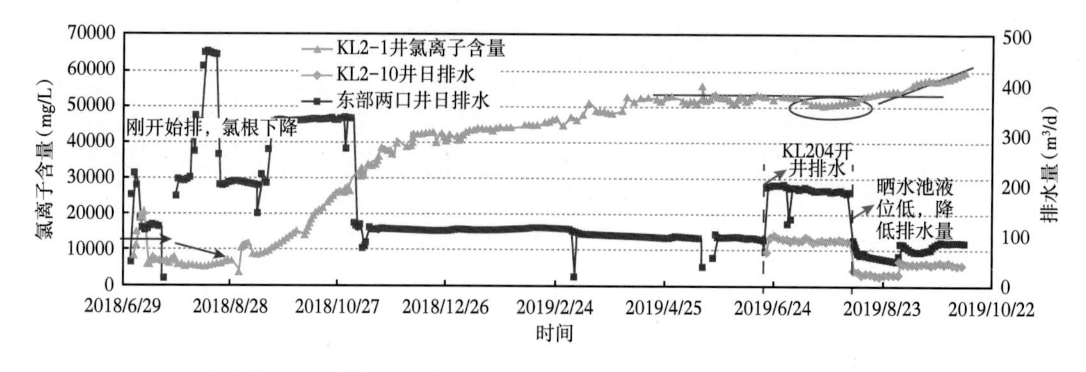

图 5-62　东部两口井排水量与KL2-1井氯离子含量变化曲线

2. 迪那2气田

迪那2气田于2001年发现，于2009年正式投产，2010年产量达到方案设计，年产气规模超过$45\times10^8m^3$。

截至2019年，迪那2气田采出程度为28.43%，剩余地质储量为$1231\times10^8m^3$，主要集中在构造中高部位（图5-63）。利用废弃压力经验法以27.5MPa作为废弃压力，利用物质平衡法标定采收率65%，计算得到剩余可采储量$639\times10^8m^3$，在目前的产量规模下，仍具有一定的稳产潜力（图5-64，表5-10）。

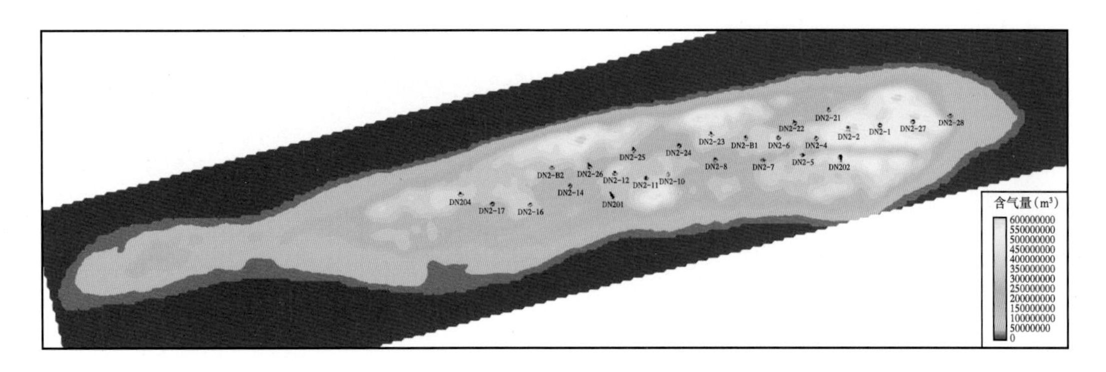

图5-63　迪那2气田剩余气平面分布

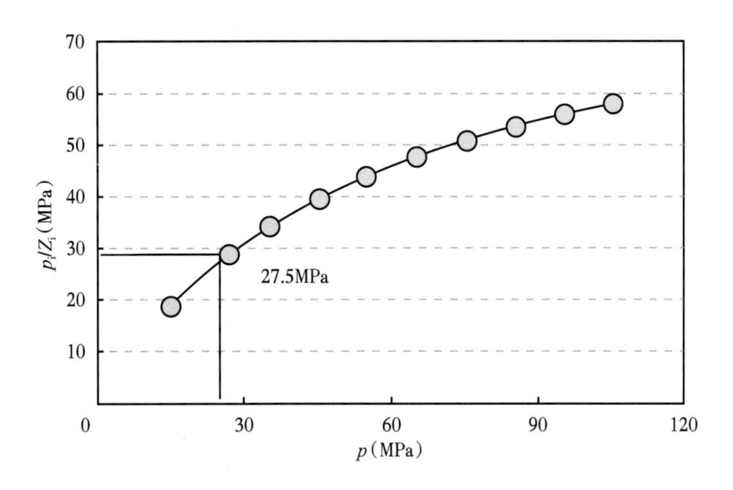

图5-64　废弃压力经验法取值

表5-10　迪那2气田可采储量标定结果

综合压缩系数（MPa^{-1}）	岩石压缩系数（MPa^{-1}）	地层水压缩系数（MPa^{-1}）	地层压力（MPa）	Z_i	废弃压力（MPa）	Z_i	气饱和度（%）	采收率（%）
0.003167	0.001957	0.000412	105.8	1.7982	27.5	0.9318	64.39	65

根据气田开发的实际情况，迪那2气田进一步提升开发潜力，需要从三个方面发挥开发潜力。

一是防水控水潜力技术与措施。从当前迪那2气田含水饱和度分布平面图（图5-65）可以看出，气藏东西两翼边水水体大、能量强、对气田影响大，在主流线采取排水措施，一定程度延缓边水推进，目前地层压力高（76.44MPa），气井见水后具备自喷能力，可利用地层能量排水。南北两翼边水和底水水体相对较小、能量较弱，考虑控制生产压差，见水后带水生产。另外，由于气田纵向上隔（夹）层较发育，可以考虑开展单井堵水延缓纵向水侵的实验。

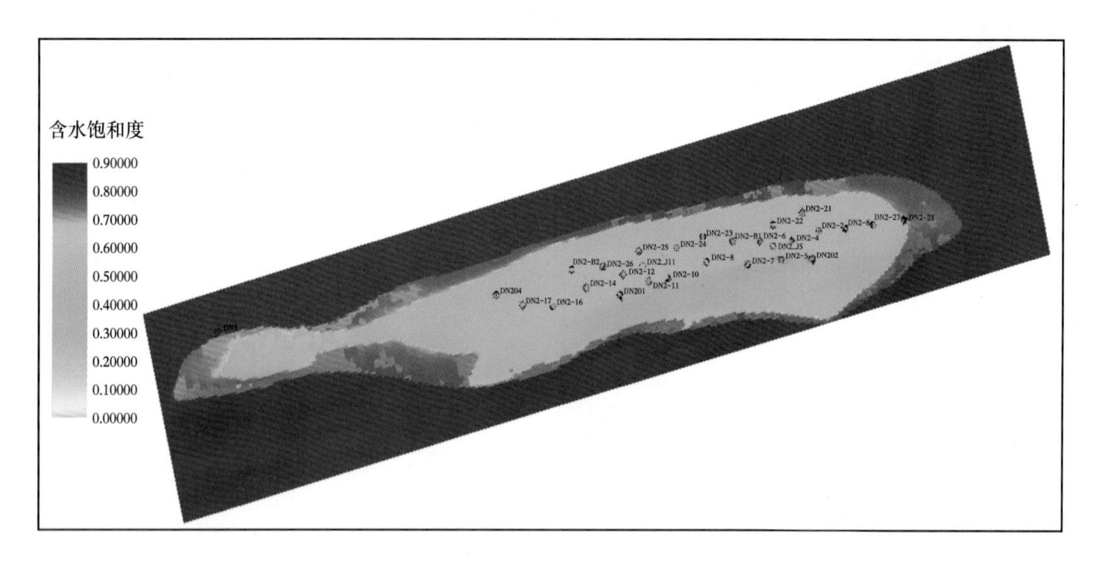

图 5-65　迪那 2 气田基质含水饱和度平面分布预测

二是均衡开发。由于平面单井采气强度不均，东部井采气强度大，气水界面抬升速度相对较快。图 5-66 为目前含气饱和度平面分布情况，气田西部迪那 3 井位置及西南翼无井控制，具有部署新井增加储量均衡动用的潜力。另外通过异常井治理，单井产能恢复效果明显，可以进一步优化单井配产，实现均衡开发。

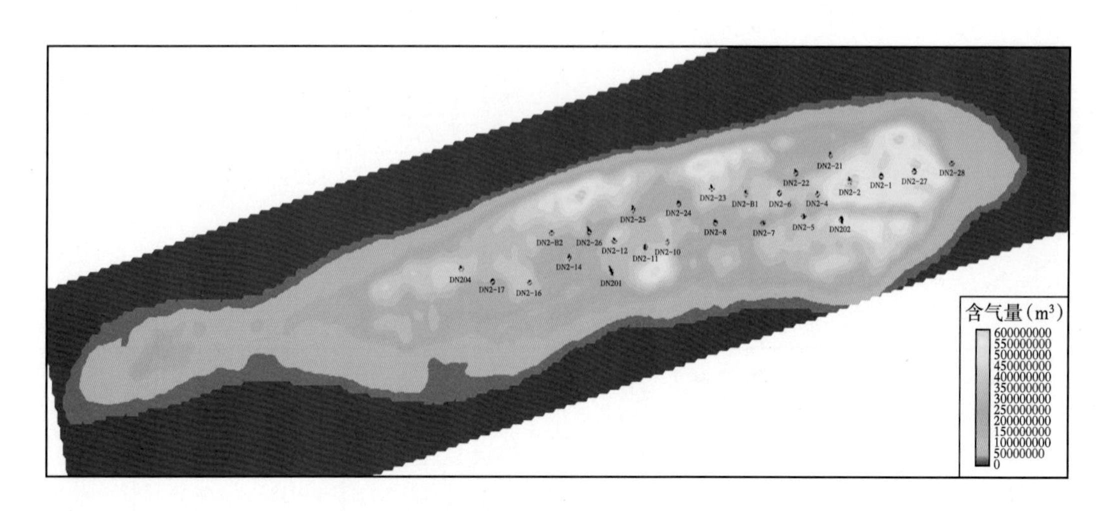

图 5-66　迪那 2 气田基质含气饱和度平面分布

三是异常井治理。迪那 2 气田异常井治理工作从 2010 年开始，经过 9 年的治理，井下堵塞物类型、堵塞机理认识逐渐明确，措施手段丰富，效果逐渐变好、针对性更强，措施井逐年增多。2019 年在优化酸液体系后，已实施 5 口井，核算日增气 $97\times10^4m^3$，日增无阻流量 $1200\times10^4m^3$，且治理有效期明显延长，措施潜力大。

3. 克深气田

克深气田由系列区块组成，各区块多为完整背斜或断背斜为主，实际上每个区块都是一个单独的气田，其中克深 2 区块和克深 8 区块是两个典型代表，气藏类型为边、(底)水干气气藏。

截至 2019 年底，克深 2 区块年产气 $11.3\times10^8m^3$，累计产气 $110\times10^8m^3$，探明地质储量采出程度 6.28%。克深 8 气田年产气 $32\times10^8m^3$，累计产气 $166.2\times10^8m^3$，探明地质储量采出程度 10.49%。克深 2 区块、克深 8 区块开发至今，主要存在三大方面问题：一是生产井普遍出现井筒堵塞，导致开井率低，严重影响整体产能；二是生产管柱错断比例高，严重影响解堵及治水；三是平面上采气速度极不均衡，进一步加剧水侵和堵塞。

整体上，气田开发受产水影响，气田采出程度都很低。克深 2 区块目前地层压力高(84.45MPa)，采出程度较低(16.5%)，水体相对有限，提高采收率潜力较大，理论计算排水可采储量增幅可达 10% 以上。克深 8 区块具备稳产物质基础，评价动态地质储量 $1100\times10^8m^3$，可采储量 $605\times10^8m^3$，剩余可采储量规模较大。气藏生产形势较好，目前地层压力保持程度为 74.3%，气藏水侵影响小、单井无明显见水特征，措施解堵效果较好。

根据气田开发的实际情况，提出克深气田整体治理对策，提升气田开发效果。应将克深 2 区块作为裂缝性高压有水气田整体治水先导性试验区，构造高部位适当开展井筒治理，严格控制产量，防止水侵形势进一步恶化，东部 6 口井井组开展整体排水采气，探索配套相关工艺技术，优化排水参数，评价排水效果。

在整体治水方面(图 5-67)，优选构造边部产水井，利用气井能量或人工措施开展强排水，同时位于构造高部位的见水气井控压生产，抑制非均匀水侵。在老井治理方面，酸化解堵或修井，恢复老井产能，控制压差，回归合理产量。在地面配套方面，建设低压集输管线动用鞍部区储量，低温低产井配套分离加热装置保障平稳生产。

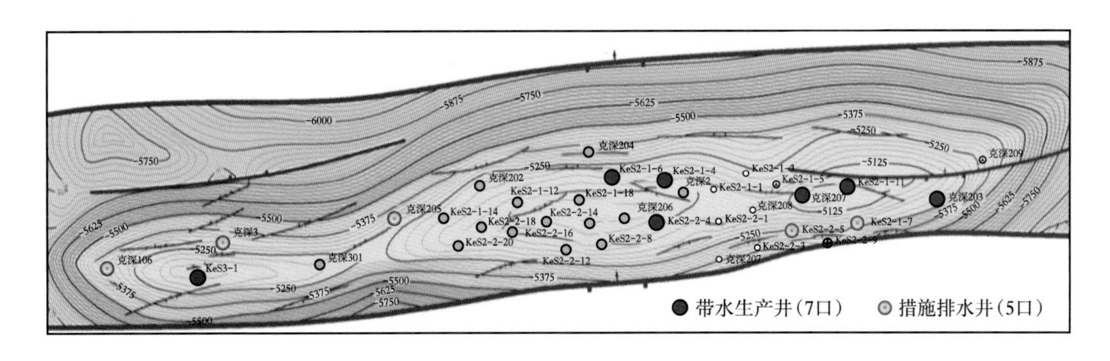

图 5-67　克深 2 区块整体治水井位分布图

克深 8 区块，明确提出“老井治理 + 新井检查 + 地面系统配套完善”三大主体治理对策(图 5-68)。在老井治理方面，新井投产后降低老井配产，回归合理产能，适时实施井筒解堵，边部井严格控产防水。在检查水侵方面，气藏西部部署检查井，检查气水界面及监测边(底)水抬升情况。在地面完善方面，新建东西集气干线复线降低运行负荷，边部井井场改造加强出水监测。

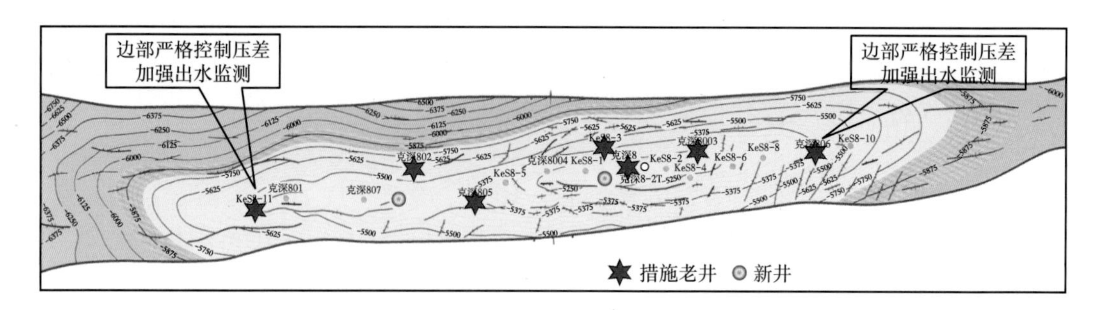

图 5-68 克深 8 区块白垩系巴什基奇克组顶面构造图

四、气田群开发规模

库车气田群开发模式和稳产模式表明，气田群开发上规模，强化已开发气田稳产和新区持续上产是关键。根据库车地区资源与开发气田情况，气田群整体具备 $300\times10^8m^3$ 以上的生产能力（图 5-69）。

已开发的克拉 2、迪那 2、克深等气田通过开发调整与综合治理，2025 年保持 $200\times10^8m^3$ 以上产量规模。克拉 2 气田、迪那 2 气田严控采气速度，加大提高采收率技术攻关，控制递减率。克深气田加大剩余未动用储量评价建产及周边滚动开发力度，形成接替产能；同时进行井网调整，弥补主力区块递减，产量保持 $100\times10^8m^3$ 以上稳产。

正建设气田博孜—大北气田通过积极评价，进一步落实储量和产能，2025 年具备建成 $100\times10^8m^3$ 产量潜力。截至 2020 年底，博大区域面积 $1670km^2$，天然气资源量气 $1.32\times10^{12}m^3$，探明地质储量气 $3235\times10^8m^3$，2020 年产量气 $36.6\times10^8m^3$。通过“整体部署，区块接替”模式，按照不同动用圈闭个数、储量、建产节奏建产，预计到 2025 年新增动用地质储量 $2750\times10^8m^3$，新建产能 $85\times10^8m^3$，届时天然气年产量规模达到 $100\times10^8m^3$。

另外，通过外围勘探发现与周边积极拓展，开发积极介入新区，开展系统评价，强化试采，保障气田群不断有新储量发现并及时投入开发，弥补老气田递减，保障气田群整体 $300\times10^8m^3$ 以上规模较长时期稳产。

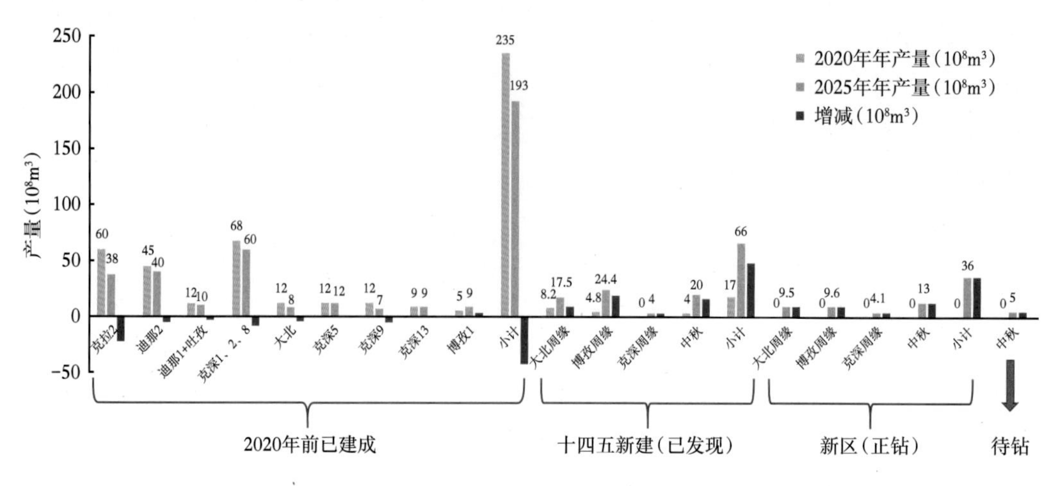

图 5-69 库车地区气田产量部署图

第四节　气田群稳产接替方式和长期稳产技术对策

一、气田群开发总原则

库车气田群作为我国“西气东输”重要气源地，安全、均衡开发，长期、平稳供气是库车地区气田群开发的基本原则，气田群整体保持一定规模的长期稳定生产是开发需要考虑的关键。

实现气田群一定规模长期稳定生产，需要统筹考虑已开发气田、待建设气田及未来可能发现的新气田。首先要根据区域资源，做好整体发展规划，目前要做好已开发与待建主力气田开发工作安排。对已开发的克拉 2、迪那 2 两大主力气田，由于开发多年，气田开发规模落实，重点要做好控递减提高采收率工作，尽可能延长稳产；对上产克深气田来说，由于区块多且差异大，不确定性较大，应加强前期评价，做好区块滚动接替保持规模稳产。同时要做好接替储量发现工作，确保新储量投入开发。

二、气田群稳产模式

库车地区超深高压气田群，从气田群稳产模式来看，属于均衡主力气田模式。气田群内部主力气田建成一定的开发规模，卫星气田则主要用于弥补递减，保持气田群的稳产或适当增加开发规模。库车气田群开发阶段整体处于早中期阶段，本着“发现一个、建设一个”的开发思路，实行多个主力气田协同开发保障气田群生产规模的举措。主力气田是气田群整体开发规模与稳产的核心，需合理分配主力气田稳产规模，保持尽可能长期稳产，做到主力气田群内部各气田开发指标的科学合理及主力气田群各气田间的协同开发。同时，做好接替气田上产规模与时机，弥补主力气田递减，进一步延长气田群稳产时间。

库车气田群整体资源潜力较大，气田群开发规模的进一步上升主要依靠新增储量。气田群稳产模式主要依靠主力气田协同上规模，卫星气田弥补递减，新区新储量的持续投入开发是实现长期稳产的关键。通过主力气田建成一定规模，接替气田（新区）弥补递减，实现气田群整体稳产。做好主力气田开发管理，优化接替气田开发规模与投产时间，确保现有规模稳产。加强勘探与评价，落实储量，确保新建产能到位，实现气田群适度上产与长期稳产。

在气田实际开发过程中，由于气井单井产量高，同时气田普遍受产水影响，做好开发井位部署与采气速度优化，采气速度控制在 2%~3% 较为合理，力求气田做到平面上与纵向上均衡开发，确保气田开发效果与采收率最优。

稳产接替方式采用少井高产，一次布井建成产能规模，气井稳产时间等于气田的稳产时间。气田群由主力气田和多个构造型小气田组成，采用外围区块滚动接替稳产。

三、气田群稳产关键技术对策

针对超深高压气田开发特征，库车深层高压气田群长期稳产技术对策核心内容是做好四项关键技术的有机结合。

一是深层构造与储层的精细描述技术。重点是高密度开发三维地震勘探、超深储层裂缝预测与建模、高压气井井下动态监测与分析、深层裂缝静动态定量评价四个方面技术。核心是大幅提高构造、储层解释精度，不断降低钻井误差率，实现储层动态特征定量分析，降低目的层深度误差。在此基础上，指导开发井部署、动态分析和水侵研究，提高开发井钻井成功率，落实开发动态储量。

二是采气速度与采气结构优化技术。重点是井点差异化配产均衡开采、井网调整优化部署、低渗透区水平井开发、提高储量动用程度。通过动态调整产量规模与产气结构，实现气田平面井网更加完善、采气速度更加合理，稳定气田单位压降采气量。通过持续的采气速度与结构优化，使主力气田稳产期、采收率、累计产气量等关键开发指标不断向好，气田开采更加均衡，储量动用率得到进一步提高，主力气田开发效果持续改善。

三是超深井治理与控排水采气技术。重点是异常井大修复产、水侵动态监测及评价、构造高部位控产与构造低部位强排水相结合。实际开发过程中要以问题为导向，结合具体气田生产过程中存在的问题，明确方向与技术措施。通过治理井筒堵塞，恢复老井产能，大幅提高气井的生产能力；通过早期构造边部主动排水、构造高部位带水生产的治水方式，降低气藏废弃压力，提高采收率；通过增加新井和配套鞍部地面方式，增加动用程度，提高气藏产能和采收率。多种技术措施综合施策，实现气田动态水体刻画及分布规律不断清晰，从“被动治水”向“主动治水”转变，保持气田水体均匀推进。

四是区块滚动评价与前期部署技术。库车地区天然气田埋藏深度与气藏压力不断突破，新区特征差异大。持续探索新技术，区块协调、滚动开发稳产是气田群长期稳产的必由之路。重点是新区快速评价与产建优化部署、前期规模试采与动态评价、滚动扩边与新区接替稳产。实现气井与气田产能快速评价，缩短新区产能建设周期，靠实可动用储量，确保产建规模更加合理。通过滚动扩边，推动发现新气田，进一步夯实气田群稳产资源基础。

第六章　中国天然气供需形势预测

第一节　研究背景

2020 年 9 月 22 日，在第七十五届联合国大会上，我国首次提出“二氧化碳排放力争于 2030 年前达到峰值，努力争取 2060 年前实现碳中和”。碳达峰是指在某一个时点，二氧化碳的排放达到峰值不再增长，之后逐步回落。碳中和是指一个国家在一年内的二氧化碳排放量与吸收量达到平衡，也称净零排放。目前我国是世界最大的能源消费国，且能源消费结构中煤炭占比过高，2020 年达 56.8%，使我国同时成为世界最大的碳排放国。2020 年我国能源消费碳排放量约为 99.0×10^8t，占世界总量的近三分之一（图 6-1）。中国作为最大的碳排放国，“双碳”（即碳达峰和碳中和）目标的达成将对联合国《巴黎气候变化协定》中“全球平均气温较工业化前水平升高控制在 2℃之内，并为把升温控制在 1.5℃之内而努力”目标的实现起到积极作用，也是“美丽中国”绿色发展、高质量发展的迫切需求。

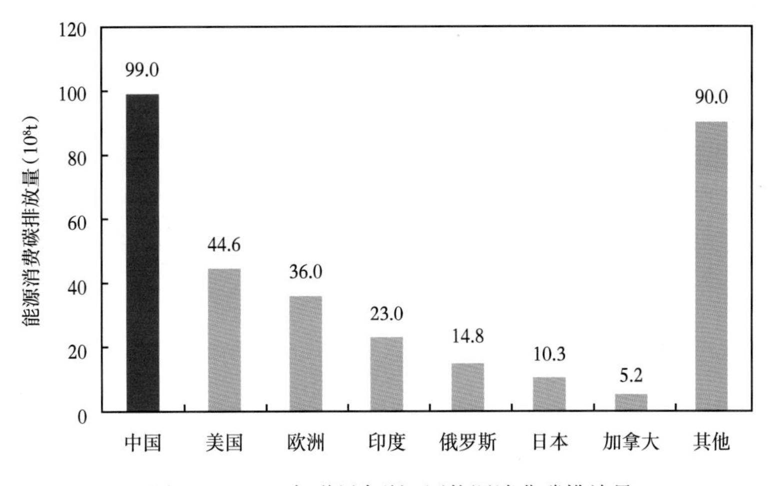

图 6-1　2020 年世界各洲 / 国能源消费碳排放量

近年来国家大力倡导清洁能源发展，天然气勘探与开发进程不断加快，天然气消费量与产量屡创新高，2020 年天然气消费量达 $3280\times10^8m^3$，天然气产量达 $1925\times10^8m^3$。“双碳”背景下，天然气作为清洁低碳的化石能源必将在能源结构中扮演更加重要的角色。本章通过引入 BP 神经网络 -LEAP 组合模型、产量构成法等对“双碳”背景下天然气供需形势进行预测，并基于预测结果就天然气行业在“双碳”时代的发展重点进行了讨论。

第二节　碳排放量与天然气消费量预测

目前常用的天然气消费量预测方法包括类比法、能源消费比例法、部门分析法、用气项目分析法、系统动力学模型等方法，但这些传统方法基本不涉及碳约束问题。笔者创新性地提出 BP 神经网络 -LEAP 组合模型用于天然气消费量预测，模型兼顾“能源消费—碳约束—能源成本”三者平衡，预测结果更加符合“双碳”背景下天然气消费量变化趋势。

一、模型建立

1. BP 神经网络

BP（Back Propagation）神经网络是一种按照误差逆向传播算法训练的多层前馈神经网络，是目前应用最广泛的人工神经网络模型之一。标准的 BP 神经网络由输入层，输出层和之间若干（一层或多层）隐含层构成，每一层可以有若干个节点，层与层之间节点的链接状态通过权重来体现。BP 神经网络善于挖掘数据之间的线性关系或非线性关系，其优势在于无需事先确定输入输出之间映射关系的数学方程，仅通过自身的训练，来优化网络结构并调节各网络节点权重及阈值，最后基于训练得到的网络对关键参数进行预测。

BP 神经网络的模型训练过程由正向传播和反向传播构成（图 6-2）。正向传播过程中，首先对训练样本（X，Y）进行归一化处理，其中，X 与 Y 均为向量，输入向量 $X=\{x_1, x_2, x_3, \cdots, x_n\}$，期望向量 $Y=\{y_1, y_2, y_3, \cdots, y_m\}$。被归一化后的样本数据传播至隐含层中进行计算，将计算的结果作为输入传递给下一个节点，依次计算，直到传播至输出层。若输出层输出的结果 $\tilde{Y}=\{\tilde{y}_1, \tilde{y}_2, \tilde{y}_3, \cdots, \tilde{y}_n\}$ 与预期结果 Y 之间的误差大于误差极限，训练过程则反向传播，误差通过隐含层被反馈到输入层。通过多次迭代，不断对网络上各个节点间的权重进行调整，从而逐渐降低误差，直到满足精度要求。

假设网络模型的输入节点数为 n，输出层节点数为 m，隐含层层数为 L，各隐含层节点数 N_L，相邻层 i 节点与 j 节点之间的链接权值为 w_{ij}，隐含层或输出层 i 节点阈值为 b_i。

则第 L 个隐含层第 i 个节点输出值 V_i^L 可表示为

$$V_i^L = f\left(\sum_{j=1}^{N_L} w_{ij}^L V_j^{L-1} + b_i^L\right) \tag{6-1}$$

其中，$f(x)$ 为神经元的激活函数，常用的激活函数为 Sigmoid 函数，其公式为

$$f(x) = \frac{1}{1+e^{-x}} \tag{6-2}$$

输出层第 k 节点输出值 $\tilde{y}_k$ 为

$$\tilde{y}_k = \sum_{k=1}^{N_L} V_i^L w_{ik} + b_k \tag{6-3}$$

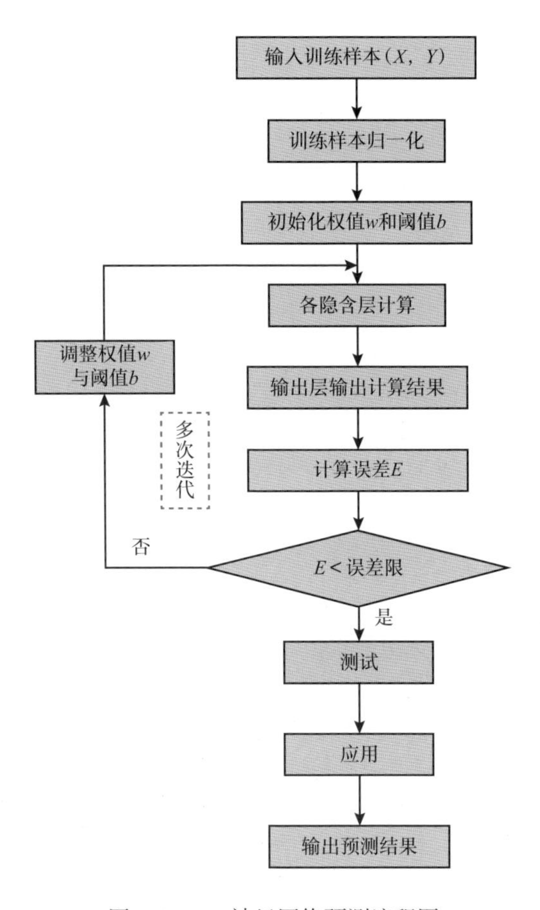

图 6-2　BP 神经网络预测流程图

将实际输出值 $\tilde{y}_k$ 与对应节点的期望输出值 y_k 进行比较，得到误差函数为

$$E(t)=\frac{1}{2}\sum_{k=1}^{m}(y_k-\tilde{y}_k)^2 \tag{6-4}$$

式中　t——训练次数。

为降低输出层实际输出值与期望值之间的误差，常采用梯度下降法调整网络中节点的权值，权值迭代更新公式为

$$w(t+1)=w(t)-\eta\frac{\partial E}{\partial w} \tag{6-5}$$

式中　η——神经网络的学习率。

2. LEAP 模型

LEAP 模型（Long-range Energy Alternatives Planning System）是由斯德哥尔摩环境研究所（SEI）与波士顿大学共同研发的一个长期能源替代规划系统，是一种典型的基于“自下而上”模拟方法建立的“能源—环境—经济”多领域综合模拟系统。LEAP 模型主要用于预测不同情景下国家、地区或行业的能源需求量和由此产生的大气污染物及温室气体排放量，从而为政策制定部门提供能源规划的决策参考。

LEAP 模型的主要优点包括：(1)该模型具有庞大的环境数据库 TED 作为支撑，该数据库收录了不同行业、不同类型能源的碳排放指标，因此非常适合用于研究“碳约束”情景下的能源消费变化趋势；(2)该模型应用范围广泛，可用于国家、地区等不同空间尺度，工业、交通、电力等不同行业部门的能源消费预测；(3)该模型考虑要素全面，从需求侧、转化侧、能源供应侧等多个维度构建预测模型，参与计算的参数众多，使得预测结果更加精准可靠；(4)该模型内置 OSeMOSYS 开源能源建模系统与 GLPK 求解器，可用于自动优化能源消费结构，从而达到“能源消费—碳约束—能源成本”三者平衡，避免了人为主观设置对于预测结果的影响。

3. LEAP 模型改进方法

LEAP 模型建立过程中首先需要设置终端(需求侧)能源消费强度，如 2020 年终端能源消费量约为 35×10^8t(标准煤当量)，而全国一次能源消费总量约为 49.8×10^8t(标准煤当量)，终端能源消费量与一次能源消费量之间存在转化效率。部分一次能源如天然气经处理厂、净化厂处理后，或煤炭经过洗煤、脱硫后可直接用于终端消费，生物质能(木柴)经简单加工处理也可直接用于终端消费，天然气、煤炭及生物质能等在加工处理和运输过程中原料损失较少，能源转化率基本在 95% 以上。剩余部分一次能源如煤炭、石油、天然气、水力、风能、太阳能、核能、地热能(发电)等需经过中间转化环节生成二次能源方可用于终端消费，从一次能源转化为电力的转化效率约为 40%，石油炼化的转化效率约为 94%。

学者普遍认为“双碳”背景下电力将在终端能源消费中发挥更大作用，这是因为非化石能源主要在电力领域替代化石能源，预计 2060 年电力在终端能源消费中的占比将增长至 60% 以上(2020 年约 27%)。随着电力在终端消费中的占比逐渐升高，因 LEAP 模型中电力的能源转化效率(约 40%)远低于其他能源的转化效率(90% 以上)，因此相同终端能源消费量的前提下，电力占比越高，则一次能源消费总量将成倍增长，这一结果与实际情况不符。这是因为 LEAP 模型仅考虑了一次能源与终端用能(包括二次能源)之间的转化效率，却未考虑终端用能的做功效率，如燃油汽车每 100km 油耗约 10L，热当量约 10.6kg(标准煤当量)，而电动汽车每百公里耗电约 16kW · h，相同电力生产全过程耗能平均仅 5.2kg(标准煤当量)；再如终端燃气炉灶的热能利用率约为 50%，而电磁炉的做功效率可达 90% 左右，可见终端用能过程中电力比非电力能源做功效率更高。因此，在设置能源利用效率时不仅需要对一次能源到终端用能的转化效率，还需考虑终端用能的做功效率。笔者遂提出能源综合利用效率与终端有效能源消费量两项新参数用于构建 LEAP 模型。两项新参数定义式如下：

$$\zeta = \lambda\varphi \tag{6-6}$$

式中 ζ——能源综合利用效率，即综合考虑能源转化率及能源做功效率的系数，无量纲；

λ——能源转化效率，无量纲；

φ——能源转化后的做功效率。

终端能源消费量与终端有效能源消费量之间存在转换关系：

$$E_{终端有效} = E_{终端}\alpha_{电}\varphi_{电} + E_{终端}\alpha_{化} + E_{终端}\left(1-\alpha_{电}-\alpha_{化}\right)\varphi_{燃} \tag{6-7}$$

式中 $E_{终端有效}$——终端有效能源消费量，t(标准煤当量)；

$E_{终端}$——终端能源消费量，t（标准煤当量）；
$\alpha_{电}$——电力在终端能源消费中的占比，无量纲；
$\varphi_{电}$——电力的平均做功效率，无量纲；
$\alpha_{化}$——非燃料化工制品在终端能源消费中的占比（非燃料化工制品不存在做功效率），无量纲；
$\varphi_{燃}$——终端燃料的做功效率，无量纲。

传统 LEAP 模型仅凭借终端能源消费量 $E_{终端}$与能源转化效率 λ 计算一次能源消费量，本文新模型则通过终端有效能源消费量 $E_{终端有效}$与能源综合利用效率 ζ 对未来一次能源消费总量进行预测。

$$E_{总}=\frac{E_{终端有效}\gamma_{电}}{(1-\theta)\zeta_{电}}+\frac{E_{终端有效}\gamma_{化}}{\lambda_{化}}+\frac{E_{终端有效}\left(1-\gamma_{电}-\gamma_{化}\right)}{\zeta_{燃}} \tag{6-8}$$

式中　$E_{总}$——一次能源消费总量，t（标准煤当量）；
$\gamma_{电}$——电力在终端有效能源消费中的占比，无量纲；
$\zeta_{电}$——电力的综合利用效率，无量纲；
θ——电网的输电损失率，无量纲；
$\gamma_{化}$——非燃料化工制品在终端有效能源消费中的占比，无量纲；
$\lambda_{化}$——非燃料化工制品的转化效率，无量纲；
$\zeta_{燃}$——终端燃料的综合利用效率，无量纲。

电力在终端消费中的占比$\alpha_{电}$与电力在终端有效能源消费中的占比$\gamma_{电}$之间可相互转换：

$$\alpha_{电}=\frac{E_{终端有效}\gamma_{电}}{E_{终端}\varphi_{电}} \tag{6-9}$$

4. BP 神经网络 –LEAP 组合模型

虽然 BP 神经网络可对未来能源消费相关参数进行预测，但单独使用 BP 神经网络则不足以对全国能源消费结构演变、碳排放量、天然气消费量等复杂系统进行预测。因此须借助 LEAP 模型这一优势平台，后者可综合考虑居民生活、工业、交通、建筑等终端能源消费，电力生产、化工等中间环节的能源转化，以及一次能源、二次能源供应等众多因素构建复杂能源消费预测模型。但因 LEAP 模型中涉及参数众多，特别是终端各部门有效能源消费强度等关键参数需提前人为设定，而这些关键参数在相关研究论文中难以找到参考值，且人为主观设置容易造成较大的预测误差。因此笔者创新性地提出 BP 神经网络—LEAP 组合模型，充分利用两种方法各自优势，从而使得预测结果更加严谨客观。

BP 神经网络—LEAP 组合模型的预测流程如图 6-3 所示。笔者认为终端有效能源消费强度（包括居民生活、工业、交通、建筑及其他等部门）受到城镇化率，老龄化率，第一、二、三产业增加值，工业、建筑业、交通运输业增加值，科研经费支出，教育经费支出等参数影响。因此首先需统计相关参数的历史数据，再基于 BP 神经网络挖掘这些关键参数的线性或非线性关系，从而对终端五大部门有效能源消费强度进行预测。将预测得到的终端有效能源消费强度代入 LEAP 模型中，通过 LEAP 模型模拟不同情景下能源供需平衡，从而对全国能源消费量、天然气消费量进行预测。

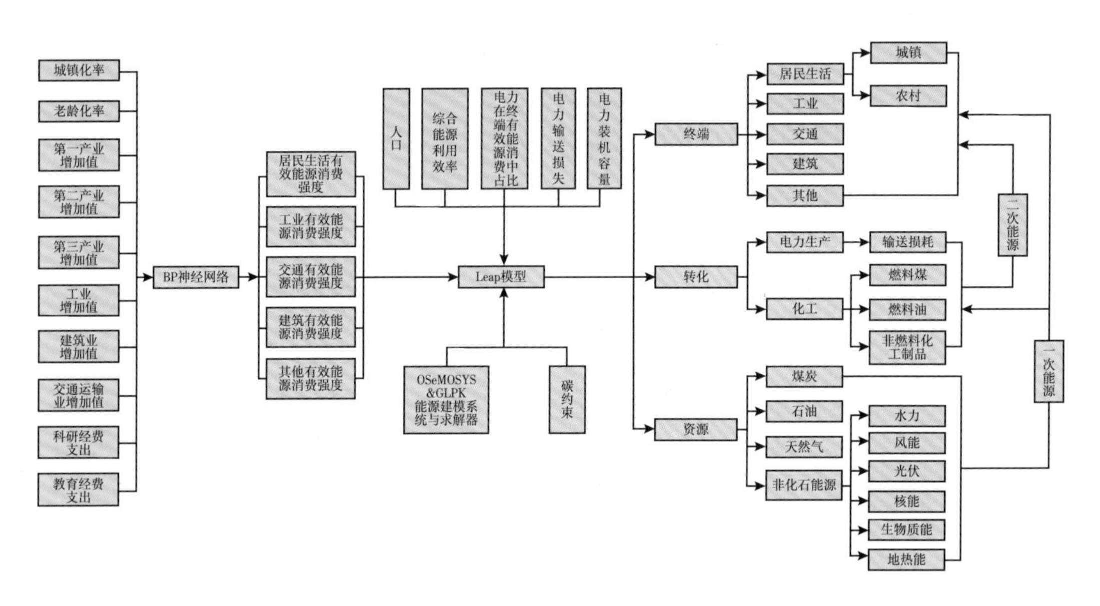

图 6-3　BP 神经网络—LEAP 组合模型示意图

二、参数选取与情景设置

BP 神经网络—LEAP 组合模型中所涉及的关键参数均取自国家和行业发展规划，或权威机构的研究成果。具体参数取值如下：（1）笔者首先整理了国家统计局官网发布的 2001—2020 年人口，城镇化率，老龄化率，第一、二、三产业增加值，工业、建筑业、交通运输业增加值，科研经费支出及教育经费支出作为输入向量；整理居民生活、工业、交通、建筑及其他部门能源消费数据，按照公式（6-7）转化为终端有效能源消费强度并作为输出向量。将处理后的历史数据制作 BP 神经网络样本，模型随机选取 70% 的样本数据制作训练集用于优化网络结构、权值及阈值，选取 15% 的样本数据制作测试集用于检验训练得到的网络模型的可靠性，再选取 15% 的样本数据制作验证集用于检验网络模型是否存在过度拟合；（2）2021—2060 年人口数据取自中国政府网、产业信息网等权威机构，预计 2030 年达到峰值，约 14.5 亿，2060 年将降至 12.9 亿；（3）GDP 增长率引用文献中的数据，2021—2030 年 GDP 年均增速介于 5.0%~5.5%，2030—2050 年介于 3.0%~4.0%，2050—2060 年介于 3.0%~3.5%；（4）城镇化率及老龄化率引用文献中的数据，2020 年城镇化率为 63.9%，2060 年城镇化率达 75%；2020 年老龄化率为 13.5%，2060 年达 28%；（5）2060 年预计中国将成为中等发达国家，因此三次产业结构可参考当前韩国等中等发达国家数据，在考虑未来产业结构调整的情况下，预计 2060 年中国第一、二、三产业增加值占 GDP 比重分别调整至 4%、31%、65%；（6）2001—2020 年，历年工业增加值增长率约为历年第二产业增加值增长率的 0.9 倍，历年交通运输业增加值增长率约为历年第三产业增加值增长率的 0.8 倍，历年建筑业增加值增长率约为历年城镇化率增长率的 4.5 倍，因此 2021—2060 年工业、交通运输业与建筑业增加值的增长率设置为对应参数的相应倍数；（7）2001—2020 年，历年科研经费支出增长率约为历年 GDP 增长率的 1.5 倍，历年教育经费支出增长率约为历年 GDP 增长率的 1.2 倍，因此 2021—2060 年科研及教育经费支出的增长率分别设置为当年 GDP 增长率的相应倍数；（8）非燃料石油化工制品石油消费量参考中国石油经济技术研究院发布的《世界能源展望 2019》基准情景数据，非燃料天然气化工制品天然气消费量取总消费量的 5%，非燃料煤炭化工制品煤炭消费量取总消费量的 3%。

为了研究不同技术条件，政策措施对能源消费及碳排放量的影响，笔者设置了三种情景，包括基础情景、技术进步情景、碳中和情景（考虑技术进步与碳约束）。技术进步主要包括终端用能设备的普遍电气化、终端用能设备能源综合利用效率的普遍提升、先进电网的广泛应用、非化石能源发电技术与燃气发电技术的广泛应用等。基础情景和技术进步情景不对碳排放做任何限制，而碳中和情景则提前设置碳约束条件，碳约束数据参考清华大学发布的《中国长期低碳发展战略与转型路径研究》综合报告中 2℃情景及丁仲礼院士的“减排四步走”论断中的全国碳排放数据，即 2030 年、2040 年、2050 年、2060 年碳排放量分别不高于 95×10^8t、65×10^8t、40×10^8t、25×10^8t（剩余 25×10^8t 碳排放由碳汇及 CCUS 技术等固碳或埋存，从而实现碳中和目标）。基础情景和技术进步情景中未来各类电力装机容量均为提前设定的参数（假定为 2020 年电力装机容量的若干倍数），碳中和情景则不对未来电力装机容量进行任何限制，而是采用模型内置 OSeMOSYS 开源能源建模系统与 GLPK 求解器自动优化各类电力装机容量配比，在兼顾碳排放约束及能源成本的前提下，满足对终端电力消费供应。三种情景参数设置见表 6-1。

表 6-1　三种情景参数设置

参数	基准年	基础情景		技术进步情景		碳中和情景（技术进步＋碳约束）	
	2020 年	2040 年	2060 年	2040 年	2060 年	2040 年	2060 年
电力在终端有效能源消费中的占比（%）	45.0	52.5	60.0	57.5	70.0	62.5	80.0
终端燃料的综合利用效率（%）	36.0	36.5	37.0	37.3	38.5	38.0	40.0
电力的综合利用效率（%）	34.0	34.5	35.0	35.3	36.5	36.0	38.0
电力输送损失（%）	5.6	5.0	4.5	4.8	4.0	4.5	3.5
煤电装机容量（10^8kW）	10.80	8.64	4.86	7.56	3.24		
燃气发电装机容量（10^8kW）	0.98	1.47	1.96	1.96	2.45		
非化石能源电力装机容量（10^8kW）	9.55	23.88	33.43	28.65	38.20		
碳约束条件（10^8t，标准煤当量）	99.00					65.00	25.00

三、预测结果与分析

1. 终端有效能源消费强度

将训练得到的网络模型用于终端有效能源消费强度预测之前，首先需验证网络模型的可靠性。拟合结果表明，样本数据间具有很强的相关性，训练得到的网络模型可以准确地描述数据之间的映射关系，训练集、样本集、测试集以及全部样本集的拟合优度均在 99.9% 左右（图 6-4），拟合误差小，泛化能力强，不存在过度拟合现象，网络模型可靠，可用于未来能源消费强度预测（表 6-2）。基于训练得到的神经网络模型对 2020—2060 年终端有效能源消费进行预测，预结果表明终端各部门有效能源消费强度将逐年递增，其中 2020—2040 年增长速度较快，2040—2060 年增速放缓并逐渐趋稳。各部门中工业部门的有效能源消费强度最高，2060 年约 1.03t（标准煤当量）/ 人，居民生活、交通等部门次之，2060 年分别约 0.14t（标准煤当量）/ 人和 0.13t（标准煤当量）/ 人。

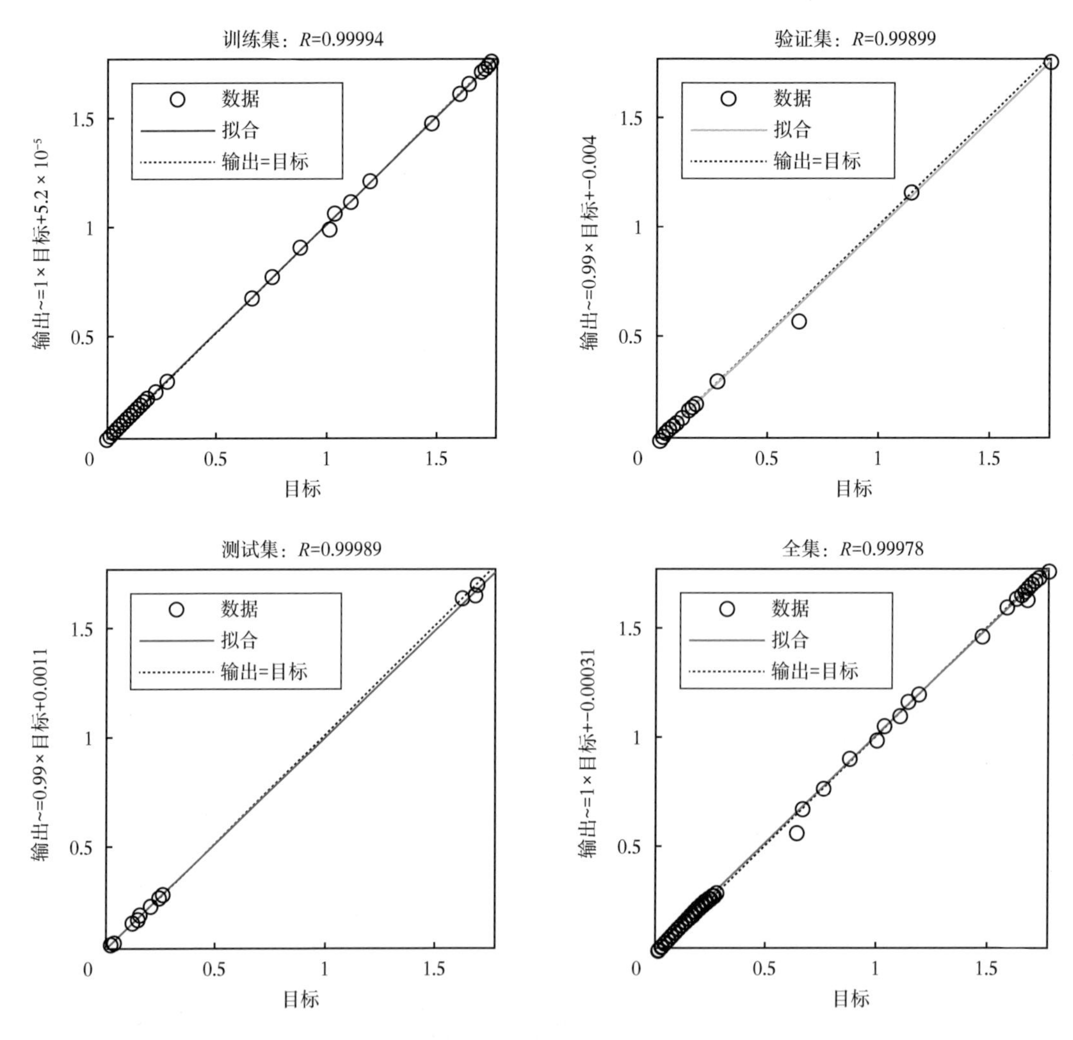

图 6-4　BP 神经网络样本集拟合优度

表 6-2　终端各部门有效能源消费强度预测

年份	居民生活有效能源消费强度［t(标准煤当量)/人］	工业有效能源消费强度(不含电力消费)［t(标准煤当量)/人］	建筑有效能源消费强度［t(标准煤当量)/人］	交通有效能源消费强度［t(标准煤当量)/人］	其他部门有效能源消费强度［t(标准煤当量)/人］
2020	0.1099	0.8468	0.0233	0.1055	0.1457
2025	0.1274	0.9171	0.0255	0.1179	0.1530
2030	0.1348	0.9611	0.0274	0.1253	0.1604
2035	0.1386	0.9877	0.0285	0.1304	0.1648
2040	0.1405	1.0013	0.0289	0.1322	0.1671
2045	0.1415	1.0090	0.0291	0.1332	0.1684
2050	0.1424	1.0154	0.0293	0.1338	0.1694
2055	0.1432	1.0209	0.0293	0.1341	0.1704
2060	0.1438	1.0250	0.0293	0.1342	0.1728

2. 一次能源消费总量

预测结果表明随着人口及终端有效能源消费强度的增长，2020—2035 年我国一次能源消费总量仍将不断攀升，2035 年前后将达到峰值，约（58.0~59.6）$\times 10^8$t（标准煤当量）（图 6-5 至图 6-8）。2035 年后随着人口数量的降低、终端有效能源消费强度的趋稳及能源综合利用效率的提升，一次能源消费总量将逐年递减，到 2060 年降低至（51.1~55.2）$\times 10^8$t（标准煤当量）。三种情景中，基础情景一次能源消费总量最高，技术进步情景次之，碳中和情景最低，这是因为后两种情景得益于技术进步，终端电气化程度增加，能源综合利用效率提升，输电损失减小，相同终端有效能源消费需求的情况下，资源供应端所需提供的一次能源量更少，更少的一次能源需求也为减排目标的实现提供了条件。

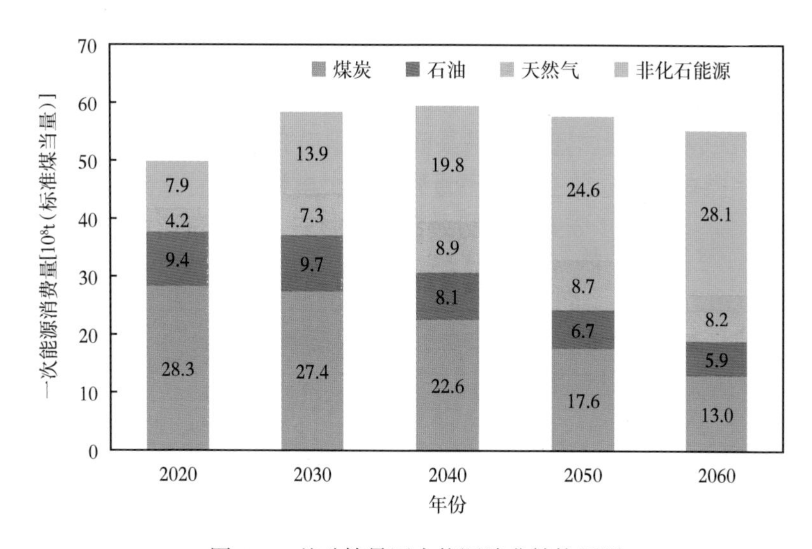

图 6-5　基础情景国内能源消费结构预测

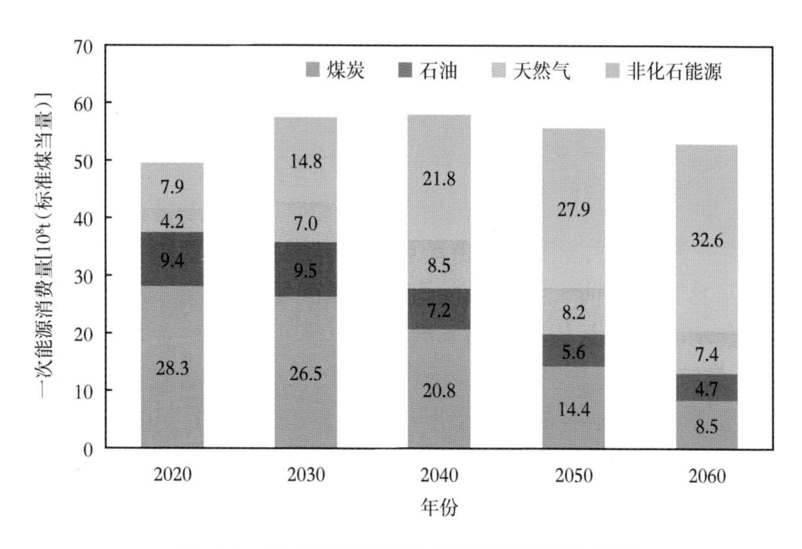

图 6-6　技术进步情景国内能源消费结构预测

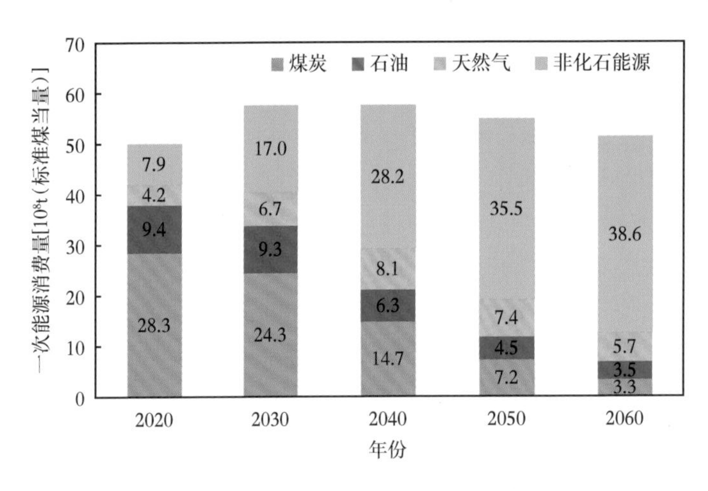

图 6-7 碳中和情景国内能源消费结构预测

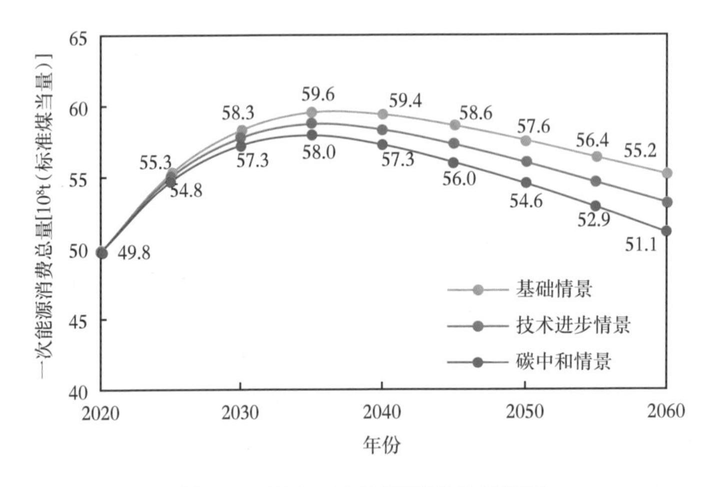

图 6-8 国内一次能源消费总量预测

从能源消费结构来看，由于电力在终端消费中的占比逐年增加，且非化石能源电力装机容量成倍增长，非化石能源以电力为载体，其在能源消费总量中的占比也逐年升高。碳中和情景下，模型根据终端电力需求自动优化配置了电力装机容量，从而实现“能源消费－碳约束－能源成本”三者平衡，非化石能源电力成本介于煤电与气电之间，电力生产过程中模型会优先配置煤电满足电力供应，当煤电与其他化石能源所产生的碳排放量达到碳约束条件时，模型将选择非化石能源电力补齐电力供应缺口，因此碳中和情景下非化石能源增幅最大，2060 年非化石能源消费量将增长至 38.6×10^8t(标准煤当量)(图 6-7)，约占一次能源消费总量的 76%。未来化石能源消费占比整体呈逐年递减趋势。其中煤炭递减幅度最大，碳中和情景下 2060 年煤炭消费量将递减至 3.3×10^8t(标准煤当量)，约占当年一次源消费总量的 6.5%，煤炭消费的大幅下跌为实现 2060 年碳排放上限 25×10^8t 的目标提供了必要条件。2020—2030 年间石油消费量缓慢增长，2030 年后石油消费量呈逐年递减趋势，至 2060 年将递减至(3.5~5.9)$\times10^8$t(标准煤当量)。

3. 能源消费碳排放量

能源消费产生的碳排放将于2025—2027年前后达峰，峰值为（103.4~107.0）$\times 10^8$t（图6-9）。碳中和情景下，得益于能源消费总量增幅相对较小，且非化石能源消费占比大幅上升，将更早实现碳达峰，2025年峰值为103.4 $\times 10^8$t。碳排放过峰后，煤炭及石油消费占比进一步降低，非化石能源与天然气消费占比进一步提升，能源消费碳排放量将逐年下降，到2060年三种情景碳排放量将分别降低至60.1 $\times 10^8$t、44.8 $\times 10^8$t及25.0 $\times 10^8$t。2060年基础情景及技术进步情景碳排放量虽都已大幅下降，但碳排放量仍然维持在较高水平，因此这两种情景都不足以实现碳中和目标。由于提前设置碳约束条件，碳中和情景下碳排放量严格按照碳约束条件逐年递减，根据假设，2060年的25.0 $\times 10^8$t碳排放量已达到了碳中和目标，因此碳中和情景为笔者推荐情景。

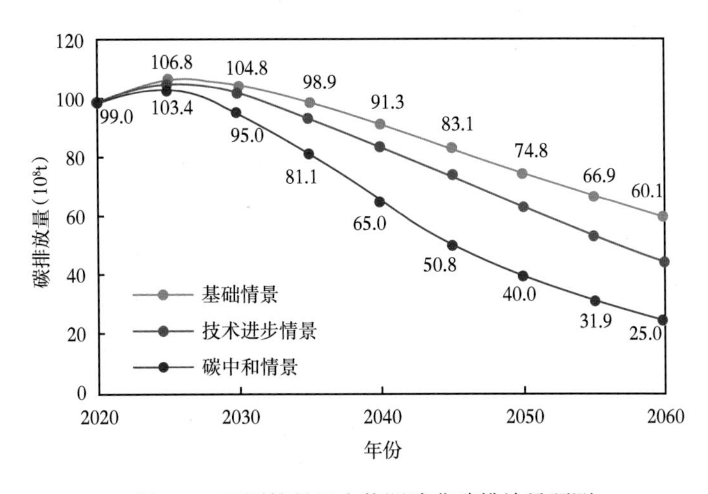

图6-9　不同情景国内能源消费碳排放量预测

该情景下2020—2025年为能源消费碳达峰阶段，期间化石能源消费量依然保持增长，煤炭消费达峰为能源消费碳达峰创造了有利条件；2025—2035年为减排初始阶段，期间预计减排二氧化碳约20 $\times 10^8$t，有约27%的煤炭消费量将被替代，非化石能源消费增速不足以完全弥补减煤留下的能源缺口，天然气作为清洁低碳能源将迎来大发展，2035年天然气在能源消费中的占比将提升至13%左右；2035—2050年为深度减排阶段，期间预计减排二氧化碳约40 $\times 10^8$t，人口过峰后带来的能源消费总量减少为减排创造了有利条件，此外技术革新也是深度减排得以实现的重要原因，电力在终端消费中的占比将提升至52%左右，能源综合利用效率进一步提升，非化石能源电力技术取得突破，发电成本、发电效率、装机容量及储能系统等显著改善；2050—2060年为减排攻坚阶段，预计减排二氧化碳约15 $\times 10^8$t，并最终实现碳中和目标，工业、交通、电力等领域将全面实现低碳化，电力在终端能源消费中的占比将提升至65%左右，非化石能源电力将占总电力的87%左右，大规模非化石能源电力的投入，对电网、储能设施、调峰电源及终端电气化水平等提出较高要求。

4. 天然气消费量

天然气消费量将于2040前后达峰，峰值为（6100~6700）$\times 10^8 m^3$（图6-10），占能源消费总量的14.0%~15.0%。因存在碳约束条件且一次能源消费总量相对较低，“碳中和”

情景下天然气消费量低于前两种情景。“碳中和”情景下2020—2035年为天然气消费的快速增长期，期间受能源消费总量逐年增长、煤电占比大幅下降、国内天然气持续增储上产及天然气进口量持续增长等综合影响，天然气消费量迅速增长，为弥补减煤留下的能源消费缺口发挥重要作用。其中电力生产部门天然气消费量增幅最大，2020—2035年新增天然气消费量约为$1050\times10^8m^3$，约占总新增量的43%，其次为工业部门，2020—2035年新增天然气消费量约为$680\times10^8m^3$，约占总新增量的28%。2035—2045年为天然气消费的峰值平台期，煤电已降低至较低水平，非化石能源电力因技术突破已进入快速发展期，新增非化石能源电力足以弥补期间逐年退出的煤电，且能源消费总量逐年递减，因此天然气消费量增速放缓，维持在（5700~6100）$\times10^8m^3$。2045年后天然气消费量将进入递减期，非化石能源电力持续增长，受碳约束条件限制，天然气消费市场将逐步被非化石能源替代。期间天然气消费量降幅最大的部门仍然为电力生产与工业部门。因燃气电力的经济成本与碳排放量均高于非化石能源电力，LEAP模型在电力装机容量优化过程中，自动用非化石能源电力替代了燃气电力，使得2045—2060年燃气发电天然气消费量逐年下降，降幅约$780\times10^8m^3$，其次为工业部门，降幅达$440\times10^8m^3$，2060年天然气消费总量将降至$4300\times10^8m^3$。

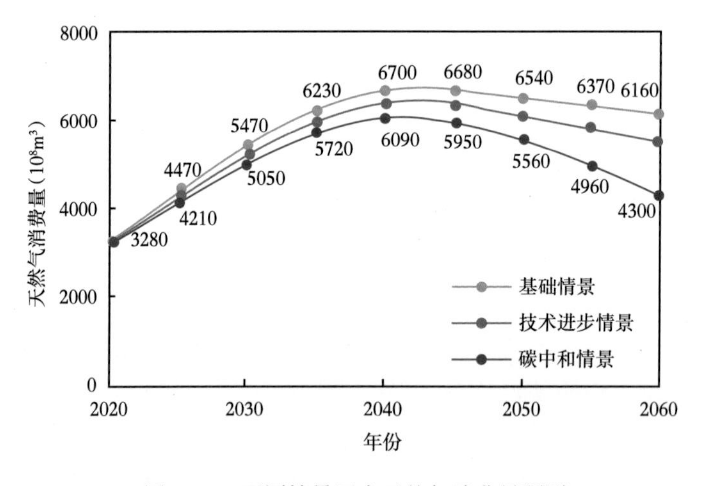

图6-10　不同情景国内天然气消费量预测

第三节　天然气产量及进口量预测

一、天然气产量预测

根据2021—2060年天然气消费量预测结果可知，碳中和情景下天然气消费峰值将达$6100\times10^8m^3$，2060年天然气消费量依然维持在$4000\times10^8m^3$以上，远高于2020年天然气产量$1925\times10^8m^3$，因此国内上游天然气生产不受碳中和目标约束，天然气需应产尽产。目前天然气产量预测的方法主要包括广义翁氏模型、灰色—哈伯特组合模型、产量构成法、储采比控制法、类比法等方法，笔者选用其中应用较为广泛的产量构成法对2020—2060年国内天然气产量进行预测。

1. 预测方法与情景假设

产量构成法是以气田 / 区块为基本单位，根据不同类型气藏储量基础以及不同类型气藏在不同开发阶段的生产规律等关键指标对天然气产量进行预测，并将各单元产量叠加进而预测全国天然气产量。目前我国已开发气田 540 余个，涉及鄂尔多斯、四川、塔里木、柴达木、准噶尔、松辽、渤海湾等 16 个盆地。不同区域开发阶段差异较大，故将气田按照探明情况分为老区与新区，按照类型分为常规气（含致密气）、页岩气及煤层气。不同类型气藏预测期内新增探明储量参考相关文献数据。因部分探明储量位于环境敏感区或无效益区内，预测期内无法完全动用，因此引入储量动用率这一新参数，不同类型气藏储量动用率参考气田经验值（表 6–3）。不同类型气藏生产动态参考已开发同类型气藏生产规律，如常规气藏按照 6%~20% 的年综合递减率计算弥补递减（其中碳酸盐岩气藏、深层高压气藏等年综合递减率约 6%~12%，致密气藏约 20%），页岩气藏约 35%，煤层气藏约 25%。不同类型气藏在预测期内采出程度参考同类型气藏经验采收率，且满足预测期采出程度不高于石油行业标准《可采储量标定方法》中规定的同类型气藏极限采收率，如常规气藏采出程度为 40%~55%（其中碳酸盐岩气藏、深层高压气藏等采出程度为 50%~55%，致密气藏采出程度为 40%~45%），页岩气藏采出程度为 20%~25%，煤层气藏采出程度为 30%~35%。

产量构成法中影响预测结果的参数众多，包括储量探明率、储量动用率、采出程度等，不同参数设置预测结果差异较大，因此设置三种情景，包括基础情景、勘探与开发技术进步情景、勘探与开发技术突破情景，不同情景参数设置见表 6–3。

表 6–3　三种产量预测情景参数设置

类型	资源量（$10^{12}m^3$）	目前探明率（%）	目前剩余探明技术可采储量（$10^{12}m^3$）	基础情景			勘探与开发技术进步情景			勘探与开发技术突破情景		
				2060 年探明率（%）	2060 年储量动用率（%）	2060 年采出程度（%）	2060 年探明率（%）	2060 年储量动用率（%）	2060 年采出程度（%）	2060 年探明率（%）	2060 年储量动用率（%）	2060 年采出程度（%）
常规气	146.96	11.48	4.88	24.0	52.0	40.0~50.0	25.0	54	42.5~52.5	26.0	56	45.0~55.0
页岩气	105.72	1.91	0.39	16.0	44.0	25.0	18.0	46.0	27.5	20.0	48.0	30.0
煤层气	28.08	2.61	0.31	9.0	45.0	30.0	11.0	47.0	32.5	13.0	49.0	35.0
合计 / 平均	280.76	6.99	5.58	19.5	48.2	34.9	21.0	50.1	36.5	22.4	51.9	38.3

2. 预测结果

预测结果表明，老区在预测期内累计产量将达（4.1~4.4）$\times 10^{12}m^3$，新区在预测期内累计产量将达（5.9~8.6）$\times 10^{12}m^3$。其中基础情景因储量探明率、储量动用率及预测期采出程度较小，产量远低于其他情景，2035 年产量达到峰值，约 $2800 \times 10^8m^3$，2060 年产气量递减至 $1800 \times 10^8m^3$（图 6–11）；勘探与开发技术进步情景下，新技术的广泛应用推动天然气持续增储上产，2040 年产量峰值将达 $3200 \times 10^8m^3$，2060 年依然维持在 $2500 \times 10^8m^3$（图 6–12）；勘探与开发技术突破情景下，勘探领域的技术突破使新增探明储量增长至 $43.4 \times 10^{12}m^3$，开发领域的技术突破使新区新增动用储量增长至 $22.5 \times 10^{12}m^3$，采出程度增长至 38.3%，2050 年将上产至 $3500 \times 10^8m^3$，并长期稳产（图 6–13）。

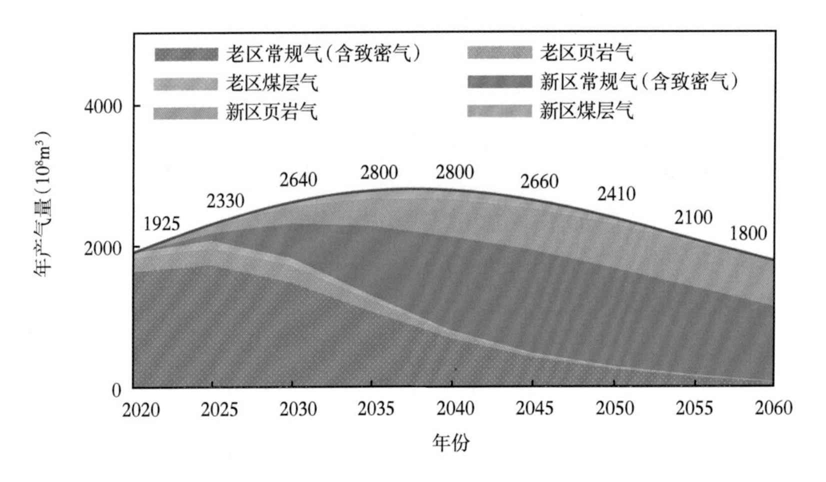

图 6-11　基础情景国内天然年产气量预测

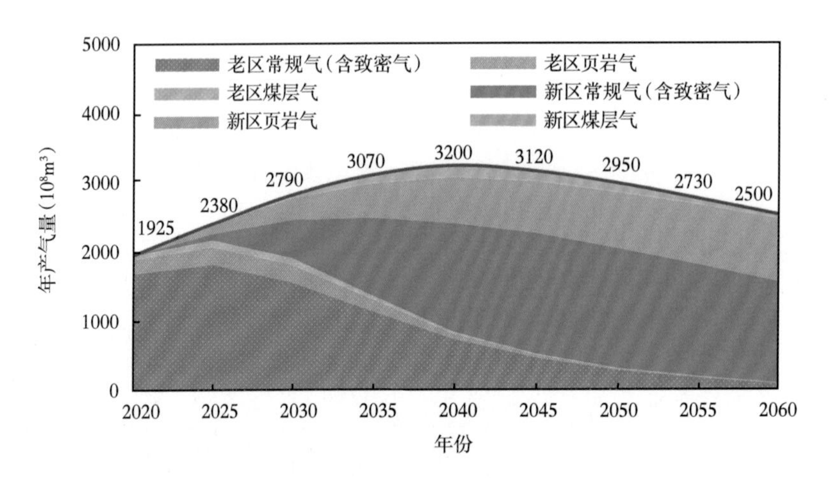

图 6-12　勘探与开发技术进步情景国内天然年产气量预测

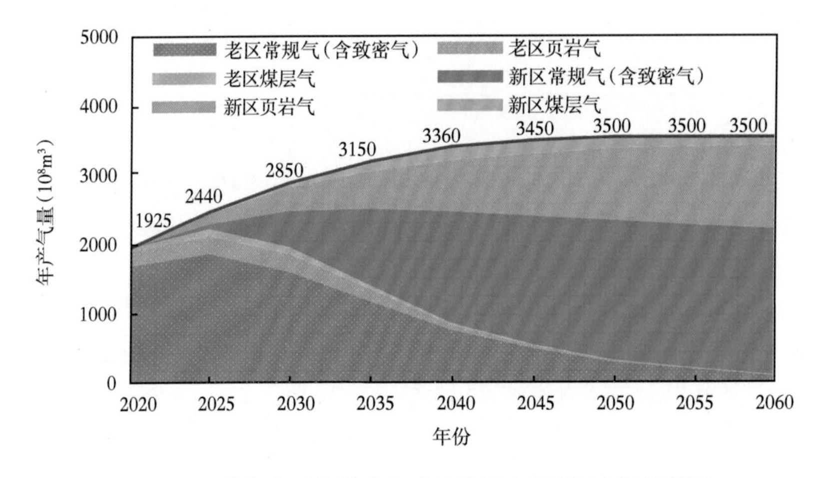

图 6-13　勘探与开发技术突破情景国内天然年产气量预测

不同类型气藏预测期产量也存在差异，常规气（含致密气）产量峰值为（2100~2350）×10^8m^3，页岩气产量峰值为（650~1200）×10^8m^3，煤层气产量峰值为（150~220）×10^8m^3。在天然气产量构成中，常规气将始终扮演产量基石的作用，产量贡献率始终高于60%；页岩气则是上产关键，产量达峰时，页岩气新增产量占总新增产量的比重将达40%以上。模型未对天然气水合物产量进行预测，未来天然气水合物勘探开发技术的突破有望为天然气产量增长提供新的动力。

二、天然气进口量预测

2020年我国天然气进口量为1404×10^8m^3，近十年来天然气进口量增长了约7.5倍。为预测“双碳”背景下天然气进口量变化趋势，将碳中和情景天然气消费量与三种情景天然气产量结合。预计2040—2045年天然气进口量将达到峰值，（2820~3410）×10^8m^3（年产量与年进口量之和超年消费量2%作为储备），对外依存度为46%~57%（图6-14）。2045年后天然气进口量将逐年下降，2060年将降低至（890~2580）×10^8m^3，对外依存度为21%~60%。预计未来我国天然气对外依存度将长期保持在60%以下，基本处于能源安全的合理区间。

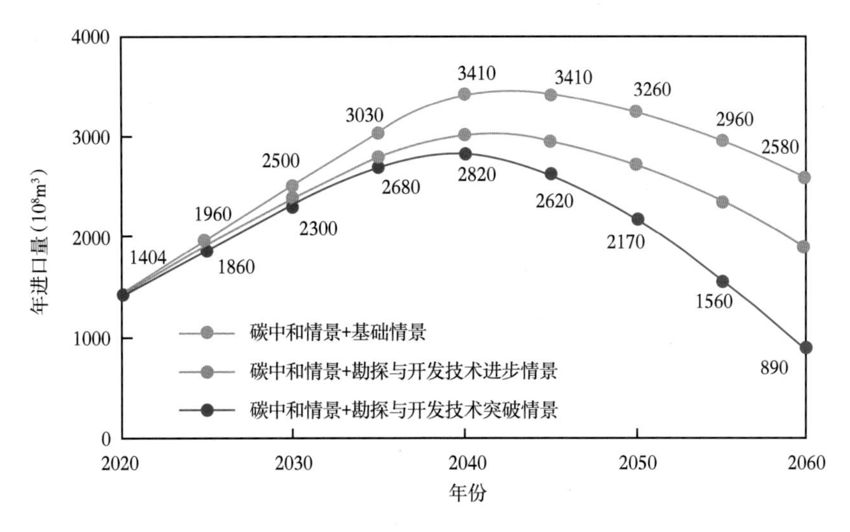

图6-14　不同情景国内天然气进口量预测

近十年来天然气管道进口量增长了约13倍，2020年达477×10^8m^3。中俄东线、中亚ABC线、中亚D线及中缅管道设计输气能力分别为380×$10^8m^3/a$、550×$10^8m^3/a$、300×$10^8m^3/a$及120×$10^8m^3/a$，2020年尚未达到设计输气能力（表6-4）。中俄西线管道尚处于概念阶段，初步意向年输气量300×$10^8m^3/a$，未来能否达成协议及实际输气方案存在不确定性。2020年LNG进口量折合标态天然气927×10^8m^3，目前我国共建成包括大鹏、莆田、大连、如东等23座LNG接收站，接卸能力约8124×$10^4t/a$（折合标态约1100×$10^8m^3/a$）。若按照2040年天然气进口需求（2820~3410）×10^8m^3，管道进口天然气按照设计或意向总输气能力的80%，LNG接受站预留50%接卸能力储备进行计算，预估到2040年LNG接受站需新增接卸能力为（1150~2030）×$10^8m^3/a$。

表 6-4　我国管道进口天然气现状与潜力

管道进口天然气	中亚 A、B、C 线			中俄东线	中缅	中亚 D 线	中俄西线	合计
	土库曼斯坦	哈萨克斯坦	乌兹别克斯坦					
2020 年进口量（10^8m^3）	286	74	35	40	42	0	0	477
设计/意向输气能力（$10^8m^3/a$）	550			380	120	300	300	1650
增长潜力（$10^8m^3/a$）	155			340	78	300	300	1173

第四节　思考与建议

一、建立“非化石能源 + 天然气”新型能源体系

天然气需与非化石能源共生融合发展，建立“非化石能源 + 天然气”新型能源体系。“碳中和”情景下，受“碳约束”条件的影响，能源消费结构需深度脱碳，2060 年煤炭消费量将由 28.3×10^8t（标准煤当量）递减至 3.3×10^8t（标准煤当量）。在一次能源消费总量增长而煤炭消费量大幅下降的情况下，建立“非化石能源 + 天然气”新型能源体系是大势所趋。预测结果表明碳中和情景下 2060 年非化石能源在一次能源消费中的占比将上升至 75% 以上，非化石能源电力约占总电力的 87%。然而受材料、技术、成本等因素制约，过去十年间非化石能源消费占比仅从 9.4% 增长至 16.0%，短期内其增长速度无法满足深度减煤的迫切需求。风力发电、光伏发电也易受天气、环境等因素影响，存在电力输出不连续、不稳定等劣势，天然气发电则相对更加稳定和灵活。因此，天然气应当与非化石能源形成优势互补，充分发挥其稳定电源、调峰电源的作用。例如在非化石能源较为丰富的北方地区和沿海地区，可建立风、光、水、气多能互补集成供能系统，利用天然气发电灵活性及稳定性优势保障电力的平稳供应。

天然气相对于非化石能源也存在一定劣势，主要包括碳排放与燃料成本。这两项劣势是其在 2045—2060 年消费量逐年下降的主要原因。天然气相对于非化石能源的碳排放劣势可通过技术创新提升天然气利用效率及发展“燃气锅炉 / 燃气工业炉窑 +CCUS”技术等方式克服，天然气相对于非化石能源的燃料成本劣势可通过降低勘探、开发与运输全过程成本及给予天然气开发与利用适当的政策补贴等方式克服。如果能协调好天然气相对于非化石能源的优势与劣势，天然气将在未来“非化石能源 + 天然气”新型能源体系中发挥更加重要的作用。

二、扩大天然气终端消费规模

扩大天然气终端消费规模，增加天然气减排贡献。根据预测结果，天然气消费量在 2021—2040 年有望继续增长，天然气行业应当重点关注如何利用未来二十年的关键增长期，扩大天然气在终端能源消费中的使用规模，做大天然气消费市场。天然气消费主要集中在城镇燃气、工业用气、发电用气及化工用气四大部门。2020 年城镇燃气规模约为 $1250\times10^8m^3$，同比增长近 9%，工业用气规模约为 $1200\times10^8m^3$，同比增长近 10%，城镇

燃气与工业用气是近年来拉动天然气消费量增长的主要引擎，增长速度均超过了天然气总消费量的增速（约 7%）。若需增加天然气终端消费量，首先需要扩大城镇燃气及工业用气这两大支柱的用气规模。随着我国城镇化率提高，在城镇燃气用户数量将持续增长的同时，应确保城镇燃气覆盖率同步增长，且进一步推动燃气下乡，实现“气代柴”和“气代散煤”。未来天然气行业需利用北方地区冬季清洁取暖、长江流域采暖、煤改气等政策优势，加大燃气锅炉对燃煤锅炉的替代，在工业炉窑燃料方面天然气也可加大对煤炭的替代。天然气相对煤炭存在价格劣势，中央和地方财政可适当对燃气锅炉、燃气工业炉窑等给予运营支持，刺激天然气消费需求增长。

发电用气是我国第三大用气部门，2020 年发电用气规模约为 $520\times10^8m^3$，燃气发电量 $0.25\times10^8kW\cdot h$，占总发电量的 3.2%。与其他国家相比，我国燃气发电在总发电量中的占比明显偏低，美国为 40.6%，英国为 36.5%，世界平均水平为 23.4%。与煤电、水电、非化石能源发电相比，我国燃气发电在体量和成本上都存在劣势（图 6-15）。近年来随着材料、技术的不断突破，部分非化石能源发电成本已显著下降，其中陆上风电、光伏发电的平准化度电成本已经接近煤电，然而我国燃气发电成本却始终居高不下，介于 0.55~0.60 元 /（kW · h），严重制约了燃气发电的发展。天然气燃料成本相对较高，燃气轮机核心部件依赖进口等因素拉高了燃气发电成本。为实现燃气发电高质量发展，政策层面应制订明确的燃气发电发展规划；给予燃气发电适当的政策补贴；加大科技创新实现燃气轮机核心组件国产化等。根据碳中和情景预测结果，未来燃气发电将成为拉动我国天然气消费增长的新引擎，到 2035 年发电用气规模有望增长至 $1570\times10^8m^3$，占比约 28%，届时将形成城市燃气、工业用气、发电用气三足鼎立的局面。

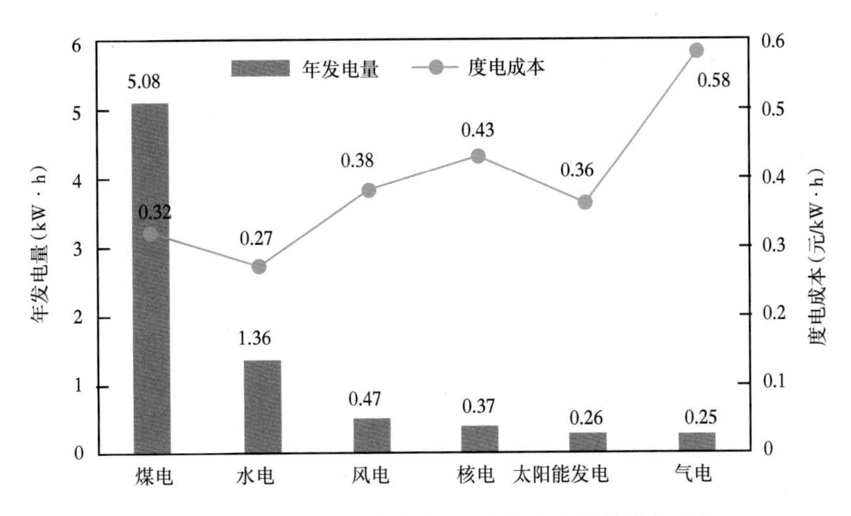

图 6-15　2020 年我国多种类型电力年发电量及度电成本

三、推动天然气持续增储上产

通过理论与技术创新实现天然气持续增储上产，保障国家能源供应安全。据预测，2035 年后我国天然气将上产至（2800~3500）$\times10^8m^3$，天然气产量增长的关键在于探明可采储量的持续增长及天然气资源的规模效益开发。未来二十年，国内天然气消费量与天然气产量的差距将进一步扩大，天然气供需形式将日趋紧张。因此加大天然气增储上产，保障国家能源供应安全，仍是行业发展的重点。为保持国内天然气储量和产量的高峰增长，上游生产应重点关注：（1）加大天然气勘探投资，夯实储量基础。我国天然气整体探明程度还比较低，探明率仅为7%，其中页岩气和煤层气的探明率仅为1.91%和2.61%，天然气储量仍具增长潜力（图6-16），未来需进一步加大对海相碳酸盐岩地层、前陆冲断带陆相深层、岩性地层、海域与非常规等天然气资源的风险勘探，努力为天然气开发寻找优质接替资源；（2）坚持理论与技术创新，推动天然气勘探开发取得新突破。我国深层、深水、非常规等类型天然气资源丰富，勘探开发程度较低，具备增储上产潜力，但这些类型天然气藏地层条件复杂，对天然气勘探开发理论与技术提出更高要求。对于深层—超深层气藏，应加强超深层高精度三维地震成像技术攻关，加大安全快速钻井、超深层油气层识别、超深层压裂改造等技术攻关；对于海域天然气气藏，应重点发展海洋油气物探技术，推进海洋钻井工程技术装备研发；对于页岩气气藏，在稳步推进中浅层海相页岩气高效开发的基础上，突破深层海相页岩气勘探开发新技术，加大旋转导向、高精度"甜点"段精细评价、长水平段密集高效压裂等技术攻关；对于致密气气藏，应重点发展以多层系立体开发、原位防水控水采气、井型井网优化与大井组、平台化、工厂化产能建设等为核心的提高采收率技术；对于煤层气气藏，应加大中低阶煤层、碎软低渗透煤层及深部煤系地层的煤层气开发技术攻关等；（3）上产与稳产并重。既要开发利用好新气田，又要不断提高已开发气田采收率，我国个别优质整装气田的预测采收率较高，例如克拉2气田可达到85%左右，但我国大多数特殊类型气藏的采收率仍然较低，基本都在50%以下。未来可通过合理配产、单井治理、防水控水开发及新理论新技术的应用来有效降低气田综合递减率，提升单井和区块产能，提高气田最终采收率；（4）政策补贴与低成本开发并举。坚持走低成本开发之路，通过技术创新将原来低效益或无效益的非常规天然气资源经济有效开发，同时结合政策补贴，帮扶非常规天然气健康可持续发展。

四、完善天然气产供储销体系

提前部署与天然气消费增长相匹配的基础设施建设，逐步完善天然气产供储销体系。2017年受北方地区加快推进"煤改气"清洁供暖影响，国内天然气消费需求激增，供暖季一度出现气荒的紧迫局面。相比于2017年，2040年天然气消费量将成倍增长，预计将达$6100\times10^8m^3$，届时天然气供应形势将会更加紧张。为保障天然气平稳、安全供应，应按照2040年天然气消费峰值设计与之相匹配的基础设施建设，逐步完善天然气产供储销体系。具体建议包括以下四个方面：（1）按照"立足国内，多元引进"的原则，积极推进四大天然气进口通道进口能力建设。目前三大陆上天然气进口通道均未达到设计输气能力，未来在按照协议继续补齐设计输气能力的基础上，还应充分讨论中俄西线等其他进口管道建设的可行性。此外，还应继续扩建沿海LNG接收站，提升LNG接卸能力；（2）继续推进天然气干线管道建设和管网互联互通，打造"全国一张网"。天然气管网建设的重点应是进一步整合国内管网资源，加强进口管道、国内干线管道、区域管网、LNG接收站、储气库等设施的互联互通，并由国家石油天然气管网集团有限公司负责全国天然气协调调度，各方积极协调配合，保障国家能源供应安全；（3）继续扩充储气库与LNG接收站容量，提升天然气调峰能力和保供能力。我国天然气应急储备量明显不足，截至2020年，地下储气库工作气量约为 $144\times10^8m^3$，占全国天然气总消费量的4.4%，世界平均水平为12%~15%。沿海LNG接收站储罐罐容约为 $1066\times10^4m^3$，占全国总消费量的2%，日本和韩国为15%。应按照发改委《关于加快储气设施建设和完善储气调峰辅助服务市场机制的意见》提出的天然气应急储备要求，持续提升地下储气库、LNG接收站储气能力及气田调峰产能，增强冬季调峰能力和应急保供能力；（4）全产业链协同发展，逐步完善天然气产供储销体系。2018年国务院《关于促进天然气协调稳定发展的若干意见》指出要加强天然气产供储销体系建设，未来天然气行业需在产、供、储、销各环节进行精细管理，提升全产业链竞争力，同时积极构建"X＋1＋X"市场体系，实现上游供气主体多元化、中间管输储存统一监管，下游销售市场充分竞争，促进全产业链健康有序发展。

通过引入BP神经网络-LEAP组合模型，并结合产量构成法，对多"双碳"背景下天然气供需形势进行预测，并取得如下认识：

（1）我国一次能源消费总量将于2035年前后达峰，峰值为（58.0~59.6）$\times10^8t$（标准煤当量），2040年后能源消费总量逐年降低，2060年将降至（51.1~55.2）$\times10^8t$（标准煤当量）；能源消费碳排放量将于2025—2027年达峰，峰值为（103.4~107.0）$\times10^8t$，到2060年将降至（25.0~60.1）$\times10^8t$；

（2）碳中和情景为实现"双碳"目标的合理情景，该情景对终端电气化水平及非化石能源发展提出了较高要求，到2060年非化石能源消费量达 38.6×10^8t（标准煤当量），占比约76%，电力在终端能源消费中的占比将提升至65%，非化石能源电力约占总电力的87%；

（3）碳中和情景下天然气消费存在三个阶段，2020—2035年为天然气消费的快速增长期，增幅最大的部门为电力生产部门与工业部门，增幅分别为 $1050\times10^8m^3$ 及 $680\times10^8m^3$，2035—2045年为天然气消费的峰值平台期，天然气消费量维持在（5700~6100）$\times10^8m^3$，2045年后受碳约束条件限制，天然气消费量将进入递减期，到2060年将降低至 $4300\times10^8m^3$；

（4）2035年后天然气将上产至（2800~3500）$\times10^8m^3$，2040年至2045年间年天然气进口量将达到峰值，（2820~3410）$\times10^8m^3$，未来天然气对外依存度将长期保持在60%以下，基本处于能源安全的合理区间。

参考文献

白国平，郑磊 . 2007. 世界大气田分布特征 [J]. 天然气地球科学，18（2）：161-167.

陈蕊，朱博骐，段天宇 . 2020. 天然气发电在我国能源转型中的作用及发展建议 [J]. 天然气工业，40（7）：120-128.

陈元千 . 2002. 确定异常高压气藏地质储量和可采储量的新方法 [J]. 新疆石油地质，23（6）：516-519.

陈元千 . 1983. 异常高压气藏物质平衡方程式的推导及应用 [J]. 石油学报，4（1）：45-53.

崔晓志 . 2017. 我国城市天然气供应中常用调峰方式的比较 [J]. 建设科技（6）：39-40.

丁怡婷 . 2022. 推动能源转型赋能绿色发展 [N]. 人民日报，2022-01-10（11）.

方义生，徐树宝，李士伦 . 2005. 乌连戈伊气田开发实践和经验 [J]. 天然气工业，25（6）：90-94.

高树生，边晨旭，何书梅 . 2004. 运用压汞法研究低渗岩心的启动压力 [J]. 石油勘探与开发，31（3）.

何东博，贾爱林，冀光，等 . 2013. 苏里格大型致密砂岩气田开发井型井网技术 [J]. 石油勘探与开发，40（1）：79-89.

何东博，王丽娟，冀光，等 . 2012. 苏里格致密砂岩气田开发井距优化 [J]. 石油勘探与开发，39（4）：458-464.

何光怀，李进步，王继平，等 . 2011. 苏里格气田开发技术新进展及展望 [J]. 天然气工业，31（2）：1-5.

胡文瑞，马新华，李景明，等 . 2008. 俄罗斯气田开发经验对我们的启示 [J]. 天然气工业，28（2）：50-59.

胡永乐，李保柱，孙志道 . 2003. 凝析气藏开采方式的选择 [J]. 天然气地球科学，14（5）：398-401.

华贲 . 2011. 天然气在中国向低碳能源过渡时期的关键作用 [J]. 天然气工业，31（12）：94-98.

华贲 . 2011. 中国低碳能源格局中的天然气 [J]. 天然气工业，31（1）：7-12.

贾爱林，何东博，位云生，等 . 2021. 未来十五年中国天然气发展趋势预测 [J]. 天然气地球科学，32（1）：17-27.

贾爱林，陈亮，穆龙新，2000. 扇三角洲露头区沉积模拟研究 [J]. 石油学报，21（6）：107-110.

贾爱林，程立华 . 2010. 数字化精细油藏描述程序方法 [J]. 石油勘探与开发，37（6）：709-715.

贾爱林，付宁海，程立华，等 . 2012. 靖边气田低效储量评价与可动用性分析 [J]. 石油学报，33（S2）：160-165.

贾爱林，郭建林，何东博 .2007. 精细油藏描述技术与发展方向 [J]. 石油勘探与开发，34（6）：691-695.

贾爱林，郭建林 . 2012. 智能化油气田建设关键技术与认识 [J]. 石油勘探与开发，39（1）：118-122.

贾爱林，何东博，郭建林，等 . 2004. 扇三角洲露头层序演化特征及其对砂岩储集层的控制作用 [J]. 石油勘探与开发，31（S1）：103-105.

贾爱林，何东博，何文祥，等 . 2003. 应用露头知识库进行油田井间储层预测 [J]. 石油学报，24（6）：51-58.

贾爱林，孟德伟，何东博，等 . 2017. 开发中后期气田产能挖潜技术对策——以四川盆地东部五百梯气田石炭系气藏为例 [J]. 石油勘探与开发，44（4）：580-589.

贾爱林，唐俊伟，何东博，等 . 2007. 苏里格气田强非均质致密砂岩储层的地质建模 [J]. 中国石油勘探，（1）：12-16.

贾爱林，王国亭，孟德伟，等 . 2018. 大型低渗—致密气田井网加密提高采收率对策——以鄂尔多斯盆地苏里格气田为例 [J]. 石油学报，39（7）：802-813.

贾爱林，位云生，金亦秋 . 2016. 中国海相页岩气开发评价关键技术进展 [J]. 石油勘探与开发，43（6）：949-955.

贾爱林，闫海军，郭建林，等 . 2013. 不同类型碳酸盐岩气藏开发特征 [J]. 石油学报，34（5）：914-923.

贾爱林，闫海军，郭建林，等 . 2014. 全球不同类型大型气藏的开发特征及经验 [J]. 天然气工业，34（10）：33-46.

贾爱林，闫海军 . 2014. 不同类型典型碳酸盐岩气藏开发面临问题与对策 [J]. 石油学报，35（3）：519-527.

贾爱林 . 1995. 储层地质模型建立步骤 [J]. 地学前缘，2（3）：221-225.

贾爱林 . 2011. 中国储层地质模型 20 年 [J]. 石油学报，32（1）：181-188.

贾爱林 . 2017. 中国石油天然气应用与发展 [J]. 中外企业文化（1）：6-9.
贾爱林 . 2018. 中国天然气开发技术进展及展望 [J]. 天然气工业，38（4）：77-86.
江同文，唐明龙，王洪峰 . 2008. 克拉 2 气田稀井网储层精细三维地质建模 [J]. 天然气工业，28（10）：11-14.
李传亮 . 2002. 气藏生产指示曲线的理论研究 [J]. 新疆石油地质，23（3）：236-238.
李传亮 . 2005. 油藏工程原理 [M]. 北京：石油工业出版社 .
李恩福，李昌伟 . 2017. 天然气储气调峰方式分析 [J]. 住宅与房地产（9）：261-264.
李国玉 . 1991. 世界气田图集 [M]. 北京：石油工业出版社 .
李海平，贾爱林，何东博，等 . 2010 . 中国石油的天然气开发技术进展及展望 [J]. 天然气工业，30（1）：1-3.
李剑，曾旭，田继先，等 . 2021. 中国陆上大气田成藏主控因素及勘探方向 [J]. 中国石油勘探，26（6）：1-20.
李杰 . 2012. 中国天然气现货交易市场构建思路 [D]. 重庆：重庆大学 .
李鹭光 . 2021. 中国天然气工业发展回顾与前景展望 [J]. 天然气工业，41（8）：1-11.
李士伦，潘毅，孙雷 . 2011. 对提高复杂气田开发效益和水平的思考与建议 [J]. 天然气工业，31（12）：76-80.
李士伦，孙雷，汤勇，等 . 2002. 物质平衡法在异常高压气藏储量估算中的应用 [J]. 新疆石油地质，23（3）：219-223 .
李士伦，汪艳，刘廷元，等 . 2008. 总结国内外经验，开发好大气田 [J]. 天然气工业，28（2）：219-223.
李士伦 . 2006. 气田开发方案设计 [M]. 北京：石油工业出版社 .
李世涛，张勇，陈更 . 2010. 水驱气藏水驱曲线特征分析 [J]. 重庆科技学院学报（自然科学版）（5）：1-2.
李爽，靳辉 . 2009. 低渗透气田试验井区开发效果评价 [J]. 断块油气田，16（4）：83-85.
凌宗发，王丽娟，胡永乐，等 . 2008. 水平井注采井网合理井距及注入量优化 [J]. 石油勘探与开发，35（1）：85-91.
刘道杰，李世成，田中敬，等 . 2011. 确定气藏地质储量新方法 [J]. 断块油气田，18（6）：750-753.
刘蜀知，黄炳光，李道轩 . 1999. 水驱气藏识别方法的对比及讨论 [J]. 天然气工业，19（4）：37-40.
刘振武，撒利明，董世泰，等 . 2010. 中国石油物探技术现状及发展方向 [J]. 石油勘探与开发，37（1）：1-10.
刘子豪 . 2016. 城市管道天然气供应中的储气与调峰探讨 [J]. 技术与市场，23（6）：92-93.
陆家亮，赵素平，孙玉平，等 . 2018. 中国天然气产量峰值研究及建议 [J]. 天然气工业，38（1）：1-9.
陆家亮，赵素平，韩永新，等 . 2013. 中国天然气跨越式发展与大气田开发关键问题探讨 [J]. 天然气工业，33（5）：13-18.
陆家亮 . 2010. 进口气源多元化是保障我国天然气长期供应安全的关键 [J]. 天然气工业，30（11）：4-9.
陆家亮 . 2009. 中国天然气工业发展形势及发展建议 [J]. 天然气工业，29（1）：8-12.
马新华，贾爱林，谭健，等 . 2012. 中国致密砂岩气开发工程技术与实践 [J]. 石油勘探与开发，39（5）：572-579.
牛艺骁 . 2015. 输气管道干线末段储气调峰研究 [J]. 化工中间体，11（12）：22-23.
潘伟义，伦增珉，王卫红，等 . 2011. 异常高压气藏应力敏感性实验研究 [J]. 石油实验地质，33（2）：212-214.
秦同洛，等 . 1989. 实用油藏工程方法 [M]. 北京：石油工业出版社 .
邱中建，方辉 . 2009. 中国天然气大发展——中国石油工业的二次创业 [J]. 天然气工业，29（10）：1-4.
茹婷，刘易非，范耀，等 . 2011. 低渗砂岩气藏开发中的压敏效应问题 [J]. 断块油气田，18（1）：94-96.
沈鑫，陈进殿，魏传博，等 . 2017. 欧美天然气调峰储备体系发展经验及启示 [J]. 国际石油经济，25（3）：43-52.
宋芊，金之钧 . 2000. 大油气田统计特征 [J]. 石油大学学报（自然科学版），24（4）：11-14.
孙来喜，武楗棠，张烈辉 . 2006. 靖边气藏产水特点及影响因素分析 [J]. 断块油气田，13（2）：29-31.
孙志道 . 2022. 裂缝性有水气藏开采特征和开发方式优选 [J]. 石油勘探与开发，29（4）：69-71.
谭健 . 2008. 中国主要气藏开发分类及开发对策 [J]. 天然气工业，28（2）：107-109.
唐泽尧，杨天泉 . 1994. 卧龙河气田地质特征 [J]. 天然气勘探与开发，16（2）：1-12.

汪周华，钟兵，伊向艺，等 . 2008. 低渗气藏考虑非线性渗流特征的稳态产能方程 [J]. 天然气工业，28（8）：81-83.
王慧 . 2013. 中国应提升国际天然气市场话语权 [J]. 中国石化（5）：80.
王昔彬，刘传喜，郑荣臣 . 2005. 大牛地致密低渗透气藏启动压力梯度及应用 [J]. 石油与天然气地质，26（5）：698-702.
王卫红，刘传喜，穆林，等 . 2011. 高含硫碳酸盐岩气藏开发技术政策优化 [J]. 石油与天然气地质，32（2）：302-310.
王阳，华桦，钟孚勋 . 1995. 气藏开发阶段划分及最佳开发指标确定的研究 [J]. 天然气工业，15（5）：25-27.
魏国齐，李剑，谢增业，等 . 2013. 中国大气田成藏地质特征与勘探理论 [J]. 石油学报，34（S1）：1-13.
吴凡，孙黎娟，乔国安，等 . 2001. 气体渗流特征及启动压力规律的研究 [J]. 天然气工业，21（1）：82~84.
吴晓慧，邓景夫，杨浩，等 . 2013. 低渗气田的合理开发方案研究 [J]. 断块油气田，20（1）：77-79.
熊伟，朱志强，高树生，等 . 2012. 考虑封闭气的水驱气藏物质平衡方程 [J]. 石油钻探技术，40（2）：93-97.
徐博 . 2012. 2020 年前中国多气源供应格局展望 [J]. 天然气工业，32（8）：1-15.
闫海军，贾爱林，郭建林，等 . 2012. 龙岗礁滩型碳酸盐岩气藏气水控制因素及分布模式 [J]. 天然气工业，32（1）：67-70.
俞启泰 . 1985. 计算未饱和油藏弹性能量系数与水侵系数的一种方法 [J]. 石油勘探与开发（2）：68-71.
张抗 . 2013. 页岩气革命改写传统油气地质勘探学理论 [J]. 中国石化（1）：21-23.
张烈辉，梅青艳，李允，等 . 2006. 提高边水气藏采收率的方法研究 [J]. 天然气工业，26（11）：101-103.
张宗林，吴正，张歧，等 . 2007. 靖边气田气井定产试验和压力递减规律分析 [J]. 天然气工业，27（5）：100-101.
赵德力，徐佑德，魏分粮，等 . 2009. 长岭断陷营城组火山岩成藏特征及勘探方向 [J]. 断块油气田，16（3）：17-20.
郑得文，赵堂玉，张刚雄，等 . 2015. 欧美地下储气库运营管理模式的启示 [J]. 天然气工业，35（11）：97-101.
《中国五类气藏开发模式》编写组编著 . 1995. 中国五类气藏开发模式 [M]. 北京：石油工业出版社 .
中国能源中长期发展战略研究项目组 . 2011. 中国能源中长期（2030、2050）发展战略研究综合卷 [M]. 北京：科学出版社 .
中国石油集团经济技术研究院 . 2011. 2010 年国内外油气行业发展报告 [M]. 北京：石油工业出版社 .
周淑慧，王军，梁严 . 2021. 碳中和背景下中国"十四五"天然气行业发展 [J]. 天然气工业，41（2）：171-182.
邹才能，陶士振，朱如凯，等 . 2009."连续型"气藏及其大气区形成机制与分布——以四川盆地上三叠统须家河组煤系大气区为例 [J]. 石油勘探与开发，36（3）：307-319.
Aggrey G H，Davies D R，Heriot-Watt U，et al. 2006. Data richness and reliability in smart-field management：Is there value?[R]. SPE 102867.
Ajayi A，Mathieson D，Konopczynski M. 2005. An innovative way of integrating reliability of intelligent well completion system with reservoir modeling[R]. SPE 94400.
Arrington，J.R. 1960. Predicting the size of crude reserves is key to evaluating exploration programs[J]. Oil and Gas Journal.
Attanasi E D，Coburn T C. 2003. Uncertainty and inferred reserve estimate[C]. 1995 National Assessment. U.S.Geological Survey Bulletin2172-G.
Attanasi，Emil D，Root，David H. 1994. Enigma of oil and gas field growth[C]. American Association of Petroleum Geologists Bulletin.
Brinded M. 2008. Smart fields intelligent energy[C]. Intelligent Energy Conference.
Chan R，Terry B，Dixon D，et al. 2008. Kikeh development：Challenges in implementing a smart field. OTC 19469.

Dale, Spencer. 2019. BP statistical review of world energy[C] BP Plc, London, United Kingdom : 14-16.

David H Root, Richard F. Ma. 1993. Future growth of known oil and gas fields[C]. American Association of Petroleum Geologists Bulletin.

Drakeley B K, Douglas N, Haugen K E, et al. 2003. Application of reliability analysis techniques to intelligent wells[R]. SPE 83639.

Elmsallati S, Davies D R, Tesaker O, et al. 2005. Optimization of intelligent wells : A field case study[C]. Offshore Mediterranean Conference and Exhibition.

Gert de Jonge, Michael Stundner. 2003. Automated Reservoir Surveillance through Data Mining Software[R]. SPE83974.

Halbouty M T. 1970. Geology of giant petroleum fields[C]. AAPG Memoir 14.

Halbouty M T. 1980. Giant oil and gas fields of the decade 1968-1978[C]. AAPG Memoir 30.

Halbouty M T. 1992. Giant oil and gas fields of the decade 1978-1988[C]. AAPG Memoir 54.

Halbouty M T. 2003. Giant oil and gas fields of the decade 1990-1999[C]. AAPG Memoir 78.

Hammerlindl D J. 1971. Predicting gas reserves in abnormally pressuredreservoir[R]. SPE3479.

Hubbert M K 1967. Degree of advancement of petroleum exploration in the United States[C]. American Association of Petroleum Geologists Bulletin.

Klett T R. 2005. United States Geological Survey's Reserve-Growth Models and Their Implementation[J]. Natural Resources Research(3).

Lien M, Brouwer R, Jansen J D, et al. 2006. Multiscale regularization of flooding optimization for smart-field management[R]. SPE 99728.

Mahendra K. Verma, Gregory F. Ulmishek. 2003. Reserve Growth in Oil Fields of West Siberian Basin, Russia[J]. Natural Resources Research(2).

Marsh R G. 1971. How much oil are we really finding?[J]. Oil and Gas Journal.

Megill R E. 1989. Growth factors can help estimates[J]. AAPG Explorer.

Raymond P Sorenson. 2005. A Dynamic Model for the Permian Panhandle and Hugoton fields, Western Anadarkobasin[C]. AAPG Bulletin.

Root D H, Attanasi E D, Mast R F, et al. 1997. Estimates of inferred reserves for the 1995 national oil and gas resources assessment[C]. U.S.Geol.Survey Open-File Report.

Root D H. 1982. Historical growth of estimates of oil-and gas field sizes : Oil and Gas Supply Modeling[J]. National Bureau of Standards Special Publication631.

Schuenemeyer J H, Drew L J. 1994. Description of a discovery process modeling procedure to forecast future oil and gas using field growth(ARDS 2.03)[C]. U.S.Geol.Survey Open-File Report.

White D A, Garrett R W J, Marsh G R, et al. 1975. Assessing regional oil and gas potential, in Haun[C]. American Association of Petroleum Geologists Bulletin.

Zangl G, Oberwinkler C P. 2004. Predictive Data MiningTechniques for Production Optimization[R]. SPE90372.